Raspberry Pi

ラズパイ自由自在

パーツ制御

完全攻略

松岡貴志 著

ラズパイマガジン 編

本書で利用した動作環境

本書の電子回路とPythonコードは、2022年1月上旬時点で最新だったRaspberry Pi OS(2021-10-30版)をRaspberry Pi 4で動かして動作を検証しています。Raspberry Pi自体や、Raspberry Pi OSの将来版では一部うまく動作しない場合があります。

電子パーツの販売元や価格は2022年1月上旬に調査したものです。価格は変わることがあり、電子パーツ自体の販売が終了することもあります。

本書で利用するPythonコードの入手方法

本書のサポートサイト「https://github.com/matsujirushi/raspi_parts_kouryaku」(短縮URL：https://bit.ly/3ozOIou) において公開しています。

訂正・補足情報について

本書のサポートサイト「https://github.com/matsujirushi/raspi_parts_kouryaku」(短縮URL：https://bit.ly/3ozOIou) に掲載しています。

まえがき

私が電子工作に初めて触れたのは、30年以上前の高校生の頃。基板の自作やはんだ付けをするのが当たり前の時代でした。

その頃と比べると、電子工作を楽しむ人が増えているように感じます。ラズパイ（Raspberry Pi）やArduinoといった、初心者にも扱いやすいPC/マイコンボードが登場し、電子パーツを追加して手軽に機能を拡張できるようになったことが大きな理由でしょう。私自身もラズパイを使って、RCカー（無線操縦車）のラップタイム測定器を作ったり、合わせ鏡でLEDが無限に広がるように見える無限鏡の時計を作ったりと、今も工作を楽しんでいます。

電子工作を楽しむ人が増えたもう一つの理由が、電子工作の記事やブログがネットで無償で読めるようになり、さらに、使いやすいライブラリなどが利用できるようになったためだと思います。

しかし、ネットの記事を参考にしながら電子パーツを結線してソフトウエアを切り貼りしただけでは、思うように動いてくれないことがよくあります。ソフトウエアに間違いがあるのか？ 結線が間違っているのか？ そもそも電子回路として大丈夫なのか？ ラズパイとセンサーとは正しく通信できているのか？ 思い付く原因は多数あります。こういう状況になってしまうと、もはや楽しむどころか苦行になってしまいます。

そこで、思うように動かないときに解決できる電子工作のスキルを身に付けてもらいたくて、本書を執筆することにしました。

本書は「ネット上の作例のコピペでは満足できない」「いろんな電子パーツを使いたい」「電子パーツの違いを知りたい」「動かないときの解決策を知りたい」という人を対象にしています。工場や小売の店頭といったIoTの現場で、システムを確実に動かしたい方にも役立つでしょう。

本書の構成

本書は、2部構成になっています。どちらから読んでも問題ありません。

前半の「**パーツ分解・実験編**」は電子パーツをとにかくつないで動かす、実践的な内容です。センサーやモーターなどの電子パーツをラズパイに結線する方法と、すぐに動かして試せるPythonプログラムを掲載しています。PythonプログラムはGitHubのサポートサイト「https://github.com/matsujirushi/raspi_parts_kouryaku」（短縮URL：https://bit.ly/3ozOIou）からすべてダウンロードできます。

電子パーツを分解したり、複数機種を比較する実験をしたりして、電子パーツの仕組みや特性を詳しく調べた点が、本書の大きな特徴です。仕組みの違う電子パーツを見比べて、用途に適したものを選び、ラズパイで使えるようになります。

後半の「**Raspberry PiのIO詳解編**」は、ラズパイを電子パーツとつなぐ方法（インタフェース）を解説する技術的な内容です。ラズパイと電子パーツは、汎用入出力端子にあるI^2CやSPIといったインタフェースを使ってつなぎます。このインタフェース（デジタル入出力、PWM出力、I^2C、SPI、UART）のそれぞれについて、特徴と仕組み、入出力するための具体的なPythonプログラムを掲載しています。

実際に電子パーツをつないで少しずつ動かしながら、機能を網羅的に確認できるように工夫しました。I^2Cインタフェースの「クロックストレッチ」など、実際にトラブルが発生しやすい部分も網羅しています。「ロジックアナライザー」などの測定器も使って、細かい挙動を確認しました。今までなんとなく使っていた各種インタフェースを理解することで、電子パーツのデータシートを参考に、自らラズパイに接続して操作できるようになります。

「とにかく手を動かして経験をためて覚える派」は前半から、「細かな仕組みを十分理解したい理論派」は後半から読むとよいでしょう。ラズパイのインタフェースを基本から押さえたいという場合も、後半から読んでください。

電子工作は苦労も楽しい

電子工作の作品を見て、「既製品でもっと良いものがある」と言う人もいます。しかし、自ら手を動かして作品を作る作業には、なんともいえない喜びがあります。

私自身の原点は、高校時代の経験です。74シリーズロジックICのデータシートとにらめっこしながら頭の中で回路を動かし、方眼紙にタイミングチャートを何度も手書きして回路図を考えました。回路図が出来上がると、OHPシートに油性マジックで配線パターンを手書きして、感光基板に露光、現像、エッチングして基板を手作りしました。そして、はんだ付け。うまくはんだ付けするには慣れが必要で、ヤケドしながら何度もやり直しました。

試行錯誤しながらも、自分で考えた回路が基板になって、実際に手元で動くのが楽しかったです。最後の穴開けが、とてもつらかったのを今でも覚えています。自分で言うのもなんですが、ちょっと変わった高校生だったのかなと思います。

そんな苦労がまた楽しいのが電子工作です。本書の中でも、さまざまな試行錯誤を重ねています。読者も本書を参考に、自分なりのトライをしていくとスキルがどんどん身に付いていくはずです。

謝辞

執筆経験の無い筆者の無謀とも思える願望に、刊行の機会をくださった日経BPの安東一真氏には大変感謝しております。執筆の機会に加え、執筆内容においても長期間にわたってアドバイス、リーディングをいただきました。本当にありがとうございます。

また、子育てで大変な時期にもかかわらず、さりげなくサポートしてくれている妻 ひとみにも感謝します。ありがとう！

私自身の経験から、“初心者の次” へ行くのに身に付けるべきスキルをとりまとめた書籍に仕上がりました。読みにくい点、至らない点がいくつかあると思いますが、本書によって少しでも読者の電子工作がより楽しくなることを願っています。

2022年2月
松岡 貴志

C O N T E N T S

Raspberry PiのIO詳解編 175

パーツ分解・実験 編

1章

多様なLEDを光らす

最初に取り上げるのはLEDです。LEDの明るさは「電流制限抵抗」の大きさや、PWMによるソフトウエア制御で変えられます。光の広がり方はLEDの種類によって違っていて、「光拡散キャップ」を付けると横からでもはっきり見えるようになります。分解まではしませんが、LEDの中も確認します。

本書の前半では、電子パーツの実験・分解を通して、電子パーツの仕組みと動かし方を詳しく解説します。電子回路が思ったように動かなかったとき、自分で解決できるようになるためのノウハウが身に付きます。電子パーツをただ動かすだけでなく、ちょっと工夫するだけで作品の質がグッとアップします。ぜひ、ご自身でも実験してみて、こだわりのものづくりに生かしてください。

本章では、定番中の定番パーツ「LED」を扱います。使用するパーツは**表1**の通りです。

表1　本章で利用する部品
通販コードは秋月電子通商のもの。

番号	品名	色	順電流[mA]	光度[cd]	半減角[度]	通販コード	単価[円]
#1	OS5RKP5111A	赤	30	25	15	I-11580	12
#2	OSG5GP5111A	緑	30	100	15	I-11582	18
#3	OSB56P5111A	青	30	18	15	I-11581	18
#4	OS5RKA5111P	赤	60	75	15	I-06408	25
#5	OS5RKA5B61P	赤	60	48	60	I-06409	25
#6	OSTA5131A	赤/緑/青	20	2/7/2.5	30	I-02476	50
#7	LED光拡散キャップ(5mm)白	-	-	-	-	I-01120	4

LEDといえば、ラズパイで初めてハードウエアを動かすときに、通称「Lチカ」(LEDチカチカ)といわれるサンプルプログラムで点灯させたことがあるのではないでしょうか。GPIOピンをLEDの+側(アノード)につないで、LEDの−側(カソード)を抵抗(この抵抗を電流制限抵抗と言います)に接続、抵抗のもう一方の端子をGNDにつなぎます(**図1**)。そして、PythonなどでGPIOピンをON/OFFすると、それに応じてLEDが点灯/消灯します。筆者も初めてLEDが点滅したときは、とても感激した覚えがあります。

図1　Lチカの様子

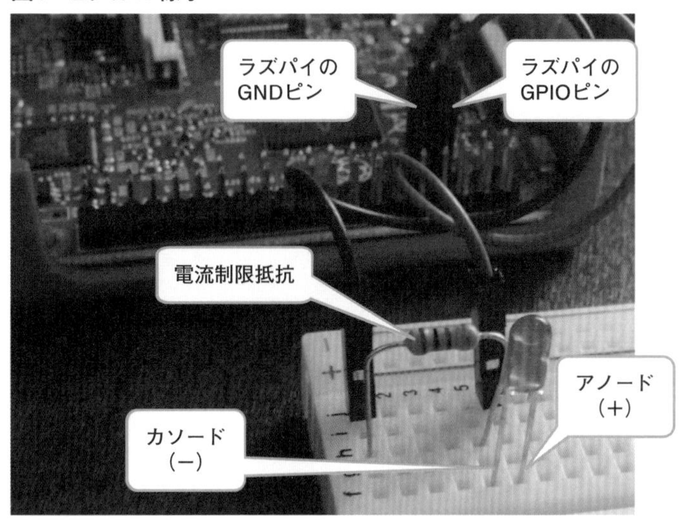

1.1 LEDの明るさは電流で変化

Lチカの次にやりたいことといえば、明るさの調節でしょう。思っていたよりも、LEDの光が弱くてついているのか消えているのか分からなかったり、逆に、光が強すぎてまぶしかったりしたとき（しばらく目がクラクラするときもありますね）には、思い通りの光の強さ、明るさに調節したくなります。電流制限抵抗を大きい値のものに交換すると暗くなり、小さくすると明るくなりますが、どのような仕組みで明るさが変わっているのでしょうか。

これを理解するには、二つのことを知っておく必要があります。

一つは光る原理です。LEDは「pn接合になっている半導体に対して注入された、電子と正孔が再結合したときに電子が持つエネルギーの一部が光として放出する」ことで発光しています。用語が難しくて、分からないと思った読者も多いかもしれません。ざっくりと言えば「電流を流すと光る」ということです。明るさは電流にほぼ比例していて、電流をたくさん流すほど強く光ります。

もう一つは「順電流-順電圧特性」で、LEDのアノードからカソードへ流れる電流（順電流）と、アノード-カソード間の電圧（順電圧）の関係です。表1 #1のLEDに1m～30mAの順電流を流したときの順電圧を測定してみました（**図2**）。順電流を増やすと順電圧が若干増加しますが、順電圧はおおよそ1.9Vということが分かりました。

図2　LEDの順電流-順電圧特性
表1 #1のLEDに電流を流したときのアノード-カソード間の電圧。

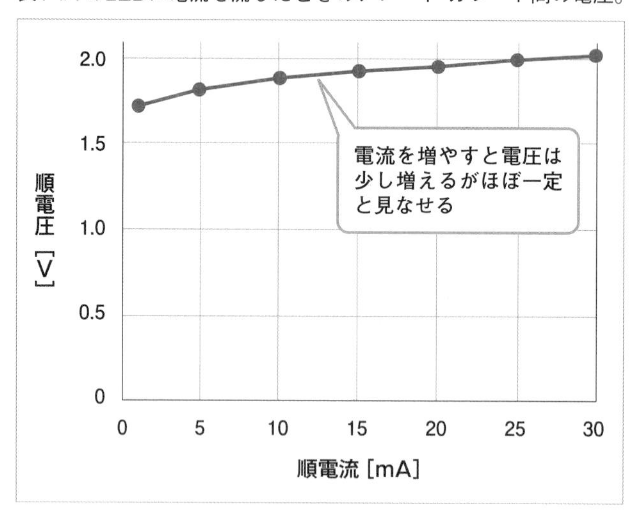

この二つから、LEDの明るさを調節するときに電流制限抵抗をいくつにすればよいかが分かります。ラズパイのGPIOは3.3Vで、表1 #1のLEDの順電圧は1.9Vなので、電流制限抵抗の電圧は常に3.3 – 1.9 = 1.4Vです。ラズパイの3.3Vは変化しないし、LEDの順電圧1.9Vもほぼ変化しないので、電流制限抵抗の電圧も変化しません。

例えば、電流制限抵抗が1kΩのときから明るさを2倍にするときは**図3**のように計算します。抵抗を半分にすれば明るさが2倍になるわけです。

図3　電流制限抵抗の求め方

現在の抵抗 = 1kΩ
現在の電流 = (3.3V – 1.9V) / 1kΩ = 1.4mA
2倍の明るさの電流 = 現在の電流を2倍 = 1.4mA × 2 = 2.8mA
2倍の明るさの抵抗 = (3.3V – 1.9V) / 2.8mA = 500Ω

計算式は分かっても、電流を増やしたときの明るさの変化や、見え方は、実際に点灯させて目視しないと判断できません。どんな見え方になるのか、#1のLEDに1m～30mAの順電流を流したときの明るさを確認してみました。**図4**に示した写真では、15mAぐらいまでは電流に応じて明るくなっていき、15mA以上はあまり変化がないように見えます。目視では、1m～5mAは徐々に明るくなっていき、5mA以上はまぶしくて、ほとんど変化を感じられませんでした。

図4　LEDの順電流と明るさの変化
表1 #1のLEDを光らせた。

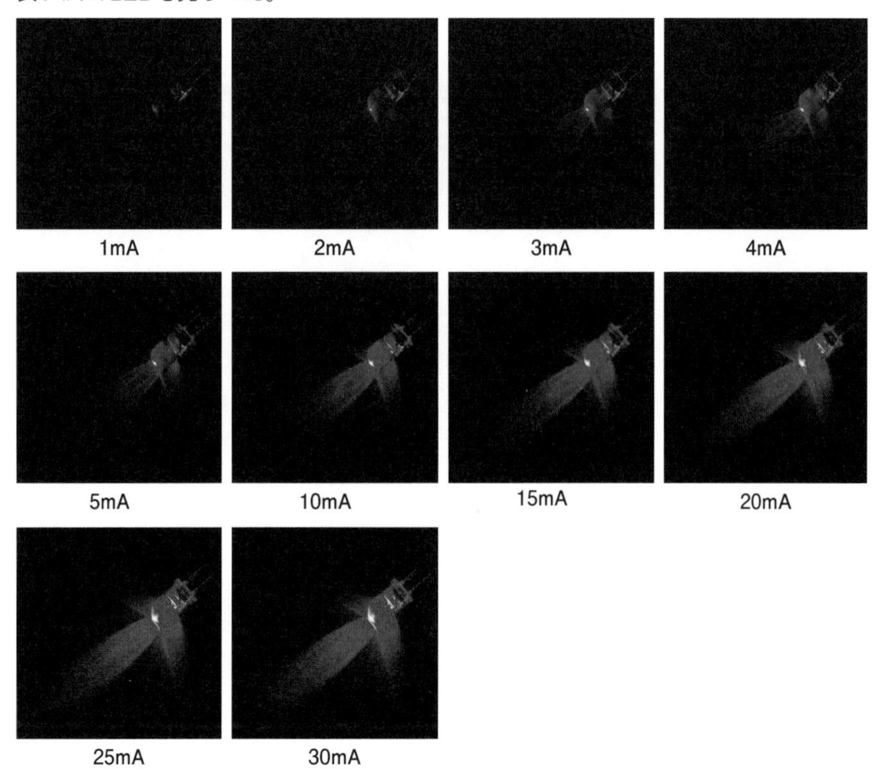

ソフトウエアで明るさを調節

先ほどは順電流で明るさを調節しましたが、GPIOピンを「PWM制御」すると明るさを調節できます。PWMとは、パルス幅変調（Pulse Width Modulation）の略で、ONとOFFの周波数を変化させて音を鳴らしたり、ONとOFFの割合を変化させてLEDの明るさを調節したりするのに使われます。ラズパイでPWMの信号を出力する方法は、デジタル出力のループ実行、ソフトウエアPWM、ハードウエアPWMの三つがあります*1。ここでは、信号のタイミングが最も正確なハードウエアPWMを電子工作用のPythonライブラリ「pigpio」を使って試してみましょう。

ラズパイのGPIO12に、200Ωの電流制限抵抗を経由して、#1のLEDのアノードを接続します。LEDのカソードはラズパイのGNDに接続します。接続図を**図5**、プログラムを**図6**に示します。プログラムでは、pigpioのset_modeメソッドでGPIO12を出力に設定

＊1　PWMについては13章でより詳細に解説します。

した後、hardware_PWMメソッドで引数で指定した割合の信号を出力します。

図5　PWM制御の接続図

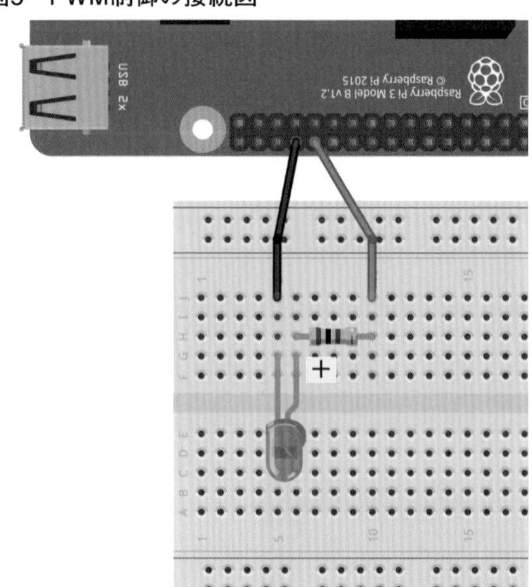

図6　GPIO12でPWM出力するプログラム(led_pwm_hw.py)

```
import sys
import pigpio                      ← pigpioパッケージをインポート

LED_PIN = 12                       ← PWM出力するピンはGPIO12
LED_PWM_FREQUENCY = 8000           ← PWM出力周波数は8kHz
pwm_duty = float(sys.argv[1]) ← PWM出力デューティー比は引数から取得

pi = pigpio.pi()
pi.set_mode(LED_PIN, pigpio.OUTPUT)  ← GPIOピンを出力に設定
↓ ハードウエアPWMで出力
pi.hardware_PWM(LED_PIN, int(LED_PWM_FREQUENCY), int(pwm_duty * 1e6))
```

次のコマンドで、PWMを10、50、100%で出力してLEDの明るさを確認してみました(図7)。

```
pigpioデーモンを起動
$ sudo pigpiod ⏎
10%の割合でPWM出力
$ python3 led_pwm_hw.py 0.1 ⏎
```

図7　LEDのPWM制御
#1のLEDをPWM制御したときの明るさ。周波数は8000Hz、電流制限抵抗は200Ω。

10%

50%

100%

電流制限抵抗による調節と比べて、PWM制御はソフトウエアで自由に変更できるので便利です。ただし、明るさを下げることしかできないので、最大の明るさを電流制限抵抗で調節しておき、そこから必要に応じてPWM制御で減光することになるでしょう。電流制限抵抗で明るさを調節すると、若干色合いが変化するときがありますが、PWM制御では安定した発色になります。色に対してシビアなときはPWM制御を使用した方がよいようです。

色によって抵抗値を変える

次は色の違いです。電子パーツ店ではさまざまな色のLEDが販売されています。光の3原色である赤、緑、青以外に、白や黄色、電球色、パステルカラーなどもあります。

ここでは色によって使い方に違いがあるのか、赤・緑・青のLEDを点灯させて確認してみましょう。特性が似ていて色違いの、表1 #1,#2,#3のLEDに順電流を流して明るさを確認してみました（**図8**）。どの色も、電流を増やしていくと明るさが増えていくのが分かります。目視では、同じ電流を流せば、だいたい同じ明るさに見えました。

図8　赤・緑・青LEDの順電流と明るさの変化
表1 #1,#2,#3のLEDに電流を流したときの明るさ。

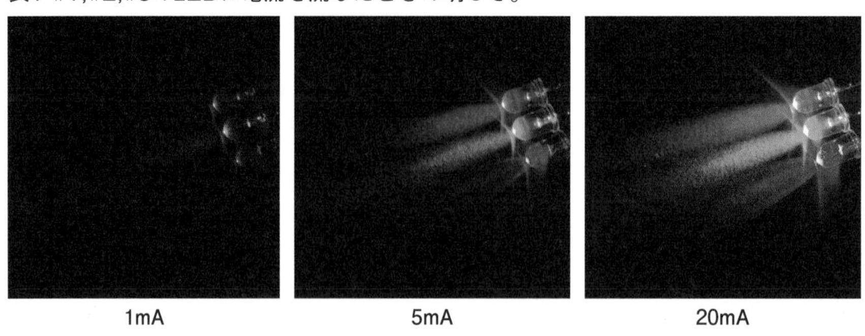

続いて、#1,#2,#3のLEDの順電流-順電圧も測定してみました（**図9**）。すると色によって順電圧に違いがあることが分かりました。赤のLED（#1）の順電圧はおよそ1.9Vでしたが、緑と青のLED（#2,#3）はおよそ2.7Vと高い電圧でした。つまり、ほぼ同じ明るさで点灯させるときは、同じ順電流で大丈夫ですが、使う電流制限抵抗は色によって変えることになります。#1の赤LEDを1mAで点灯させるときの電流制限抵抗は、(3.3V－1.9V) / 1mA = 1.4kΩですが、#2の緑LEDの場合は、(3.3V-2.7V) / 1mA = 600Ωを使わないと、1mAにならないのです。

図9　赤・緑・青LEDの順電流-順電圧特性
表1 #1,#2,#3のLEDに電流を流したときのアノード-カソード間の電圧。

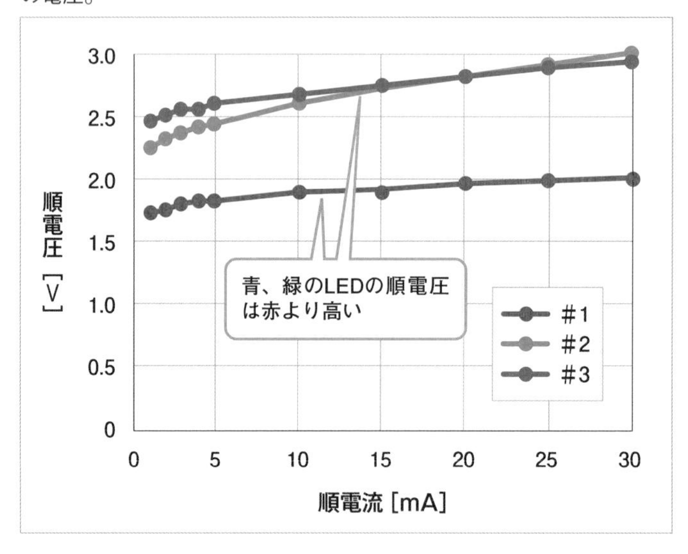

ここでは実験で順電圧を確認しましたが、通常、LEDのデータシートに「Vf」という項目で順電圧が書かれているので、この値を使って計算しましょう。

1.2 光の見え方を工夫する

次は光の見え方を工夫してみましょう。さまざまな角度からLEDを見てみると、真正面は強く光って見えて、横からは光が弱いことに気づくと思います。これは、反射板とレンズによって前方へ光を向ける構造になっているからです。懐中電灯をイメージすると分かりやすいと思います。

前方へ光を集める具合はLEDのデータシートに「指向角」や「半減角」という単位で書かれています。どちらも数値が小さいと狭い範囲に強く光ることを示しています。LEDの内部をよく見ると、半減角が違うと、発光素子（と反射板）からLED先端（レンズ）までの距離が違っています。この距離で光る幅が調整されていることが分かります（**図10**）。

図10　半減角の違うLEDを比較
表1 #4,#5のLEDの構造を比較した。

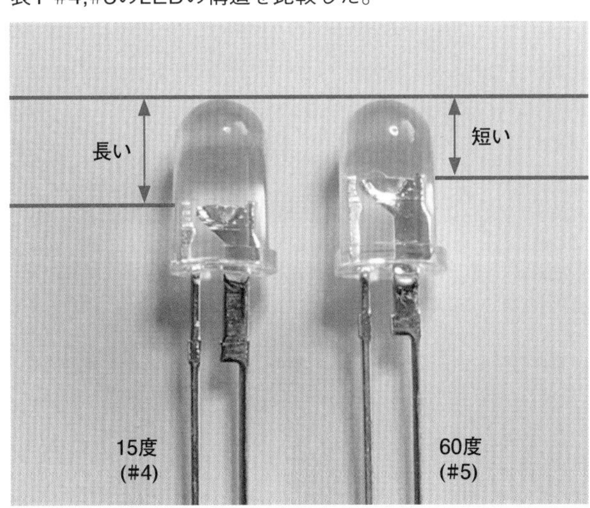

それでは、半減角が違う#4と#5のLEDを使って黒画用紙を照らしてみて、見え方を比べてみましょう（**図11**）。半減角15度のLEDは真ん中の部分が強く照らされていることが分かります。一方、半減角60度のLEDは全体的にぼんやりと照らされていますが、その範囲は半減角15度と比べて大きいです。

図11　半減角の違うLEDの照らし具合
表1 #4,#5のLEDに2mAを流して、黒画用紙を照らしたときの様子。

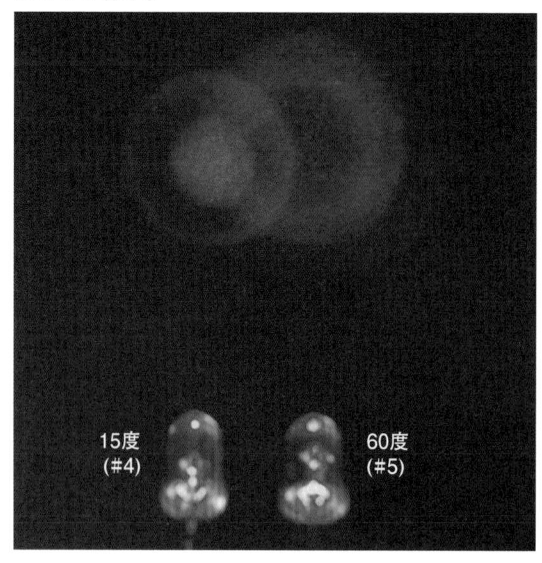

半減角が広い方が光が優しく、広い範囲を照らすことができましたが、それでもまだ直視するとまぶしい状態です。実は､LEDを素の状態で使うと「対象物に光を当てて明るくする」に向いていますが､「色を表示する」というのには向いていません。LEDは点で発光する素子で、その点を直接見ないと色が判断できないのです。表示用途では、先ほど黒画用紙に当てたように光を散乱させた方が視認性が良くなります。

光拡散キャップで横から見える

LEDの光を手軽に拡散するパーツとして「光拡散キャップ」が販売されています。LEDに光拡散キャップを取り付けたときの見え方を確認してみました（**図12**)。光拡散キャップを付けると、LEDの赤色が横からでもしっかりくっきりと見えています。その代わりに、対象物（図12右では黒画用紙）には光が強く当たっていないことが確認できます。

図12　光拡散キャップの有無による見え方の違い
表1 #5のLEDに5mAを流して、光拡散キャップ(#7)を付けたときの様子。

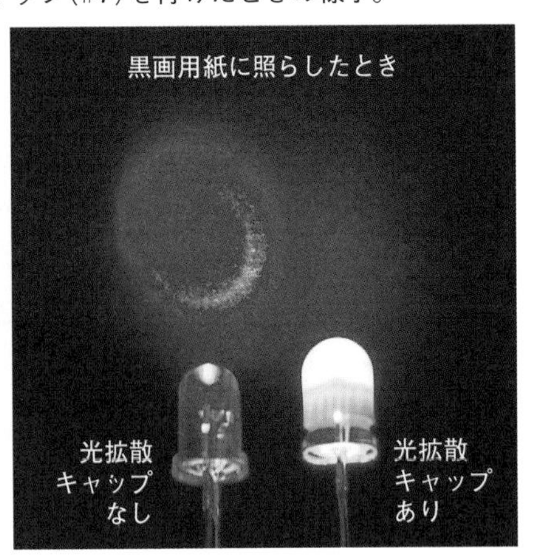

光拡散で、さらにもう一工夫してみましょう。例として、ピンポン玉を使ってLED 1個で大きな表示装置を作ってみます。白色のピンポン玉に5mmの穴をあけ、そこにLEDを差し込みます。さきほど試した通り、LEDは前方方向（半減角）に発光しますので、LEDはピンポン玉の奥深くへ入れずに、少し差し込んだ具合にします。

LEDを点灯すると、全体が赤くぼんやりと光りつつ、LEDの前方が目玉のように明るく光りました（**図13**左）。目玉のように1カ所が強く光っていたので、LEDに光拡散キャップを取り付けてからピンポン玉に差し込んで点灯させてみました。すると「光拡散キャップ+ピンポン玉」という2段の拡散が効いて、ピンポン玉全体が均一に赤く光りました。

図13　ピンポン玉を光らせる
表1 #1のLEDにピンポン玉を取り付けて光らせた様子。

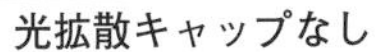
光拡散キャップなし

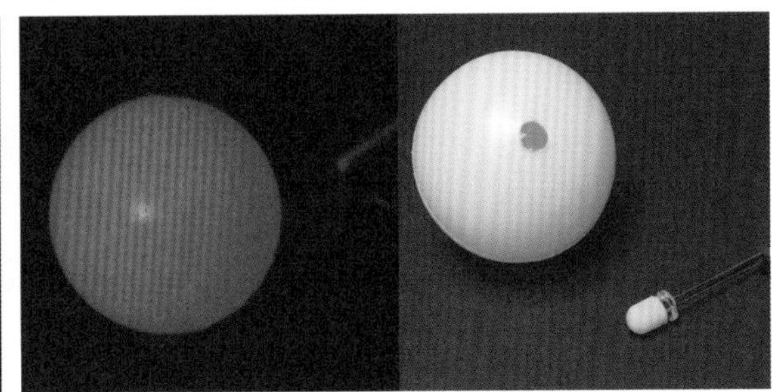
光拡散キャップあり

1.3 フルカラーLEDの色を調整する

最後に、フルカラーLEDを使って、ソフトウエアで色を作ってみましょう。フルカラーLEDとは、赤・緑・青の発光素子が一つになったLEDです。パーツによって、三つの素子のアノードもしくはカソードが共通端子になっていて、LEDからリードが4本出ています。それぞれの発光素子の明るさを調節することで、さまざまな色で発光できます。ここでは、赤・緑・青の明るさをpigpioのPWMで調節してみましょう。

LEDはカソードが共通端子のものを使います（表1 #6）。ラズパイのGPIO12に赤、GPIO13に緑、GPIO19に青のリードを、それぞれ電流制限抵抗を経由して接続します。電流制限抵抗は、赤は200Ω、緑·青は100Ωを使います。カソードはGNDに接続します（**図14、15**）。

図14　フルカラーLEDを接続したところ

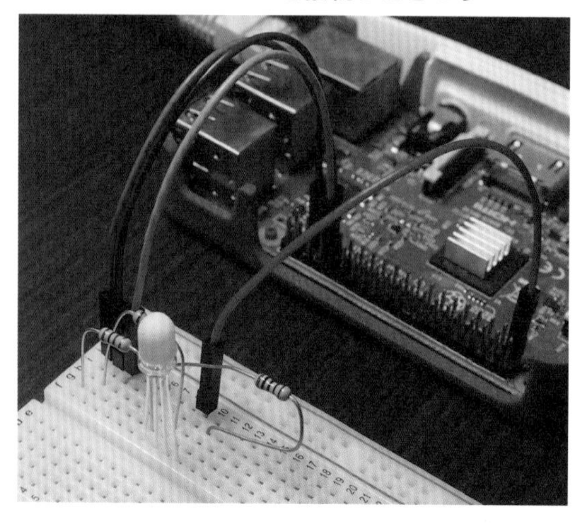

図15　フルカラーLEDの接続図

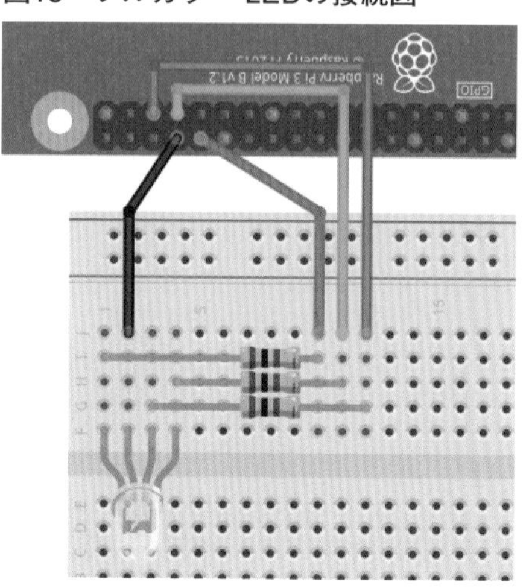

図16に示したプログラムではソフトウエアPWMを使います（ハードウエアPWMは2本までしか出力できないため）。pigpioのset_modeメソッドでGPIOを出力に設定し、set_PWM_frequency、set_PWM_rangeメソッドでPWMの周波数と範囲を設定した後、set_PWM_dutycycleメソッドで引数で指定した割合の信号を出力します。次のコマンドを実行すると、LEDが黄色に点灯します。

```
$ python3 led_pwm_sw_rgb.py 0.1 0.1 0 ⏎
```

図16　GPIOでフルカラー LEDを点灯するプログラム(led_pwm_sw_rgb.py)

```
import sys
import pigpio                  ← pigpioパッケージをインポート

LED_R_PIN = 12                 ← 赤はGPIO12
LED_G_PIN = 13                 ← 緑はGPIO13
LED_B_PIN = 19                 ← 青はGPIO19
LED_PWM_FREQUENCY = 8000       ← PWM出力周波数は8kHz
LED_PWM_RANGE = 100            ← PWM出力は0 ～ 100の範囲で指定
r_pwm_duty = float(sys.argv[1]) ← PWM出力デューティー比は引数から取得
g_pwm_duty = float(sys.argv[2])
b_pwm_duty = float(sys.argv[3])

pi = pigpio.pi()
pi.set_mode(LED_R_PIN, pigpio.OUTPUT)                  ← GPIOピンを出力に設定
pi.set_mode(LED_G_PIN, pigpio.OUTPUT)
pi.set_mode(LED_B_PIN, pigpio.OUTPUT)
pi.set_PWM_frequency(LED_R_PIN, LED_PWM_FREQUENCY) ← PWM出力周波数を設定
pi.set_PWM_frequency(LED_G_PIN, LED_PWM_FREQUENCY)
pi.set_PWM_frequency(LED_B_PIN, LED_PWM_FREQUENCY)
pi.set_PWM_range(LED_R_PIN, LED_PWM_RANGE)             ← PWM出力範囲を設定
pi.set_PWM_range(LED_G_PIN, LED_PWM_RANGE)
pi.set_PWM_range(LED_B_PIN, LED_PWM_RANGE)
↓ ソフトウエアPWMで出力
pi.set_PWM_dutycycle(LED_R_PIN, int(r_pwm_duty * LED_PWM_RANGE))
pi.set_PWM_dutycycle(LED_G_PIN, int(g_pwm_duty * LED_PWM_RANGE))
pi.set_PWM_dutycycle(LED_B_PIN, int(b_pwm_duty * LED_PWM_RANGE))
```

3原色の赤･緑･青の明るさを個別に指定できるため、多彩な色で点灯させられます（**図17**）。

図17　フルカラー LEDの点灯
表1 #6のLED(光拡散キャップ付き)を点灯したときの色。PWMの周波数は8000Hz、電流制限抵抗は赤が200Ω、緑と青が100Ω。

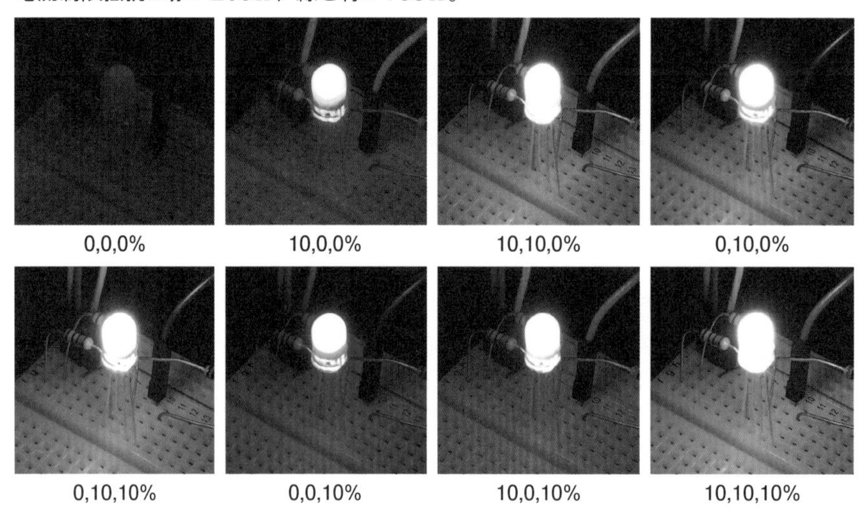

まとめ

LEDのさまざまな工夫について実験で紹介しました。まとめると以下の通りです。

1. 明るさは、電流制限抵抗で調節 + ソフトウエアで減光
2. 色は、LED を選択 or ソフトウエアで調節
3. 見え方は半減角を選択して、光拡散キャップを付けるなど

LEDは、ここで紹介したもの以外にも、形状（円筒や円柱、立方体、楕円）や大きさ(3mm、5mmなど)、色、光拡散の方法など、非常に多くの種類が販売されています。また、キャップをしたり紙を透過させたりと、光の拡散を一工夫すると、いろんな見え方がして新しい発見があると思います。座学として読むだけでなく、ぜひ、読者自身で実験して楽しんでください。

2章

5種の温度センサーを比較

本章では、温度センサーを取り上げます。I^2C対応のセンサー 5種類をいろいろ実験します。室温と水温を測り、その正確さを比べましょう。温度が変化したときの応答性も調べます。価格が最も高い「SHT31」が最も優秀という妥当な結果になりました。

前章では、いろんなLEDを光らせてみましたが、いかがでしたか？ 電流制限抵抗を変えたり、PWMを使ったりする以外にも、ちょっとした工作で見え方がずいぶん変わることを感じてもらえたのではないでしょうか。本章で扱うのも定番中の定番の部品です。「温度センサー」でいろいろと実験してみました。

温度センサーは、測定する温度範囲や非接触・接触、マイコンとの接続方法など、いろんな種類のものが販売されています。以前は、温度センサーの出力といえば電圧や抵抗値が変化するものが一般的で、マイコンで読み取るにはADコンバーターなどを追加してデジタルに変換していました。最近はI^2Cや1-Wireといったデジタルで出力するものが増えていて、マイコンに直結できるようになりました。便利になったものですね。

実験では、そんな、数ある温度センサーの中から、「0～80℃」（またはそれ以上）の温度範囲を「追加部品不要」でラズパイに接続し、温度を取り込めるものを使うことにしました（**図1**、**表1**）。

図1　実験した5個の温度センサー

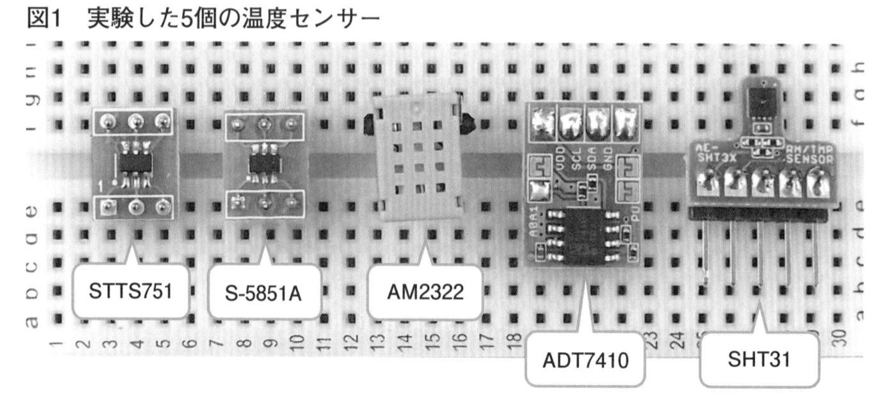

表1　本章で利用する部品

インタフェースはすべてI^2C。通販コードは秋月電子通商のもの。

品名	測定温度	電源電圧	通販コード	単価
STTS751	-40～125℃	2.25～3.6V	＊a	100円
S-5851A	-40～125℃	2.7～5.5V	M-11575	110円
AM2322	-40～80℃	3.1～5.5V	M-10880	700円
ADT7410	-55～150℃	2.7～5.5V	M-06675	500円
SHT31	-40～125℃	2.4～5.5V	K-12125	950円

＊a　以前、秋月電子通商で販売されていましたが、2022年1月時点では、販売が停止しています。ここでは参考情報として掲載します。

選んだ五つのセンサーは、すべてI^2Cインタフェースで、3.3Vで動かせます。STTS751とS-5851Aは安価で、小型な6ピンのICです。ADT7410は少し大きめな8ピンのICで、STTS751などよりも高性能のようです。AM2322とSHT31は温度だけでなく湿度も測れます（**コラム**「湿度も測れるセンサーは汚れに注意」参照）。

Column　湿度も測れるセンサーは汚れに注意

AM2322とSHT31は温度だけでなく湿度も測れます。そのため、ほかのセンサーと見た目が少し違います。SHT31はチップのパッケージの真ん中に穴が開いていて、この部分の素子で湿度を測ります（**図A**）。この部分にゴミがたまらないように横向きに設置するなど、工夫した方がよいでしょう。

AM2322はプラスチックのカバーがあって、湿度を測定する素子がどのようになっているか分かりません。そこで、カバーを切ってむき出しにしました（**図B**）。結構大きな素子がワイヤーで基板につながっている様子が分かります。SHT31と同様、ゴミには注意した方がよさそうです。

図A　SHT31のセンサー素子部分

図B　AM2322のセンサー素子部分

温度センサー5種を動かす

それぞれのセンサーの測定温度を比較できるよう、ラズパイのI²Cインタフェースにすべての温度センサーを接続して、同時に温度を測定できるようにしましょう（**図2、3**）。

図2　センサーの接続図
緑線がI^2C-SDA、青線がI^2C-SCL。赤線が3.3V、黒線がGND。
赤丸部分を短絡してADT7410のI^2Cアドレスを変更している。

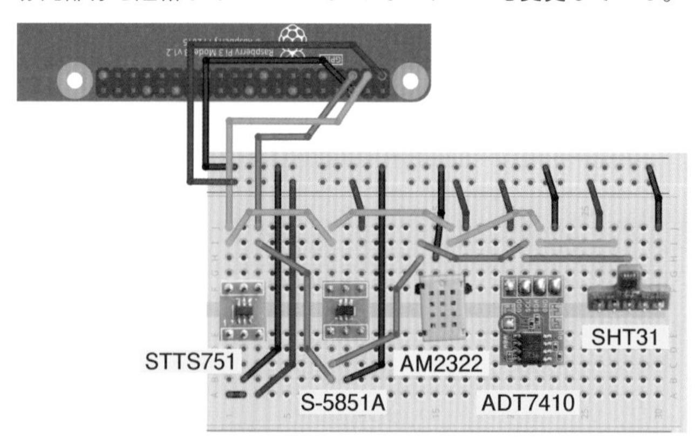

図3　センサーを接続したところ

STTS751はIC単体でしか販売されていなかったので、ICにピッチ変換基板（秋月電子通商の通販コードP-03659）とピンヘッダーをはんだ付けしました。S-5851AとADT7410のI^2Cアドレスがどちらも0x48だったので、ADT7410のA0ピンを3.3Vに接続（J3をショート）して、0x49に変更しました。また、AM2322のリード線にはピンヘッダーをはんだ付けしました。AM2322リード線は短く、さらに1.27mmピッチと狭かったため、足を曲げてもブレッドボードに差し込めなかったからです。

五つの温度センサーから温度を取得するプログラムをPythonで書きました（**図4**）。このプログラムはI^2C通信にpigpioライブラリを使っているので、常駐ソフトのpigpiodを起動してから、動かします。

```
$ sudo pigpiod ⏎
$ python3 temp.py ⏎
```

図4　温度を測定するプログラム(temp.py)

```
import pigpio                      ← pigpioパッケージをインポート
import datetime
import time

INTERVAL = 60                      ← 測定間隔は60秒

I2C_INTERFACE = 1

STTS751_ADDRESS = 0x39             ← STTS751のI2Cアドレス
STTS751_REG_TEMPERATURE_HIGH = 0x00
STTS751_REG_TEMPERATURE_LOW = 0x02
STTS751_REG_CONFIGURATION = 0x03

S5851A_ADDRESS = 0x48              ← S-5851AのI2Cアドレス
S5851A_REG_TEMPERATURE = 0x00

AM2322_ADDRESS = 0x5c              ← AM2322のI2Cアドレス
AM2322_FUNC_READ_REGISTER = 0x03
AM2322_REG_TEMPERATURE_HIGH = 0x02

ADT7410_ADDRESS = 0x49             ← ADT7410のI2Cアドレス
ADT7410_REG_TEMPERATURE_HIGH = 0x00
ADT7410_REG_CONFIGURATION = 0x03

SHT31_ADDRESS = 0x45               ← SHT31のI2Cアドレス

pi = pigpio.pi()

# STTS751   (STTS751を初期化)
stts751_h = pi.i2c_open(I2C_INTERFACE, STTS751_ADDRESS)
↓温度の分解能を最大(12bits)に変更
pi.i2c_write_byte_data(stts751_h, STTS751_REG_CONFIGURATION, 0b10001100)
# S5851A    (S-5851Aを初期化)
s5851a_h = pi.i2c_open(I2C_INTERFACE, S5851A_ADDRESS)
# AM2322    (AM2322を初期化)
am2322_h = pi.i2c_open(I2C_INTERFACE, AM2322_ADDRESS)
# ADT7410   (ADT7410を初期化)
adt7410_h = pi.i2c_open(I2C_INTERFACE, ADT7410_ADDRESS)
↓温度の分解能を最大(16bits)に変更
pi.i2c_write_byte_data(adt7410_h, ADT7410_REG_CONFIGURATION, 0b10000000)↵
# 16bits
```

次ページへ続く

図4の続き

```
# SHT31      (SHT31を初期化)
sht31_h = pi.i2c_open(I2C_INTERFACE, SHT31_ADDRESS)

print('"TIME","STTS751","S5851A","AM2322","ADT7410","SHT31"')
while True:
    # STTS751 (STTS751で温度を測定)(1)
    temp_h = pi.i2c_read_byte_data(stts751_h, STTS751_REG_TEMPERATURE_HI⏎
GH)
    temp_l = pi.i2c_read_byte_data(stts751_h, STTS751_REG_TEMPERATURE_LO⏎
W)
    stts751_temp = int.from_bytes([temp_h, temp_l], 'big', signed=True) ⏎
/ 256
    # S5851A  (S-5851Aで温度を測定)(2)
    (val_count, val) = pi.i2c_read_i2c_block_data(s5851a_h, S5851A_REG_T⏎
EMPERATURE, 2)
    s5851a_temp = int.from_bytes(val, 'big', signed=True) / 256
    # AM2322  (AM2322で温度を測定)(3)
    try:
        pi.i2c_write_quick(am2322_h, 0)          ← 休止状態から起動
    except:
        pass
    time.sleep(0.0008)
    pi.i2c_write_quick(am2322_h, 0)              ↓ 温度測定を開始
    pi.i2c_write_i2c_block_data(am2322_h, AM2322_FUNC_READ_REGISTER, [AM⏎
2322_REG_TEMPERATURE_HIGH, 2])
    time.sleep(0.0015)                           ↓ 測定値を取得
    (val_count, val) = pi.i2c_read_device(am2322_h, 2 + 2 + 2)
    am2322_temp = int.from_bytes(val[2:4], 'big', signed=True) / 10
    # ADT7410 (ADT7410で温度を測定)(4)
    (val_count, val) = pi.i2c_read_i2c_block_data(adt7410_h, ADT7410_REG⏎
_TEMPERATURE_HIGH, 2)
    adt7410_temp = int.from_bytes(val, 'big', signed=True) / 128
    # SHT31   (SHT31で温度を測定)(5)
    pi.i2c_write_device(sht31_h, [0x24, 0x00])    ← 温度測定を開始
    time.sleep(0.015)                             ↓ 測定値を取得
    (val_count, val) = pi.i2c_read_device(sht31_h, 2 + 1 + 2 + 1)
    sht31_temp = -45 + 175 * int.from_bytes(val[0:2], 'big', signed=False⏎
) / 65535

    print(f'{datetime.datetime.now()},{stts751_temp:.4f},{s5851a_temp:.⏎
4f},{am2322_temp:.4f},{adt7410_temp:.4f},{sht31_temp:.4f}')
    time.sleep(INTERVAL)
```

プログラムの中身を見てみましょう。温度を読み取るためのI^2C通信は、センサーによってまちまちです。STTS751、S-5871A、ADT7410は電源が入ると内部で連続的に温度

を測定します。そのため、I^2Cでその測定結果を読み取るだけのシンプルな通信で済みます（図4の（1、2、4））。

SHT31は自動で温度を測定しないため、必要なときに温度測定の開始を指示して、測定が完了するまで待ってから測定値を読み取らなければなりません（図4の（5））。AM2322はもう少し複雑です。通常はセンサーが休止状態になっていてI^2C通信してセンサーを起動しなければなりません。その後さらに、測定開始を指示してから、測定値を読み取ります（図4の（3））。

2.1 5種のセンサーで気温を測ってみよう

ハードウエアとソフトウエアがそろったので、気温を測定してみましょう。

実のところ、気温を正しく測るのは結構難しいのです。センサーに直射日光が当たると気温よりも測定値が高めになってしまったり、風が吹くと低くなったりします。そのため、百葉箱や、通風筒といったものが用いられます。

ここでは、なるべく温度のバラツキがないように、室内で風が当たらない場所に置いて、1日間、室温を記録しました。グラフにしたのが**図5**左です。センサーによって0.5℃程度のズレがありますが、すべてのセンサーが同じような変化（波形）で測定されていました。

図5　気温の測定結果
左は、2019年10月23日の0:00から24:00に計測したもの。右は、赤枠部分の拡大。

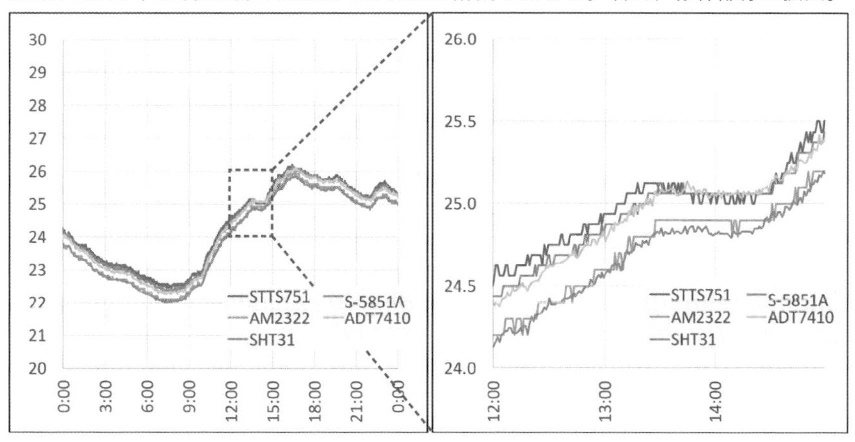

図5左の赤枠の部分を拡大したものが図5右です。波形をよく見ると、ADT7410とSHT31の曲線は滑らかに変化していますが、STTS751とS-5851A、AM2322は階段状にカクカク

していることが分かります。これは温度をデジタル化したときの細かさの違いによるもので「分解能」(Resolution) といいます。具体的な分解能の値はセンサーのデータシートに書かれています。STTS751とS-5851Aは0.0625℃、AM2322は0.1℃に対し、ADT7410は0.0078℃、SHT31は0.015℃と、1桁程度の差がありました。分解能が小さいものほど、小さな温度変化をキャッチできます。

どのセンサーが正確なのか?

センサーによって0.5℃程度のズレがありましたが、果たしてどのセンサーが正しい温度を示しているのでしょうか? 本来なら、校正された標準温度計と比較するのですが、残念ながら手元にないためできませんでした。

その代わり、センサーの「正確度」(Accuracy) でどれが一番正しそうか調べることにしましょう。「正確度」とは、実際の温度とセンサーの測定値のズレを示したもので、センサーのデータシートに掲載されています(**図6**)。たいてい、平均と最大が書かれており、温度によって正確度が違います。

図6 SHT31の温度の正確度
SHT31のデータシート(https://bit.ly/357ekC5)より抜粋。実線の平均(標準)と、波線の最大が書かれていて、温度によって正確度が違うことが分かる。

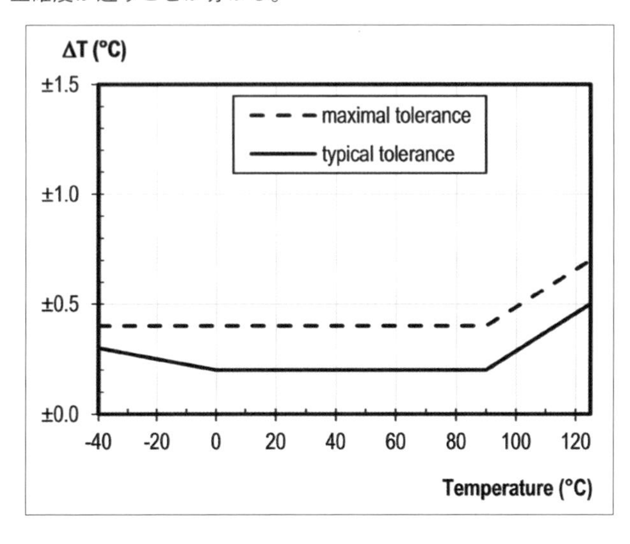

五つのセンサーの正確度を**表2**に示しました。価格が100円程度と安価なSTTS751とS-5851Aがほぼ同じで最大正確度が±2℃程度です。500～950円のAM2322とADT7410、SHT31が±0.4℃程度とより正確でした。

表2　5種のセンサーの正確度

品名	平均正確度	最大正確度
STTS751	±0.5℃（-40~125℃）	±1.5℃（0~85℃） ±2.5℃（typ, -40~125℃）
S-5851A	±0.5℃（-25~85℃） ±1.0℃（-40~125℃）	±2.0℃（-25~85℃） ±3.0℃（-40~125℃）
AM2322	±0.3℃	-
ADT7410	-	±0.44℃（-40~105℃, 2.7～3.3V） ±1.0℃（-55～150℃）
SHT31	±0.2℃（-0~90℃） ±0.5℃（-40～125℃）	±0.4℃（-40～90℃） ±0.7℃（-40～125℃）

より正確な三つのセンサーのうち、平均と最大の両方が記載されていたSHT31を基準にしたときの、各センサーの相関図を**図7**に示します。STTS751とS-5851Aは少しだけブレている部分がありますが、すべてのセンサーが奇麗に直線になっています。もっと温度範囲を広げないとセンサーの違いは表れないのかもしれませんね。それにしても、AM2322は（偶然かもしれませんが）ピッタリすぎてびっくりしました。

図7　SHT31を基準にした相関図
2019年10月22日22:30から10月25日19:30まで測って比較した。

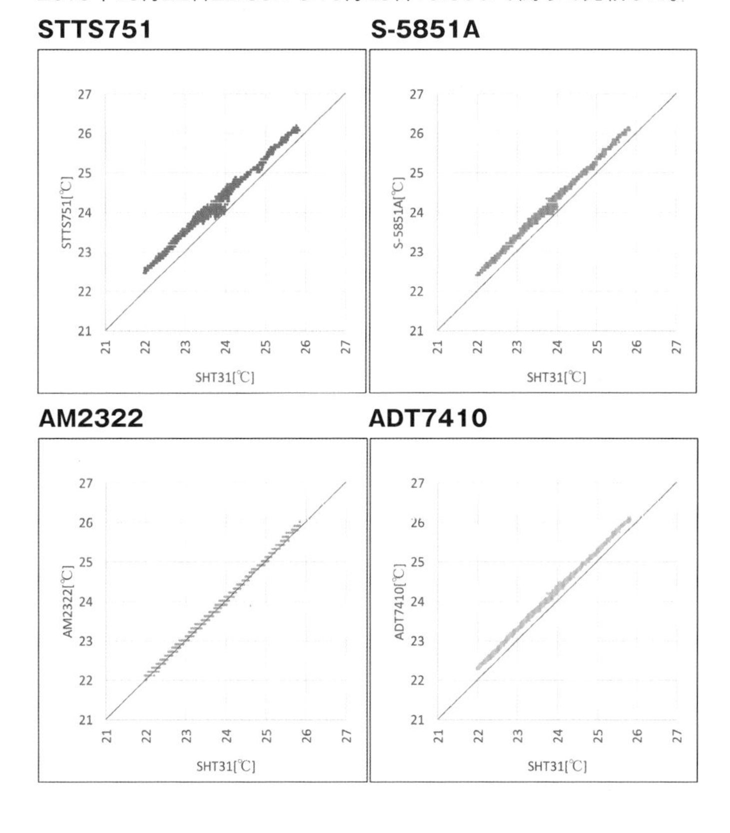

2.2 防水加工して水温を測ろう

次は水の温度を測ってみましょう。通常、電子部品に水は厳禁です。今回用意しているセンサーも防水ではないので、そのまま水の中に入れると壊れてしまいます。そこで、ゴム系の素材で基板を丸ごとコーティングして防水してみることにしました。

三つのセンサー（S-5851A、ADT7410、SHT31）に先にリード線をはんだ付けします。そして、ホームセンターで購入した水まわりの補修材「バスボンドQ」を、たっぷり塗ってみました（**図8**）。このボンドは結構臭いがきついので、換気の良いところで塗りましょう。また、乾燥に半日かかるので、気長に待ちましょう。

図8　防水加工の様子

水温を測定した結果が**図9**です。水中なので温度変化が少ないですが、どれも同じような変化（波形）で測定されていました。手製の防水加工でも案外大丈夫のようです。ただ、よく見るとADT7410の測定値がギザギザしている気がします。原因は究明できませんでしたが、場合によってはプログラムで移動平均などを計算した方がよいかもしれません。

図9　水温の測定結果
2019年11月13日9:30 ～ 21:00の測定結果。

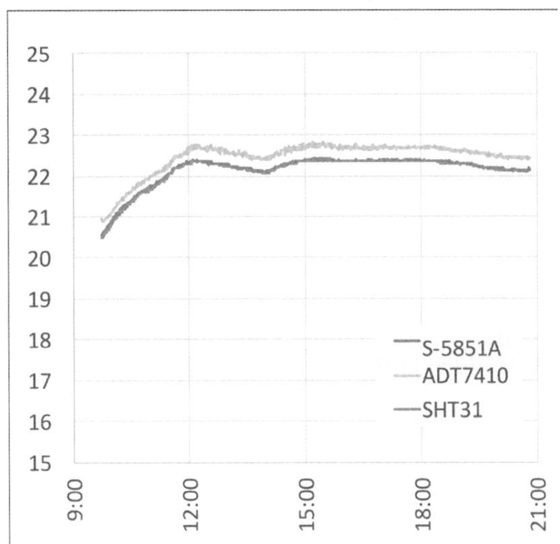

2.3 温度変化の応答性

最後に、温度が変化したときにどれくらいの速さで測れるかを試してみました。

さて、そもそも瞬時に温度を上げる、もしくは下げるにはどうしたらいいでしょうか。ドライヤーで温めるとか、氷で冷やすといった方法では、温度を変化させるのに時間がかかってしまいます。

そこで、ここではアルミ缶に熱湯を流し込んで温度を上げるという方法を採りました。まず、ちょっとでも伝熱が良くなるよう、アルミ缶の表面の塗装をサンドペーパーで削って落とします（**図10**）。そこに、温度センサーを、熱伝導性の高いシリコン接着剤（秋月電子通商の通販コードT-06910）で貼り付けます。このアルミ缶に熱湯を入れることで、温度を急上昇させます。

図10　温度センサーをアルミ缶に貼り付けた様子

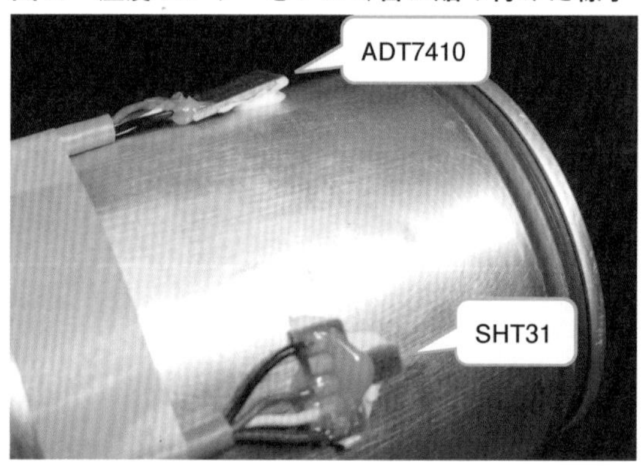

測定した結果が**図11**です。80℃に達するのが一番早かったセンサーはSHT31でした。10秒で到達しています。次に早かったのがADT7410で22秒、一番遅かったのがS-5851Aで39秒かかりました。また、到達温度に8℃ほどの差がありました。SHT31はほかの二つに比べて、部品が小さく、基板も細くて熱が伝わりやすかったのかもしれません。

図11　アルミ缶に熱湯を入れたときの測定結果

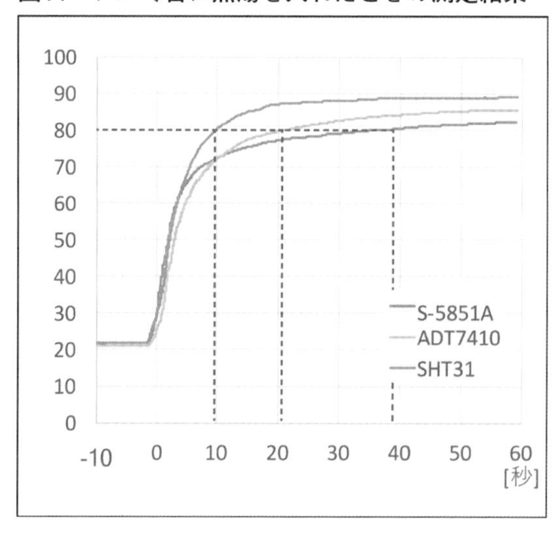

そこで、ADT7410とS-5851Aにもっと熱が伝わりやすいように、シリコン接着剤をたっぷりと付けて貼り直しました。再度、測定した結果が**図12**です。1回目と比べて、ADT7410は温度の上がり始めが早くなり、22秒から18秒に短縮しました。到達温度もSHT31と同じで良い感じです。一方、S-5851Aは前回よりもゆるやかに温度が上がるようになってし

まい、39秒から43秒と長くなってしまいました。S-5851Aは物体に貼り付けて使うのは難しそうです。

図12　シリコン接着剤を増量したときの温度変化の測定結果

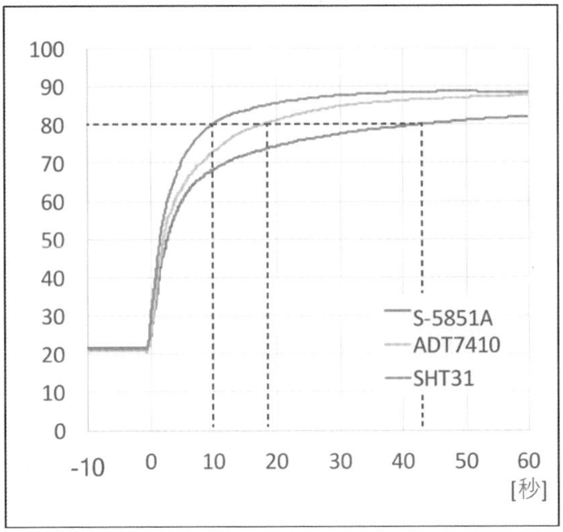

まとめ

今回、温度センサーで気温や水温を測り、温度変化への応答性がどれくらいかを実験しました。試したセンサーの中では、分解能、温度正確度、温度変化の応答が良かったのはSHT31でした。ただし価格が高いので、測る対象や必要な精度に応じて、センサーを選ぶ方がよいでしょう（**コラム**「センサーの発熱を抑えるワンショット測定」も参照）。

センサー自体は防水ではありませんが、丸ごとコーティングしてしまえば、水の温度を測れることが分かりました。

温度変化の応答の実験では、センサーをアルミ缶にシリコン接着剤で接着して試しましたが、センサーによって温度にバラツキがありました。単純に、接着の面積を増やして熱が伝わりやすいようにすればよいというわけではなさそうです。

Column センサーの発熱を抑えるワンショット測定

内部で連続的に温度を測れる三つの温度センサー（STTS751、S-5871A、ADT7410）は、「連続測定」で動かしました。一方、センサー自身の発熱による測定温度への影響を減らすために、センサーの設定を変更して、必要なときだけ測定を実行することも可能です。これを「ワンショット測定」といいます。

ソフトウエアを変更して、30分ずつワンショット測定と連続測定してみましたが、測定値に大きな違いは見受けられませんでした（図C）。もっと低い温度のときだと、測定値に差が出るのかもしれません。

図C　ワンショット測定と連続測定の比較

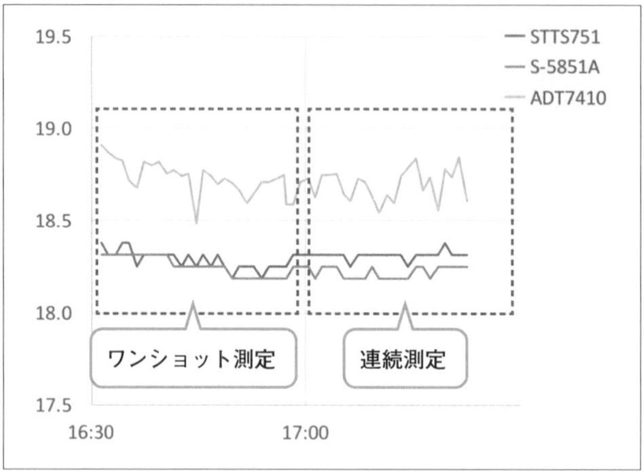

3章

条件を変えて
距離センサーの
精度を調査

距離センサーの精度をいろいろ調べてみます。超音波と赤外線を使う2種類の距離センサーは、ソフトウエアの工夫で精度が大きく変わることがあります。ラズパイとの通信方式で使い勝手に差が出ます。赤外線方式で、受光部にイメージセンサーを使うタイプは、近距離で特に精度が高いことが分かりました。レーザーToF方式は超音波方式と同じくらい長い距離を測れますが、直射日光下などで、うまく測れないのが欠点です。

本章では、距離を測るセンサーを試します。「距離センサー」や「測距センサー」という名称で、さまざまな方式の製品が販売されています（**表1**）。安価で入手しやすい超音波方式と赤外線方式のセンサーを3種類実験して、方式の違いや特徴を確認します。その後、赤外線方式でイメージセンサーを使うものや、レーザーToF方式の実験をします。

表1　本章の実験に使用する距離センサー

製品名	測定方式	測定範囲（mm）	インタフェース
HC-SR04	超音波（送受信独立）	20～4000	GPIO
SRF02	超音波（送受信兼用）	160～6000	I^2C
GP2Y0A21YK	赤外線（PSD）	100～800	アナログ
GP2Y0E03	赤外線（イメージセンサー）	40～500	I^2C
AE-VL53L1X	レーザーToF	100～4000	I^2C

製品名	特徴	秋月電子通商の通販コード	価格
HC-SR04	対象物が透明でも測定可能	M-11009	300円
SRF02	対象物が透明でも測定可能。小型	M-06685	2400円
GP2Y0A21YK	壊れにくい	I-02551	550円
GP2Y0E03	壊れにくい。ラズパイとの接続が容易	I-07547	680円
AE-VL53L1X	壊れにくく、色の影響を受けにくい	M-14249	1320円

超音波方式と赤外線方式は仕組みの違いから、それぞれ利点と欠点があります。超音波方式は測定範囲が数センチから数メートルと広く、対象物がガラスや水といった透明のものでも測定できます。また、屋外でもかなり安定して測定できます。

一方、赤外線方式は小型で壊れにくく、透明カバーを取り付けて防水にしたりできます。ただし、対象物の素材や色によって距離にズレが出るときがあります。さらに屋外では太陽光の影響を受けて測れないときがあるので注意が必要です。

そうした違いについても実験しながら確認していきましょう。

3.1 昔からの定番 超音波距離センサー

距離を測るセンサーといえば、まず超音波距離センサーが思い浮かぶ人が多いのではないでしょうか。ここで取り上げる「HC-SR04」（秋月電子通商の通販コードM-11009、価格300円）は、銀色の筒2本が目玉のように基板に載っていて、見た目にインパクトがあります（**図1**）。

図1　超音波距離センサー「HC-SR04」
サイズはW45×H20×D19mm。

超音波距離センサーは、送信機（トランスミッター）から超音波を出力し、対象物に当たって跳ね返ってきた超音波を受信機（レシーバー）で検知しています。出力してから検知するまでの時間を、超音波が空気中に進む速度（約340メートル/秒）と掛け合わせることで、超音波が通った距離を算出します。

例えば、出力してから検知するまでの時間が1ミリ秒のときは、1ミリ秒×340m/秒＝34cmと計算します。超音波はセンサーと対象物の間を、行って帰ってと2回通るので、センサーと対象物の間の距離は計算結果の距離の半分にする必要があります（**図2**）。

図2　超音波距離センサーの仕組み

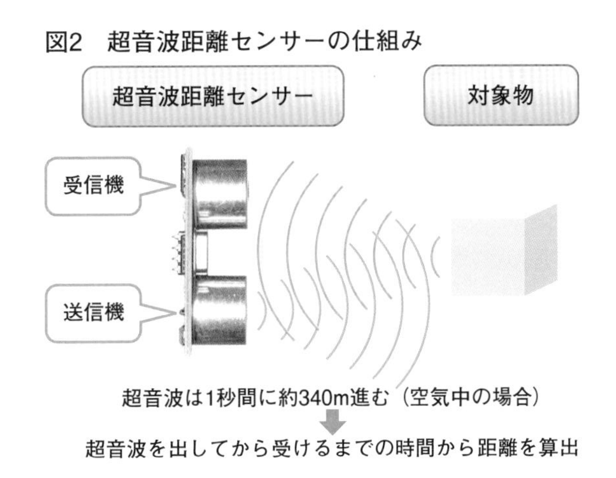

超音波距離方式を動かそう

それでは、超音波距離センサーを使ってみましょう。HC-SR04は**図3**のように結線します。HC-SR04は5V動作なので、Vccに5Vを接続します。TrigとEchoは、I²Cなどのデジタル通信ではないので適当なGPIOに接続します。Echoからは5Vの信号（ON/OFF）

が出力されるため、3.3V動作のラズパイにそのまま接続すると故障する可能性があります。そのため、1kΩと2kΩの抵抗で分圧して接続します。Trigではラズパイから3.3Vの信号を受け取りますが、3.3VでもHC-SR04は5Vの「High」と認識するため、そのままつなぎます。

図3　超音波距離センサーHC-SR04とラズパイの結線図

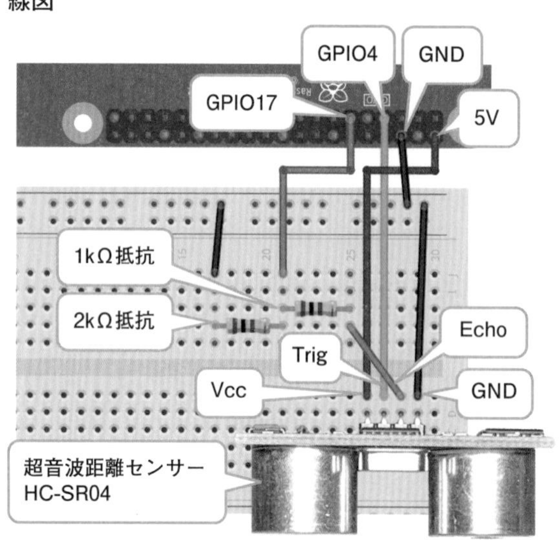

プログラムは**図4**です。HC-SR04はTrigにHighパルスを入れると超音波を出力します。超音波が実際に出力されてから、反射波を検知するまでの間、EchoはHighになります。ラズパイはこのEchoがHighになっている時間を測定しなければなりません。そこでEchoがHighになった時刻とLowになった時刻を記憶（変数に入れる）して、引き算でHighの時間を算出します。EchoのHigh時間に340（m/秒）を掛けて2で割ると、センサーと対象物の間の距離になります。

図4　超音波距離センサー HC-SR04を動かすPythonプログラム（HC-SR04.py）

```
import pigpio         ← pigpioをインポート
import time

TRIG_PIN = 4          ← HC-SR04のTrigはGPIO4に接続
ECHO_PIN = 17         ← HC-SR04のEchoはGPIO17に接続

pi = pigpio.pi()

pi.set_mode(TRIG_PIN, pigpio.OUTPUT)          ← Trigはラズパイから出力
pi.set_mode(ECHO_PIN, pigpio.INPUT)           ← Echoはラズパイに入力
↓ Echoのプルアップ/プルダウン抵抗はなし
pi.set_pull_up_down(ECHO_PIN, pigpio.PUD_OFF)

while True:
    pi.gpio_trigger(TRIG_PIN, 10, 1)       ← Trigを10ミリ秒Highにする

    while pi.read(ECHO_PIN) != 1:          ← EchoがHighになるまで待機する
        pass
    echo_start_time = time.time()          ← 現在時刻をEcho開始時刻として覚える

    while pi.read(ECHO_PIN) != 0:          ← EchoがLowになるまで待機する
        pass
    echo_end_time = time.time()            ← 現在時刻をEcho終了時刻として覚える

    distance = (echo_end_time - echo_start_time) * 340 * 1000 / 2
    print(distance)                        ↑
                                           Echo開始時刻と終了時刻から距離を計算
    time.sleep(1)
```

さあ、準備が整ったので実験です。実験を繰り返しやすいように、長さ910mmの板材を買ってきて、100mmごとの目盛りを書きました。対象物は、茶色のプラスチックのペン立て（100円ショップで購入）を用意しました。100、200、…、700mmの距離にペン立てを置いて、それぞれ60回測定することにしました（**図5**）。

図5　超音波距離センサーの実験の様子

図4のプログラムを実行する前にpigpioの常駐プログラムを起動しておきます。ラズパイ起動時に自動起動する設定もしておきます。

```
$ sudo pigpiod ↵
$ sudo systemctl enable pigpiod ↵
```

図4のプログラムによる測定結果が**図6**です。100mmや200mmでは、ほぼ正確な距離が測定されました。距離が長くなると若干少なめの測定値になり、700mmのときには測定値が約672mmでした。実際の距離とセンサー測定値が一直線（線形近似）の関係なのでソフトウエアで補正すればよさそうです。

図6　超音波距離センサー HC-SR04の測定結果

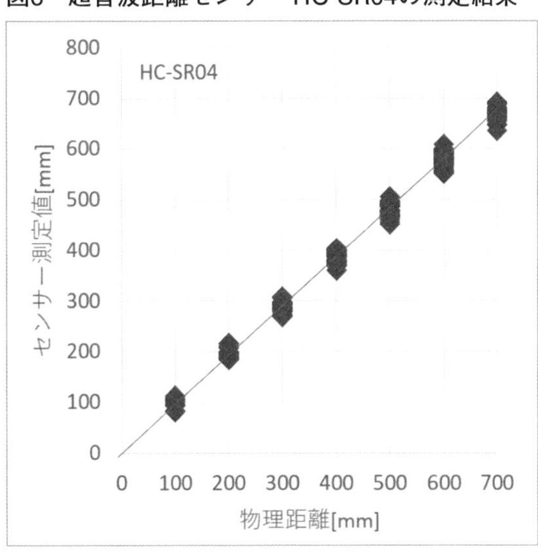

また、60回測定した値にはブレが発生していて、700mmを測定したときはブレが約56mmもありました。距離の8%もあるのでちょっと無視できない量です。

ブレをプログラムで修正

ブレの原因を調べたところ、先ほどのPythonプログラムではEchoのHigh時間を正確に測定できないときがあることが分かりました。どうやら、OSがPythonプログラム以外にデーモン（常駐ソフト）やドライバを切り替えながら動かしている影響が出ているようです。ブレの56mmを逆算すると約0.3ミリ秒と、確かにLinux上のPythonで測るには難しそうな短い時間ですね。

何かうまい方法はないものかとあれこれと試行錯誤したところ、電子工作ライブラリ「pigpio」のcallbackを使うと大幅に改善されることが分かりました（**図7**）。pigpioのcallbackとは、GPIOピンがLowからHigh、HighからLowに変化したとき、即時に指定した関数（コールバック関数）を呼び出してくれる機能です。コールバック関数では、LowからHighに変化したときに開始時刻を記憶して、HighからLowに変化したときに開始時刻からの経過時間（EchoのHigh時間）を計算するようにしました。

図7　超音波距離センサー HC-SR04のPythonプログラム改良版（HC-SR04-2.py）

```
import pigpio       ← pigpioをインポート
import time
import queue        ← queueをインポート（コールバック関数からメイン処理への通知に使う）

TRIG_PIN = 4
ECHO_PIN = 17

echo_time_span_queue = queue.Queue()         ← コールバックからメイン処理にEcho
                                               のHigh時間を伝えるキュー

def echo_callback_func(gpio, level, tick):   ← EchoのHigh/Lowが変化したときの
    global echo_start_time                     コールバック関数
    if level == 1:
        echo_start_time = tick               ← EchoがLow→Highのとき、現在時刻
    else:                                      をEcho開始時刻として覚える
        echo_end_time = tick                 ← EchoがHigh→Lowのとき、現在時刻
                                               をEcho終了時刻として覚える
        echo_time_span = (echo_end_time - echo_start_time) / 1000000
                                  ↑ Echo開始時刻と終了時刻からEchoのHigh時間を計算
        echo_time_span_queue.put(echo_time_span) ← EchoのHigh時間をキューに追加

pi = pigpio.pi()

pi.set_mode(TRIG_PIN, pigpio.OUTPUT)
pi.set_mode(ECHO_PIN, pigpio.INPUT)
pi.set_pull_up_down(ECHO_PIN, pigpio.PUD_OFF)

echo_callback = pi.callback(ECHO_PIN, pigpio.EITHER_EDGE, echo_callback_⇁
func)                             ↑ Echoが変化したときに、コールバック関数を呼び出すよう指定

while True:
    pi.gpio_trigger(TRIG_PIN, 10, 1)        ← Trigを10ミリ秒Highにする

    distance = echo_time_span_queue.get() * 340 * 1000 / 2  ← キューから
    print(distance)                                            EchoのHigh
                                                               時間を取得し
    time.sleep(1)                                              て距離を計算
```

メイン処理とは別で非同期にコールバック関数が呼び出されるので、キューという仕組みを使ってコールバック関数にあるEchoのHigh時間をメイン処理に伝えました。

callbackを使った測定結果が**図8**です。グラフを見るだけで、測定値のブレがほぼなくなったのが分かります。数値を見ると、700mmを測定したときに約2mmしかブレなくなりました。プログラムが読みにくくなってしまいましたが、それに見合う性能向上が得られたと思います。

図8　超音波距離センサー HC-SR04のソフト改善後の測定結果

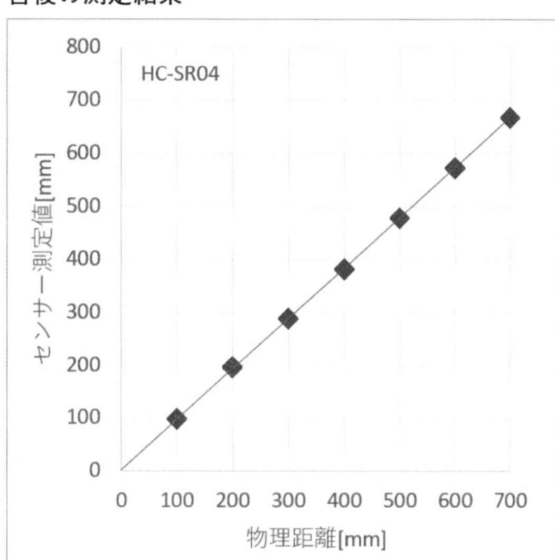

風や対象物の素材の影響は?

奇麗に距離が測れるようになったので、追加で少し意地悪な実験をしてみましょう。

超音波は空気の振動です。空気は風で流れるので、横から風を当ててみて測定値に影響が出るか試すことにしました（**図9**）。700mmを測定中に、横からサーキュレーター最大の風量を加えて測定した結果が**図10**です。突発的に跳ね上がった測定値がありますが、風の影響は特に受けていないようです。

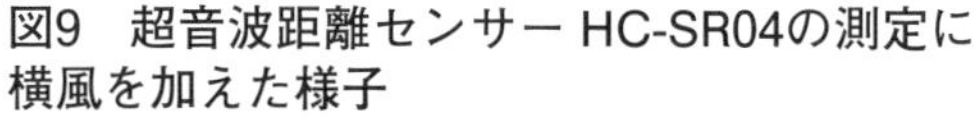

図9　超音波距離センサー HC-SR04の測定に横風を加えた様子

図10　超音波距離センサーHC-SR04の測定に横風を加えたときの測定結果

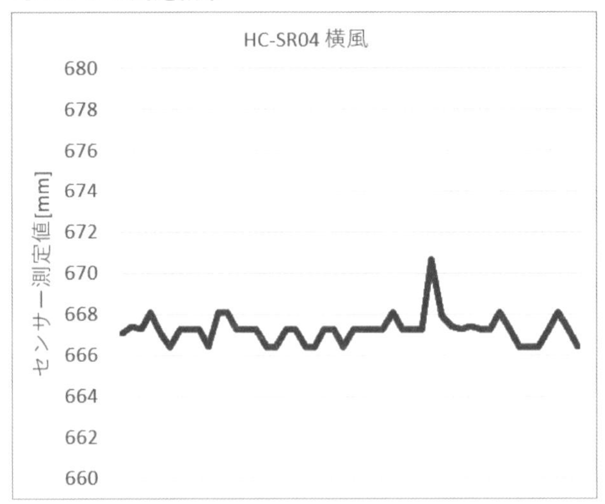

次は超音波が当たる素材を変えてみることにしました。表面を布地にすると超音波が反射せず測定値が狂うのではと思い、茶色のプラスチックの表面に毛の短いカーペットを貼りました。700mmの距離に置き、カーペットを貼らないとき（プラスチック）と比べたのが**図11**です。カーペットを貼っても問題なく距離が測れましたが、理由は分かりませんが、プラスチックのままと比べると10mm程度、長くなりました。どうやら、対象物の素材ごとに校正をした方がよさそうです。

図11　超音波距離センサーHC-SR04でカーペットの測定結果

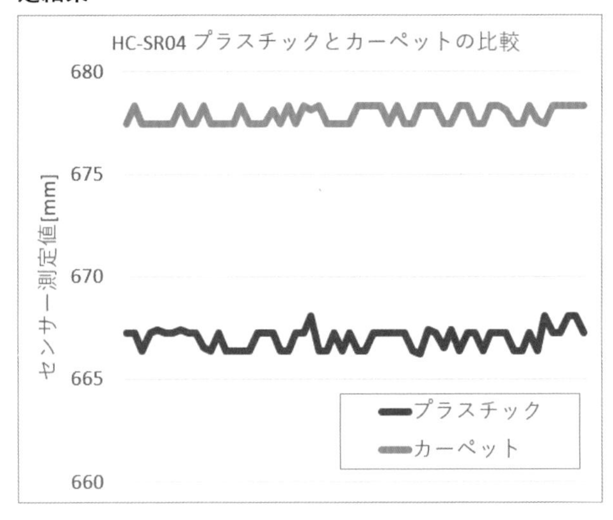

最後に、細い対象物でも測定できるかを試すことにしました。用意したのは38、27、15mm幅の木板と、直径16mmの丸棒です（**図12**）。700mmの距離で測定したところ、すべて測れました（**図13**）。ただし幅が狭いと超音波の反射が弱いようで、値の変動が起きているのが見て取れます。丸棒は真正面から少しずれると測定できなくなりました。できるだけ反射面は広くした方がよいようです。

図12　用意した木板と丸棒

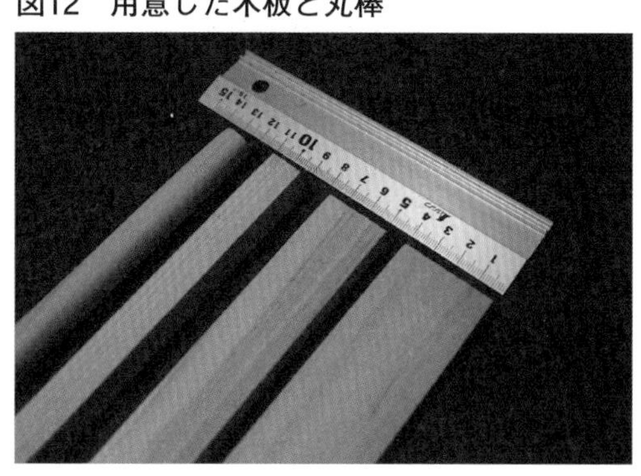

図13　超音波距離センサー HC-SR04で木板と丸棒の測定結果

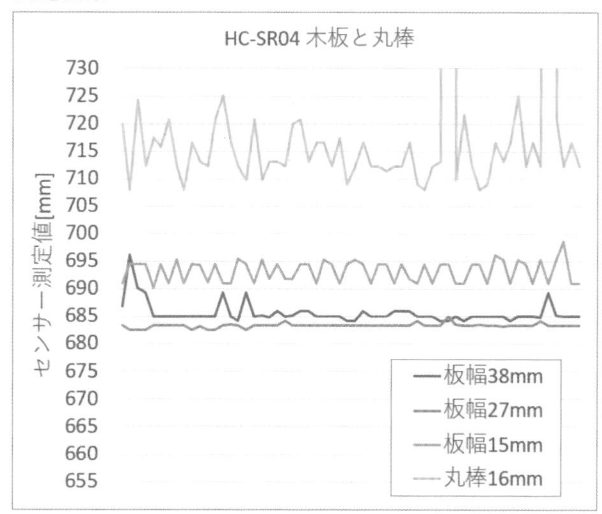

コンパクトなセンサーも試した

超音波距離センサーは、ほかの電子部品と比べて若干大きめですが、最近は小型の超音波距離センサーが見られるようになりました。秋月電子通商で販売しているSRF02（通販コードM-6685、価格2400円）は一つの筒状のパーツで超音波送信と受信を兼ねていて、HC-SR04の約半分の大きさです（**図14**）。マイコンを搭載していてI^2Cで通信できるため、ラズパイとの結線がシンプルになるメリットもあります（**図15**）。

図14　超音波距離センサー「SRF02」
サイズはW20×H20×D17mm。

図15　超音波距離センサーSRF02とラズパイの結線図

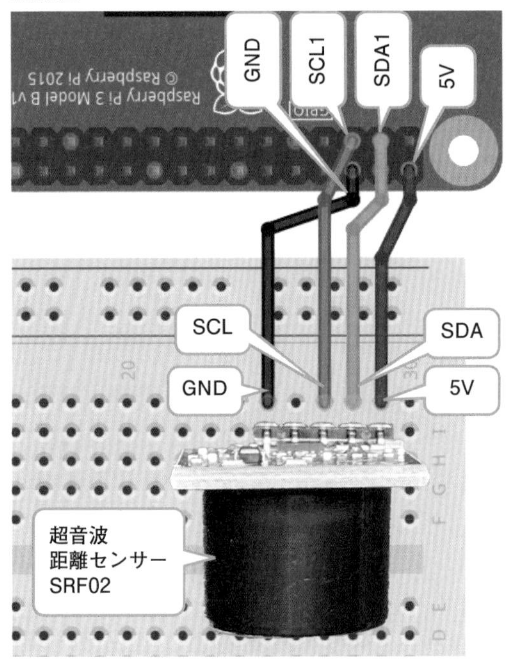

プログラムは**図16**です。I^2C通信で0x00、0x51を送信すると測定を開始します。測定が完了するまで少し待ってから、2バイトで測定距離が得られます。測定結果の単位はイ

ンチ、cm、マイクロ秒を選ぶことができ、0x51を送信したときはcmになります。

図16　超音波距離センサー SRF02のPythonプログラム（SRF02.py）

```
import pigpio            ← pigpioをインポート
import time
import struct            ← structをインポート（受信したデータの解読に使う）

I2C_INTERFACE = 1        ← SRF02のI2CはSDA1，SCL1に接続
SRF02_ADDRESS = 0x70     ← SRF02のI2Cアドレスは0x70

pi = pigpio.pi()

h = pi.i2c_open(I2C_INTERFACE, SRF02_ADDRESS)

while True:
    pi.i2c_write_byte_data(h, 0, 0x51)  ← 測定開始を送信（単位はcm）
    time.sleep(70 / 1000)               ← 測定完了するまで少し待つ

    (data_size, data) = pi.i2c_read_i2c_block_data(h, 2, 2) ← 測定結果を受信
    val = struct.unpack('>H', data)[0]  ← 2バイトの測定結果を数値に変換
    distance = val * 10                 ← 10倍して、単位をmmに
    print(distance)

    time.sleep(1)
```

HC-SR04の最初の実験と同様、SRF02で茶色のプラスチックを測定した結果が**図17**です。あらら、100～200mmの近距離がうまく測定できないようで、長めに測定されていました。短い距離を測りたいときは採用を避けた方がよさそうです。また、プログラムを作っているときに気づいたのですが、測定結果の単位がcmで、ちょっと粗い印象を受けました。

図17　超音波距離センサー SRF02の測定結果

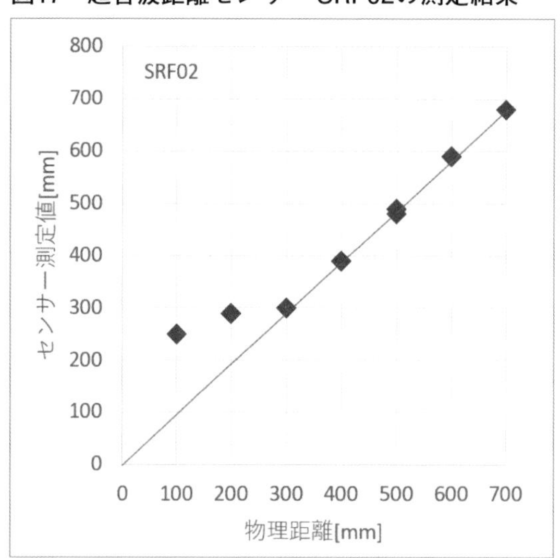

SRF02は測定結果をcmではなくマイクロ秒でも得られます。マイクロ秒で取得してプログラム（**図18**）で距離を計算すると性能が良いのではと思い、試しましたが、差はほとんどありませんでした（**図19**）。結果の数値を見ると、センサーから距離換算で5mmの分解能しか送られてきませんでした。

図18　超音波距離センサー SRF02のPythonプログラム（抜粋）（SRF02-2.py）

```
while True:
    ↓ 測定開始を送信（単位はマイクロ秒）
    pi.i2c_write_byte_data(h, 0, 0x52)
    （略）
    ↓ 時間（マイクロ秒）から距離（mm）を計算
    distance = 340 * 1000 * (val / 1000000) / 2
```

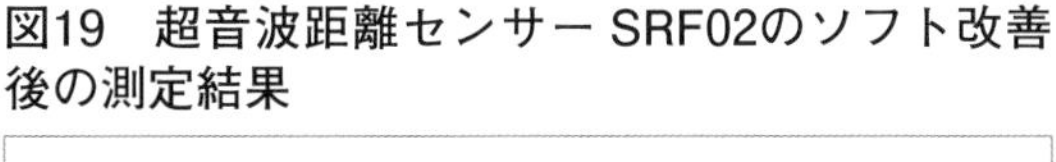

図19　超音波距離センサー SRF02のソフト改善後の測定結果

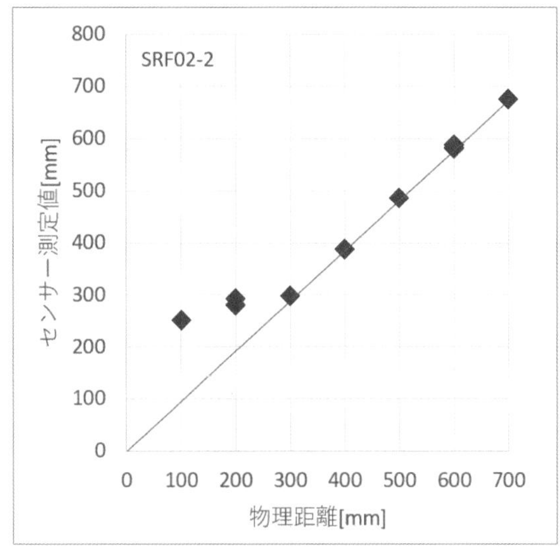

3.2 対象が小さくてもよい赤外線距離センサー

超音波距離センサーの次によく利用されている距離センサーが、赤外線距離センサーです。赤外線LEDと受光レンズが樹脂で一体になっているモジュールで、測定距離や出力インタフェースによっていくつかの種類が販売されています。

赤外線距離センサーは、赤外線LEDを対象物に照射して、反射してきた赤外線をPSD（位置検出素子）で受けます。PSDはどの位置に赤外線が当たったかを検知できる素子で、三角測量の要領でセンサーと対象物の間の距離を算出します（**図20**）。超音波距離センサーと比べて小さい対象物までの距離の測定が可能です。また、全面に透明なカバーを付けても測定できるので、ケースに入れて防水にもできます。

図20　赤外線距離センサーの仕組み

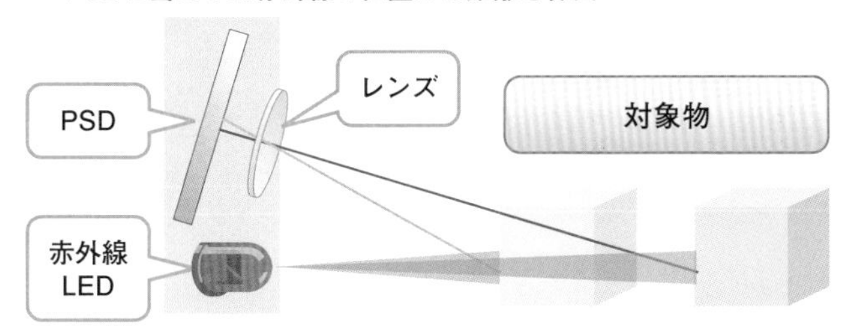

それでは、赤外線距離センサーを使ってみましょう。秋月電子通商で販売しているGP2Y0A21YK（通販コードI-2551、価格550円、**図21**）を**図22**のように結線します。GP2Y0A21YKは5V動作なのでVccに5Vを接続します。距離に応じた電圧がVoでアナログ出力されますが、残念ながらラズパイに直接接続して電圧を読み取ることはできません。ADコンバーター「MCP3002」（秋月通販コードI-2584、価格200円）をラズパイのSPIに接続して、アナログ電圧を読み取れるようにします。GP2Y0A21YKのデータシートを見る限り、Voは3.3Vを超えることはなさそうですが、念のため1kΩと2kΩの抵抗で2/3に下げてMCP3002に結線します。

図21　赤外線距離センサー GP2Y0A21YK

図22　赤外線距離センサー GP2Y0A21YKとラズパイの結線図

SCLK0
MISO0
MOSI0
GND
5V
3.3V
CS0-0
2kΩ 抵抗
1kΩ 抵抗
GND
Vcc
Vo
MCP 3002
赤外線測距 モジュール P2Y0A21YK

プログラムは**図23**です。MCP3002とSPIで通信して、GP2Y0A21YKの出力電圧を測ります。MCP3002に2バイト送受信してAD変換した値を取得します[*1]。取得したデータは0～1023が0～3.3Vに対応しています。GP2Y0A21YKからMCP3002につなぐところで抵抗分圧で電圧を2/3に下げているので、逆算してGP2Y0A21YKの出力電圧にします。

図23　赤外線距離センサー GP2Y0A21YKのPythonプログラム（GP2Y0A21YK.py）

```
import pigpio        ← pigpioをインポート
import time

pi = pigpio.pi()
h = pi.spi_open(0, 1000000, 0)

while True:
    ↓ ADコンバーター測定開始&結果取得（2バイト送受信）
  val = pi.spi_xfer(h, [0b01101000, 0])
    ↓ 受信した2バイトから電圧を計算
  volt = int.from_bytes([val[1][0] & 0x03, val[1][1]], 'big') * 3.3 / 1023
  print(volt * 3 / 2)                        ← 抵抗分圧で下げた分を戻す

  time.sleep(1)
```

GP2Y0A21YKで茶色のプラスチックを測定した結果が**図24**です。センサーの出力電圧は距離が長いと電圧が小さくなっていて、距離の逆数のようです。この電圧から距離への計算式はセンサーのデータシートに記載されていません。データシートにはこの実測結果のようなグラフが出ていますが、そこから換算式や対応表を作る必要があり、ちょっと扱いづらいです。また、ADコンバーターを経由しているせいか、測定値のブレが目立ちます。700mmのときの平均が約0.5Vで、ブレ幅が約0.09Vと18%もありました。ソフトウエアで平均処理するといった処理が必要でしょう。

＊1　MCP3002との通信内容については、16章で詳しく解説しています。

図24　赤外線距離センサー GP2Y0A21YKの測定結果

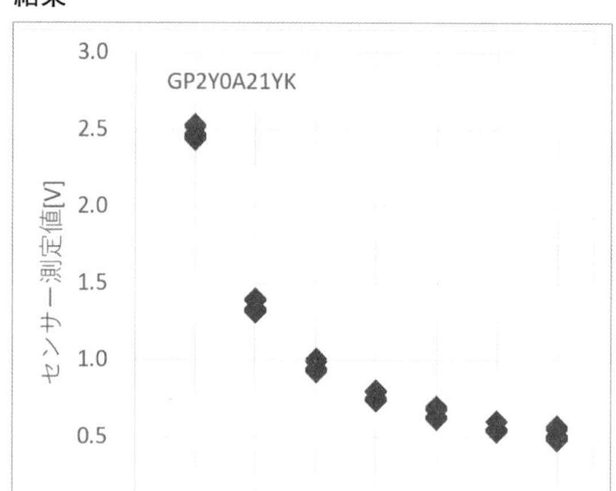

続いて高度な技術が使われている、イメージセンサーを使った赤外線距離センサーと、超音波の代わりにレーザー（光）を用いる距離センサーを実験して、その特徴を確認します。

3.3 近距離で精度が高いイメージセンサーの赤外線型

先ほど実験した、PSD搭載の赤外線距離センサーGP2Y0A21YKはアナログ出力でした。そのため、ラズパイにはADコンバーターを介してつなぐ必要があり、結線が面倒でした。さらに、電圧と距離の対応を調べて補正する必要もあり、使い勝手がいま一つでした。

もっと手軽に接続できて距離がスパッと取れる赤外線距離センサーを探したところ、GP2Y0E03（通販コードI-7547、価格680円、**図25**）が見つかりました。GP2Y0E03はアナログ出力とI^2C通信を備えていて、センサーをラズパイに直結できます。センサーと対象物との間の距離はデジタルで取得できます。

図25　赤外線センサー GP2Y0E03

さらに、赤外線を受ける部分にはCMOSイメージセンサーを採用していて、対象物から反射した赤外線の量を素子ごとに量っています。各素子の受光量をデジタルで計算処理して距離を算出することで、対象物の素材の影響を受けにくくしています（**図26**）。ただしGP2Y0A21YKと比べて、測定範囲が500mmまでと短いので注意しましょう。

図26　イメージセンサーを使った赤外線距離センサーの仕組み

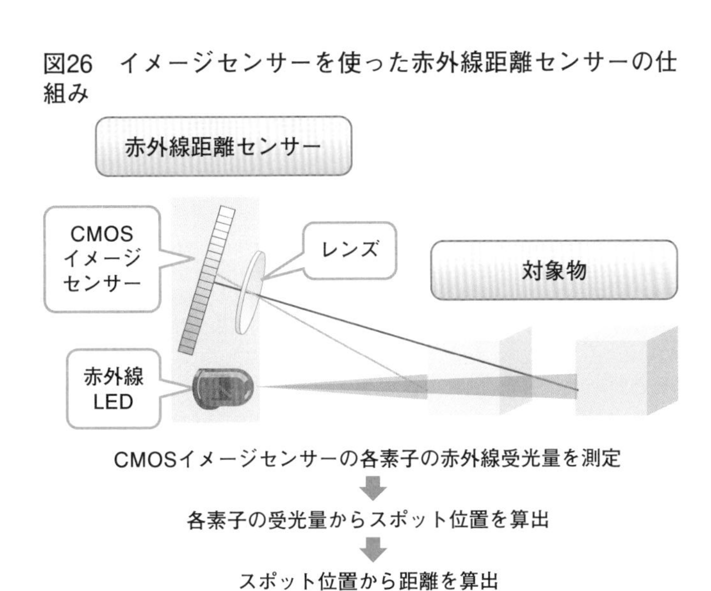

ラズパイとは**図27**のように結線します。I^2Cと電源（VDD、GND）以外に、GPIO1とVINを3.3Vへ忘れずに結線してください。

図27　赤外線距離センサー GP2Y0E03とラズパイの結線図

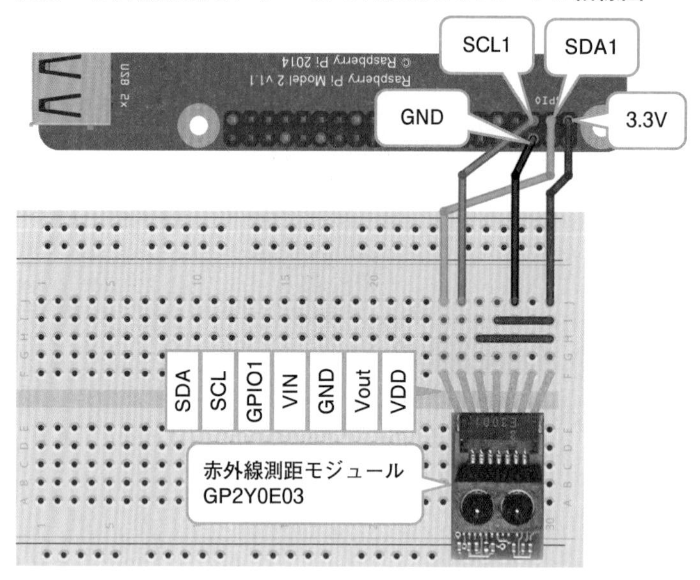

プログラムは**図28**です。I²C通信で測定距離のデータを2バイトで得られます。データを決められた式で計算すると、mmの距離になります。センサーが持っている「Shift Bit」という値を計算式に使うので、測定開始前にI²C通信で取得しておきます。

図28　赤外線距離センサー GP2Y0E03のPythonプログラム（GP2Y0E03.py）

```
import pigpio              ← pigpioをインポート
import time

I2C_INTERFACE = 1          ← GP2Y0E03のI2CはSDA1, SCL1に接続
GP2Y0E03_ADDRESS = 0x40 ← GP2Y0E03のI2Cアドレスは0x40

pi = pigpio.pi()

h = pi.i2c_open(I2C_INTERFACE, GP2Y0E03_ADDRESS)

shift_bit = pi.i2c_read_byte_data(h, 0x35) & 0x07        ← Shift Bitを取得

while True:                                               ↓測定データを受信
    (data_size, data) = pi.i2c_read_i2c_block_data(h, 0x5e, 2)
    print((data[0] * 16 + data[1] % 16) / (16 * 2 ** shift_bit) * 10)
                                                ↑ 測定データから距離を計算
    time.sleep(1)
```

GP2Y0E03で茶色のプラスチックを測定した結果が**図29**です。700mmのセンサー測定値が短いですが、センサーの仕様が40～500mmなので異常ではありません。

図29　赤外線距離センサーGP2Y0E03の測定結果（茶色プラスチック）

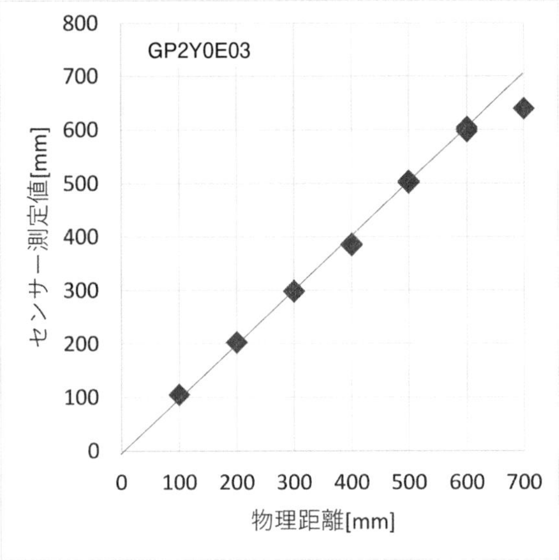

近距離の方が精度が高い

100～500mmの結果を、平均値からの差にしてグラフにしてみました（**図30**）。100～300mmの変動と比べて、400mm、500mmの変動が大きく、ガタガタしている様子が分かります。赤外線距離センサーは三角測量の要領でセンサーと対象物の間の距離を算出しているので、距離が遠いほどイメージセンサーに受ける位置の変化が小さくなります。これが影響して、距離が遠いと分解能が大きく、変動が大きくなっているようです。

図30　赤外線距離センサー GP2Y0E03の測定値変動

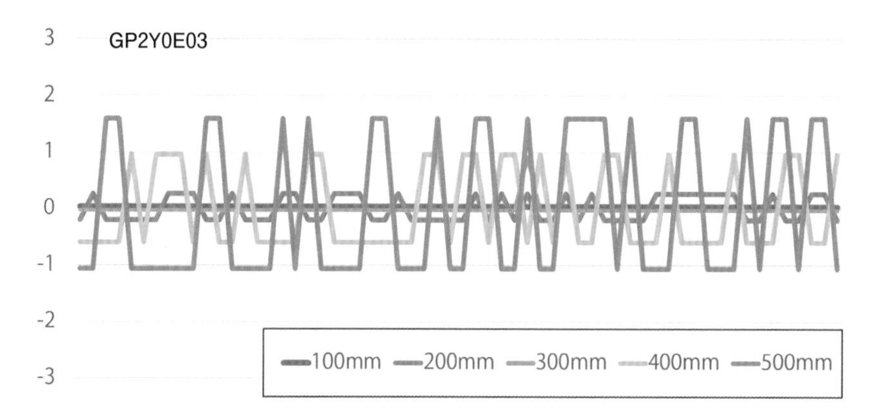

GP2Y0E03の資料のI^2Cインタフェースには明記されていませんが、CMOSイメージセンサーが受光した量を調べる方法があります。GP2Y0E03アプリケーションノート（https://jp.sharp/products/device/doc/opto/gp2y0e02_03_appl_j.pdf）の「11-5 カバー補正」の章に、補正係数を割り出す方法が書かれていて、ここのprofileが受光量を示しています。これを調べるプログラムが**図31**です。特別な操作でAE（自動露光）とAG（自動利得）、profile（受光量）を取り出し、AE、AGを使ってprofileを補正計算すると、受光量になるようです。

図31　赤外線距離センサー GP2Y0E03のイメージセンサー受光量を調べるPythonプログラム（GP2Y0E03-2.py）

```
import pigpio                          ← pigpioをインポート
import time

I2C_INTERFACE = 1                      ← GP2Y0E03のI2CはSDA1, SCL1に接続
GP2Y0E03_ADDRESS = 0x40                ← GP2Y0E03のI2Cスレーブアドレスは0x40
SIGNAL_ACCUMULATION_NUMBER = 10 ← 信号積分回数は10

pi = pigpio.pi()

h = pi.i2c_open(I2C_INTERFACE, GP2Y0E03_ADDRESS)

pi.i2c_write_byte_data(h, 0xef, 0x00)   # Bank 0
pi.i2c_write_byte_data(h, 0xec, 0xff)   # Manual Clock
time.sleep(4 * (SIGNAL_ACCUMULATION_NUMBER + 10) / 1000)
```

次ページへ続く

図31の続き

```
(data_size, data) = pi.i2c_read_i2c_block_data(h, 0x64, 2)  # AE
ae = data[0] * 256 + data[1]                          ← AE（自動露光）を計算
data = pi.i2c_read_byte_data(h, 0x67)   # AG
ag = 2 ** (data // 16) * ((data % 16 + 16) / 16)   ← AG（自動利得）を計算

pi.i2c_write_byte_data(h, 0x03, 0x00)   # Hold
time.sleep(2 * (SIGNAL_ACCUMULATION_NUMBER + 10) / 1000)
pi.i2c_write_byte_data(h, 0x4c, 0x10)   # Access to SRAM
time.sleep(2 * (SIGNAL_ACCUMULATION_NUMBER + 10) / 1000)
pi.i2c_write_byte_data(h, 0x90, 0x10)   # Low Level
pi.i2c_write_byte(h, 0x00)
(data_size, data_l) = pi.i2c_read_device(h, 220)
pi.i2c_write_byte_data(h, 0x90, 0x11)   # Middle Level
pi.i2c_write_byte(h, 0x00)
(data_size, data_m) = pi.i2c_read_device(h, 220)
pi.i2c_write_byte_data(h, 0x90, 0x12)   # High Level
pi.i2c_write_byte(h, 0x00)
(data_size, data_h) = pi.i2c_read_device(h, 220)
pi.i2c_write_byte_data(h, 0x90, 0x00)   # Disable
pi.i2c_write_byte_data(h, 0x03, 0x01)   # Normal

profile = []
for i in range(220):
    profile.append(8 / ag * 295 / ae * (data_h[i] * 65536 +
                   data_m[i] * 256 + data_l[i]))   ← 受光量を計算

print(ae)                 ← AE（自動露光）を表示
print(ag)                 ← AG（自動利得）を表示
for i in range(220):
    print(profile[i])     ← 受光量を表示
```

100～500mmの受光量が**図32**です。100mm（青線）を見ると、奇麗な正規分布になっています。200mm、300mmと距離が遠くなると、山の高さがグッと下がり（受光量が減り）、山の中央が判断しにくくなっています。遠くなるにつれて中央が左に移動していますが、移動量がどんどん少なくなっています。これらから、このセンサーは近距離で使うのが適していると思います。

図32　赤外線距離センサー GP2Y0E03のイメージセンサー受光量
破線は各受光量の中央。

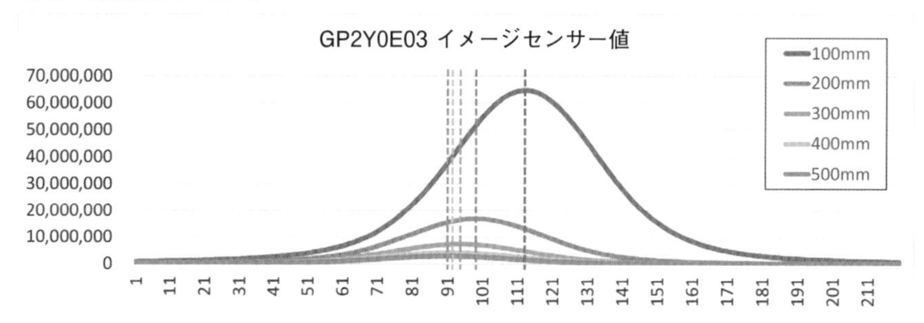

さて、赤外線距離センサーでも少し意地悪な実験をしてみましょう。光がちょっと染み込む（ぼやける）素材を使ってみたら、どのように測定されるかを確認することにしました。先ほど測定した茶色プラスチックと色違いの、白色と半透明のものを用意しました（**図33**）。測定結果が**図34**です。白色は問題なく測定できています。一方、半透明だと若干長めに測定されていて、200mm、300mmでは時折測定異常（極端に長い）がありました。また、400mm以上は全く測定できませんでした。半透明だと、赤外線が透過してしまって反射しないのが原因でしょう。

図33　茶色と白色、半透明のペン立て

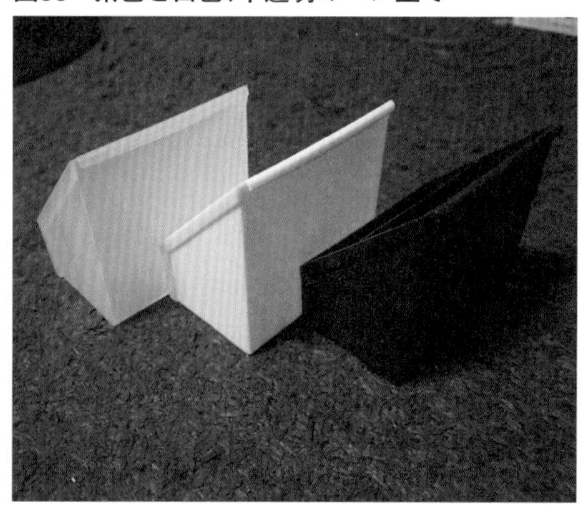

図34　色違いの物を対象にした赤外線距離センサー GP2Y0E03の測定結果

白色プラスチックの場合

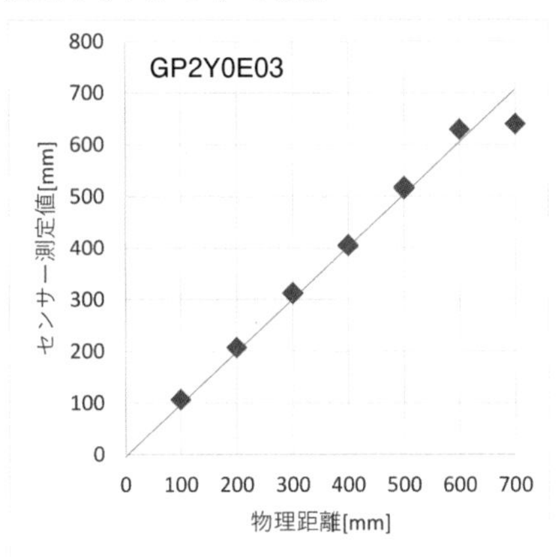

半透明プラスチックの場合

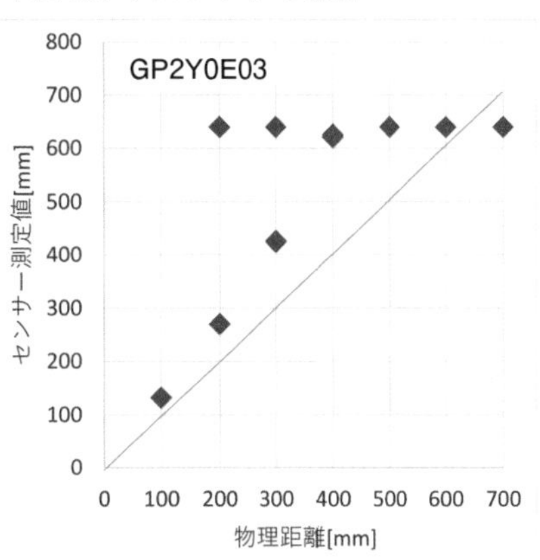

3.4 光の速度を測るレーザーToF型

次は、レーザーToF距離センサーを試してみましょう。ToFはTime of Flightの略で、レーザー光を照射してから対象で反射して返ってくるまでの「光が飛んでいた時間」から距離を算出します（**図35**）。超音波距離センサーと同じような原理ですが、こちらは光なので空間を飛ぶ速度が極端に速く、超音波が340m/秒に対して、光は30万km/秒です。例えば1cmの違いを識別しようとすると、1cm/30万km = 33ピコ秒を測定することになり、従来は高価な計測器が必要でした。しかし、技術進歩によってこのようなセンサーが数年前から安価に入手できるようになりました。

図35　レーザー ToF距離センサーの仕組み

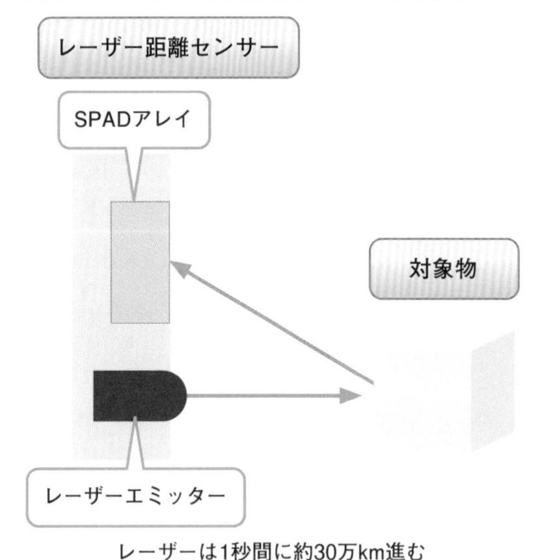

ここでは、秋月電子通商が販売しているAE-VL53L1X（通販コードM-14249、価格1320円、**図36**）を使います。コアとなる、スイスSTMicroelectronics社製のVL53L1X単体の定格電圧は2.8Vで少々扱いづらいのですが、今回のAE-VL53L1Xには電源ICとI^2Cレベル変換器が載っていて、そのままラズパイと結線できます（**図37**）。

図36　レーザー ToF距離センサー「AE-VL53L1X」

図37　レーザーToF距離センサー AE-VL53L1Xとラズパイの結線図

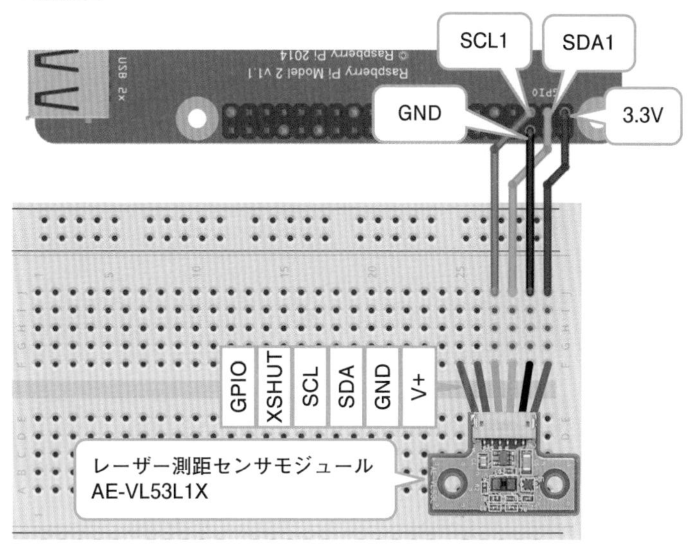

プログラムは**図38**です。VL53L1Xとの通信はI^2Cですが、通信の詳細が文書化されていないので自作は難しそうです。そこでここでは、英Pimoroni社が公開しているPythonライブラリ「vl53l1x-python」を利用することにします。プログラム実行前に、ラズパイで

```
$ sudo pip3 install vl53l1x ↵
```

を実行しておいてください。vl53l1x-pythonでは、start_ranging関数で測定を開始しておきます。その後、get_distance関数を呼び出すと測定距離を得られます。

図38　レーザー ToF距離センサー AE-VL53L1Xを動かすPythonプログラム(vl53l1x.py)

```
import VL53L1X                    ← AE-VL53L1X用ライブラリ
import signal
import time

↓ AE-VL53L1XのI2CはSDA1、SCL1に接続
tof = VL53L1X.VL53L1X(i2c_bus=1, i2c_address=0x29)
tof.open()

tof.start_ranging(1)    # 1:short, 2:medium, 3:long ← AE-VL53L1Xの測定を開始

running = True

def exit_handler(signal, frame):
    global running
    running = False                        ← 測定を終了する

↓ [Ctrl+C]が押されたらexit_handler関数を呼び出す
signal.signal(signal.SIGINT, exit_handler)

while running:
    distance = tof.get_distance()    ← AE-VL53L1Xの測定値(距離)を取得
    print(distance)                  ← 測定値(距離)を表示

    time.sleep(1)

tof.stop_ranging()                   ← AE-VL53L1Xの測定を停止
```

AE-VL53L1Xで茶色のプラスチックを測定した結果が**図39**です。ほかの方式と比べると測定値に若干のブレがありますが、ほぼ一直線でうまく測定できることが分かりました。

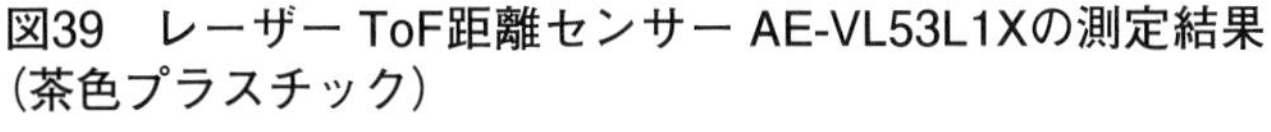
図39　レーザーToF距離センサー AE-VL53L1Xの測定結果（茶色プラスチック）

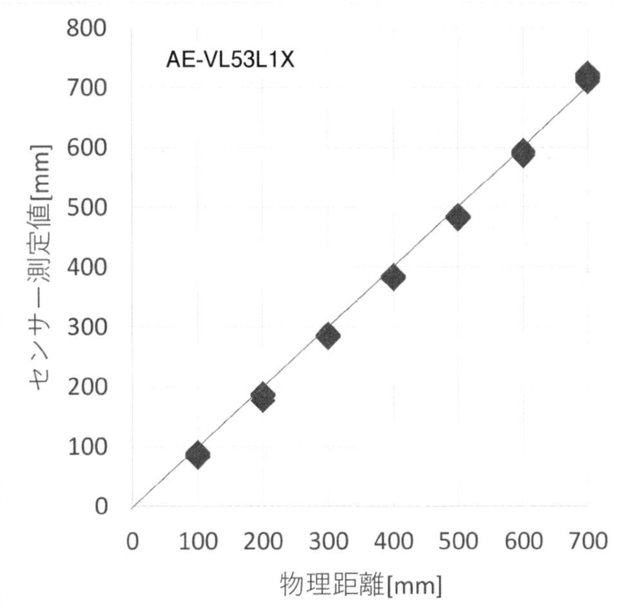

3.5 太陽光の影響を検証

超音波、赤外線、レーザーToFという、3種類の測定方式を試してきました。これまでは、すべて屋内で実験していましたが、最後に屋外を想定して、太陽の直射日光下でどの程度使用できるか実験してみましょう。

HC-SR04（超音波）とGP2Y0E03（赤外線）、AE-VL53L1X（レーザーToF）のそれぞれについて、センサーに直射日光が当たるようにしたときと、対象に直射日光が当たるようにしたときの距離を測定しました（**図40**）。それぞれの結果が**図41、42、43**です。

図40　センサーに直射日光が当たるようにして測定している様子

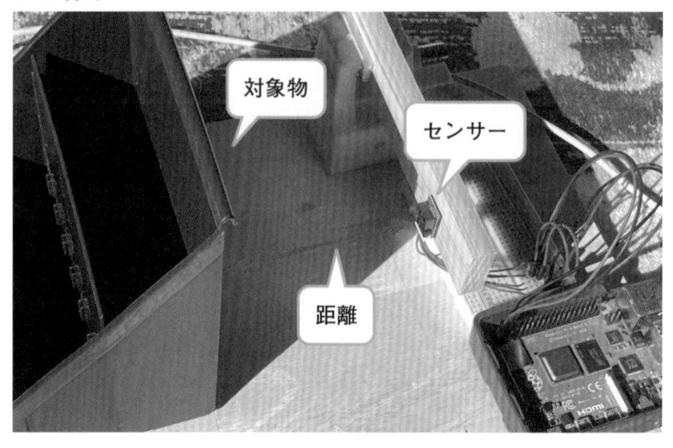

図41　超音波距離センサー HC-SR04に直射日光を当てたときの測定結果

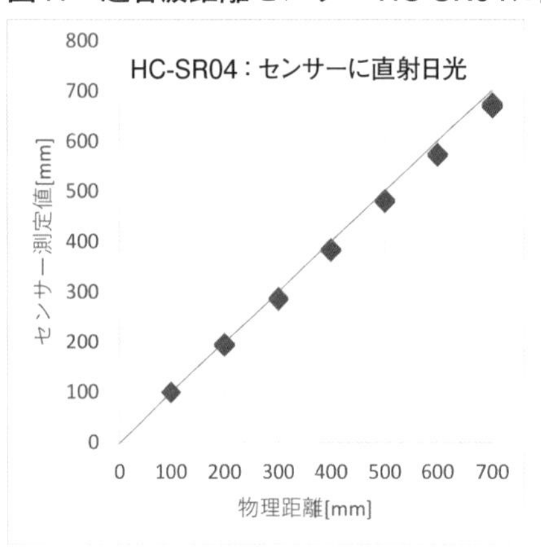

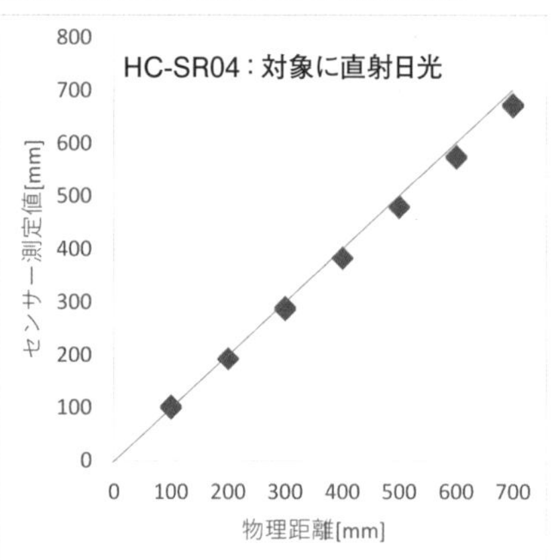

図42　赤外線距離センサー GP2Y0E03に直射日光を当てたときの測定結果

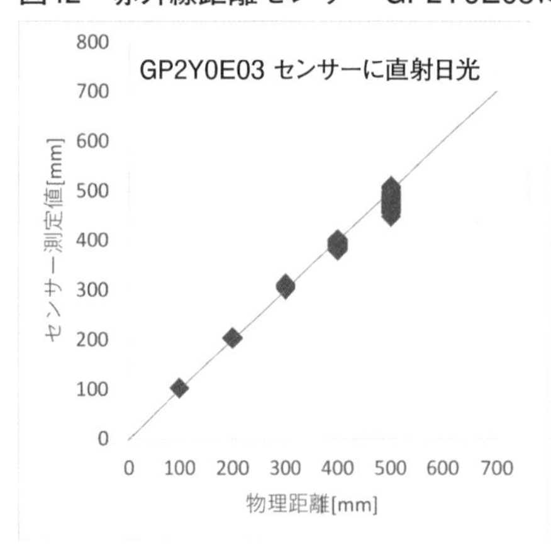

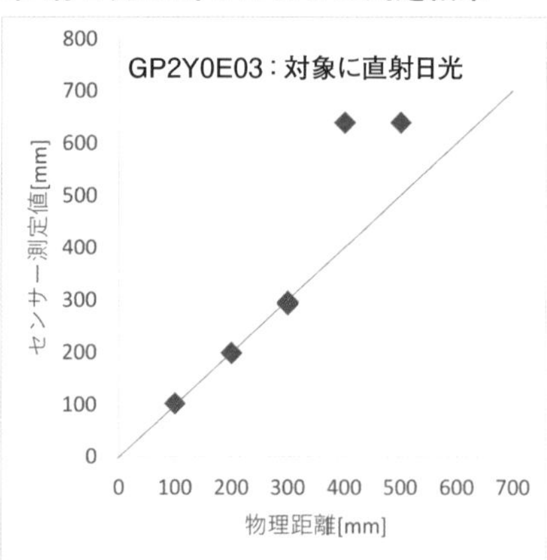

図43　レーザー ToF距離センサー AE-VL53L1Xに直射日光を当てたときの測定結果

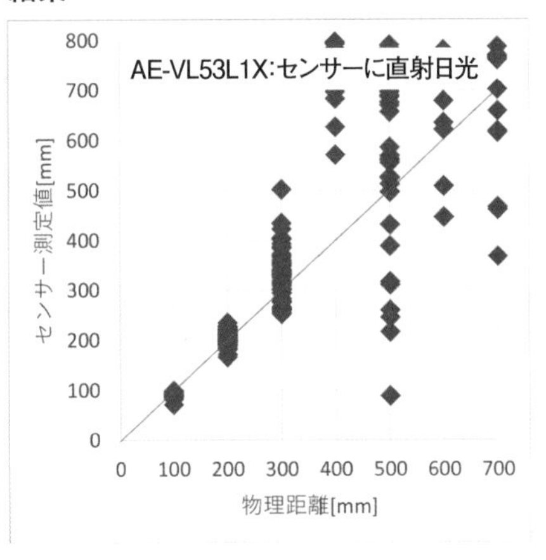

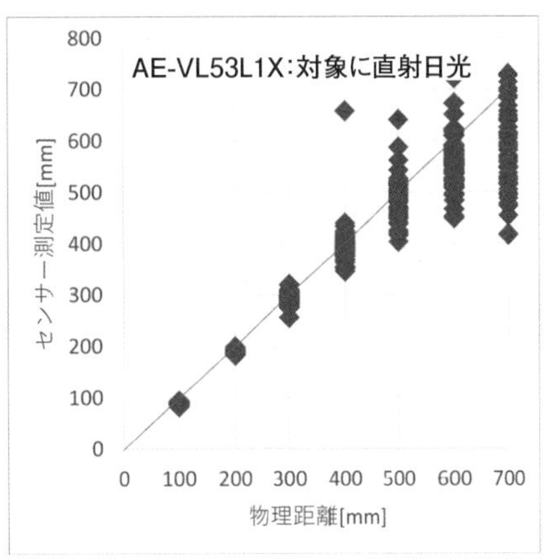

超音波方式のHC-SR04は直射日光の影響は全くない様子で、100～700mmの範囲すべてできちんとした測定ができました。

それとは違い、赤外線方式のGP2Y0E03はセンサーに直射日光が当たっているときは少し測定値がばらつく程度ですが、対象に直射日光が当たると300mmまでの距離しか測定できませんでした。

レーザー ToF方式のAE-VL53L1Xは直射日光の影響を受けやすく、センサー/対象ともに200mmを超えるとひどくばらつきが発生しました。

どの方式を選べばよいか

本章では、距離センサーをいろいろと調べました。

超音波方式は対象物の色や素材の影響を受けにくく、また直射日光の下でも安定して測定できたことから、最も汎用的に使えると感じました。

一方、センサー自体が小さくないと困るときや、センサーをカバーで覆いたいとき、小さな対象物との距離を測りたいときなど、特殊な事情があるときに赤外線方式やレーザー ToF方式を検討するとよいでしょう。

赤外線方式は測定距離が長いと分解能が悪くなるので近距離に適しています。レーザー ToF方式は分解能はほかの方式よりも若干劣るようですが、超音波方式と同じくらい測定可能距離が長いです。

それぞれの方式で一長一短あるので、用途に応じたセンサーを使い分けるようにしましょう。

4章

重さを量るロードセルとロードセンサーは高精度

本章は、重さを量るセンサーの実験です。よく使われる「ロードセル」で実験してみたところ、安価でありながら、200gの分銅を測定したときのバラツキが0.2gと高精度なことが分かりました。市販の体重計によく使われる「ロードセンサー」は、実際の体重計を分解して実験しました。こちらの精度も高かったです。

本章は重さを量るセンサーの実験です。「ロードセル」と「ロードセンサー」の仕組みを解説して、重さを正確に測れるかを実験します（**図1**）。測定に使用するADコンバーターは2種類を使ってみます。

図1　本章で使用するロードセル/ロードセンサーと2種類のADコンバーター
(秋)は秋月電子通商、(ス)はスイッチサイエンスで購入できる。

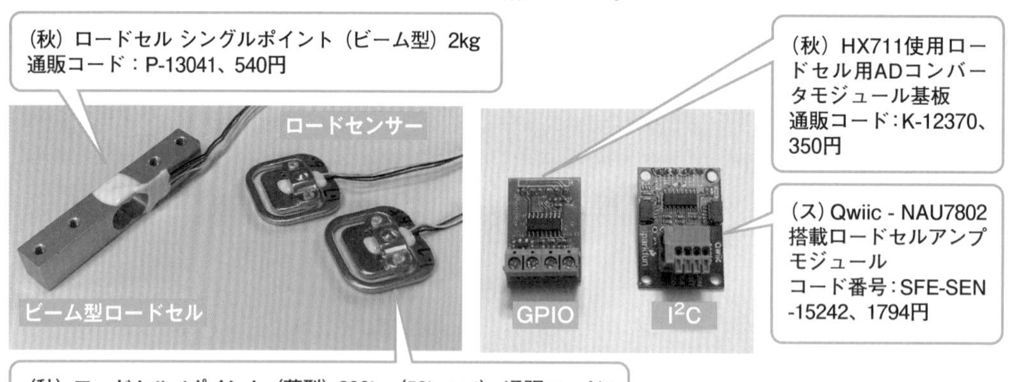

4.1　種類が豊富なビーム型ロードセル

重さを量るセンサーでよく使われているのが、「ひずみゲージ」を用いたビーム型ロードセルです。最大500gまでを測定できる軽量向けのものから、最大800kgまでを測定できる重量向けのものまで、多くの種類が販売されています。

ビーム型ロードセルは金属棒にひずみゲージが4個貼ってあります（**図2**上）。ひずみゲージとは、フィルムの上にクネクネと抵抗線が設けてある素子で、伸び縮みすると電気抵抗が増減します。金属棒には穴が開けてあり、金属棒の端に力が加わると表面が良い感じに反るようにできています。この反る位置に、ひずみゲージを貼り付けることで、金属棒の端に加わった力を電気抵抗の大きさで得ることができます（図2左下の構造図）。

図2　ビーム型ロードセルの仕組み

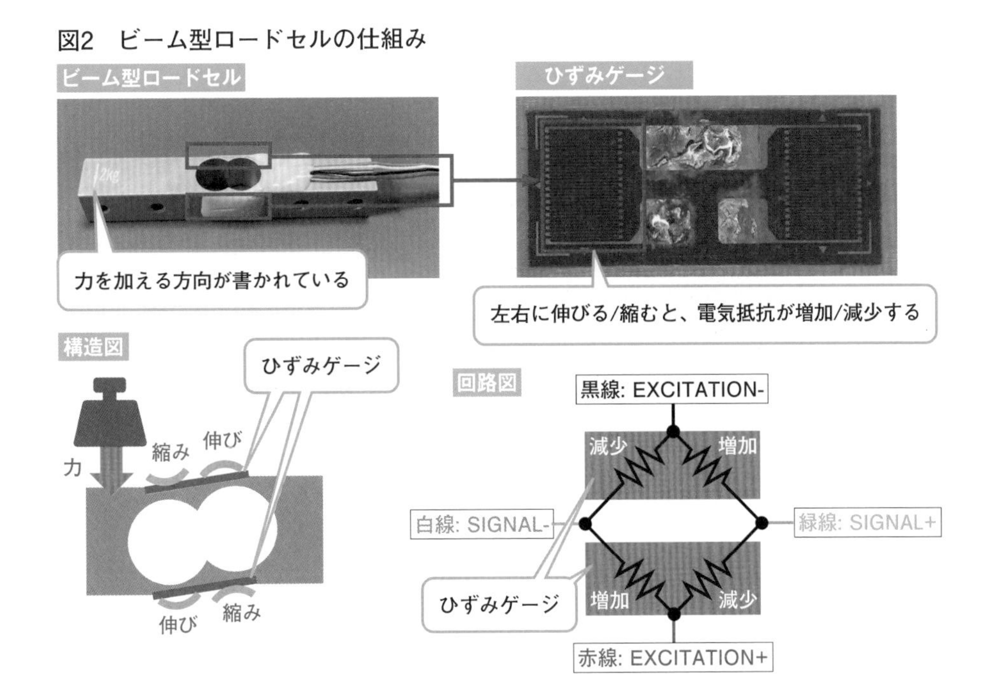

金属棒の反りはごくわずかなので、ひずみゲージの抵抗変化はとても小さいです。そのため抵抗値は、「ホイートストンブリッジ」と呼ばれるひし形の回路を基に、専用のADコンバーターを使って計測します（図2右下の回路図）。ここで使用する秋月電子通商で販売している「ロードセル シングルポイント（ビーム型）2kg」（通販コードP-13041、540円）は、ホイートストンブリッジ回路の通り結線されていて、頂点4カ所からリード線が出ています。

ビーム型ロードセル単体だと安定して力を加えられないので、重量計として使えるように工作しました（**図3**）。直径20cm、厚さ5mmの丸型のMDF（中密度繊維板）を天板と底板にしました。そのままビーム型ロードセルに取り付けようとすると、ひずみゲージの膨らみに当たってしまうので、厚さ5mmのMDFの板を間に挟みました。固定には長さ20mmのM5ステンレストラス小ねじ2本と、長さ20mmのM4ステンレストラス小ねじ2本を使いました。底板からトラス小ねじが出っ張ってしまったので、ゴム足を取り付けました。

図3　ビーム型ロードセルを使った重量計の組み立て

ビーム型ロードセルとラズパイの間には、ADコンバーターが必要です。ロードセル用のADコンバーターで定番のHX711が載っている秋月電子通商「HX711使用ロードセル用ADコンバータモジュール基板」(通販コードK-12370、350円)を使います。HX711は二つのロードセルを接続、測定できますが、今回は一つしかつながないので、HX711モジュール裏面のジャンパーJ3、J4をはんだでショートしておきます。

次に、ビーム型ロードセルの4本の端子をHX711モジュールにつなぎます(**図4**)。赤線はAVDD、黒線はGND、緑線はINPA、白線はINNAの端子です。最後に、HX711モジュールとラズパイをつなぎます。HX711モジュールのVDDとGNDをラズパイの3.3VとGNDに結線し、HX711モジュールのDATとCLKをラズパイのGPIO5とGPIO6に結線します。

図4　ラズパイとHX711モジュール、ビーム型ロードセルの結線図

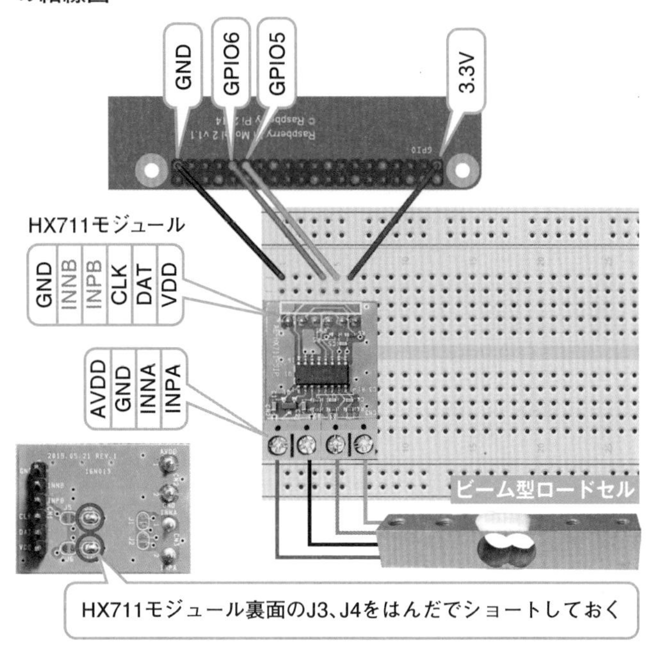

HX711ライブラリを利用

プログラムは、HX711を操作するPythonライブラリ「HX711」(https://github.com/gandalf15/HX711)を利用すると簡単に作れます。pip3コマンドでインストールします。

```
$ sudo pip3 install 'git+https://github.com/gandalf15/HX711.git#egg=HX71⏎
1&subdirectory=HX711_Python3' ⏎
```

プログラムを**図5**に示します。利用するHX711クラスの内部ではRPi.GPIOライブラリを呼び出しているので、RPi.GPIOのsetmodeメソッドでGPIO.BCMを設定しておきます。HX711クラスの初期化に、GPIO番号(ここでは5と6)を指定します。get_raw_data_meanメソッドを呼び出すと指定回数測定して平均値が得られます。ここでは平均化していない生の測定値を確認したいので、1を指定しました。

図5　HX711モジュールで重量を測定するプログラム（weight_hx711.py）

```
import RPi.GPIO as GPIO       ← RPi.GPIOライブラリを使用
from hx711 import HX711       ← HX711ライブラリを使用
import time

SAMPLING_NUMBER = 1           ← 測定値を平均にしない
GPIO.setmode(GPIO.BCM)        ← GPIO番号を指定
↓ HX711クラスを初期化(GPIO5とGPIO6を使用)
scale = HX711(dout_pin=5, pd_sck_pin=6)

start_time = time.time()
while True:   ↓ 重量を測定
    weight = scale.get_raw_data_mean(SAMPLING_NUMBER)
    ↓ 経過時間と測定値を画面に表示
    print(f"{time.time() - start_time:.3f} {weight}")
```

プログラムを実行すると、経過時間と測定値が表示されます。

```
$ python3 weight_hx711.py ↵
0.031 261412
0.122 261444
0.224 261497
（略）
```

10秒間測定すると102行程度表示されました。つまり、1回の測定におよそ100ミリ秒かかっています。HX711の測定値はgやkgといったものではなく、ADコンバーターが読み取った値でした。

4.2 バラツキは0.2g以内と高精度

ロードセルは通常、製造時のバラツキがあるので、正確な重さを量るには事前のテスト計測が必要です。あらかじめ重さが分かっているものを置いて、重量と測定値の相関を調べて近似式を作ります。

そこで理科の実験で用いられる分銅を用意して、200g刻みで0～800gを10秒間測定しました（**図6**左）。奇麗に一直線になっているのが見て分かります。このデータから、次の計算式で測定値を重量に変換できることが分かりました。

重量 = 0.001316×測定値−343.98

図6　ロードセルの測定値の直線性とバラツキ

分銅なしのときと、200 ~ 800gの分銅を置いたときの測定値

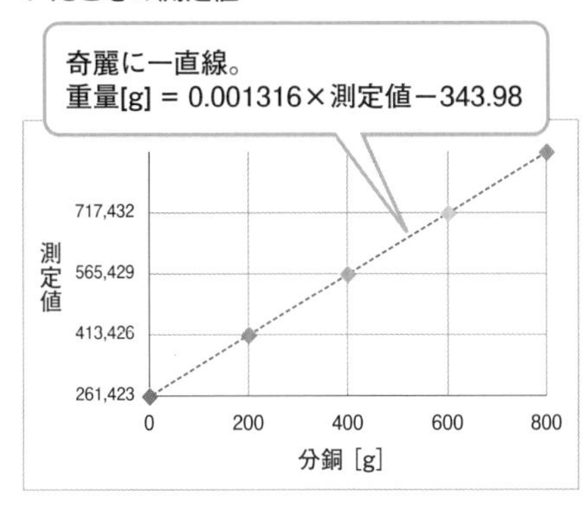

200gの分銅を置いたときの、10秒間の測定値

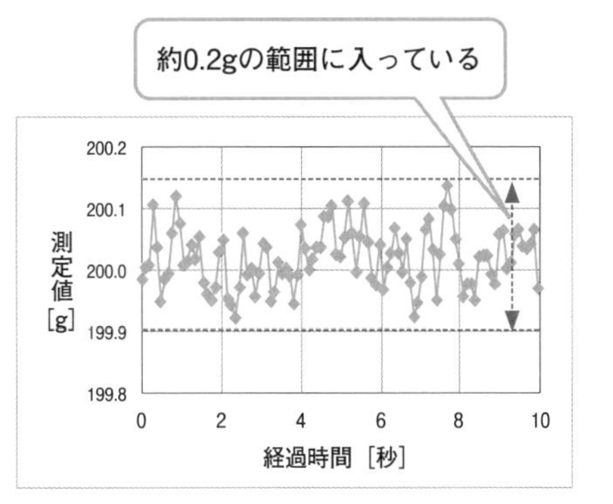

続いて、重量の測定がどれくらいばらついているか確認してみましょう。分銅200gを置いたときの測定値を重量に換算してグラフにしたのが図6右です。縦軸を拡大しているので上下に大きく変動して見えますが、具体的なバラツキの幅は約0.2gでした。10gぐらいばらつくのでは？と想像していたので、この結果は驚きです。

次に、分銅を天板に置く位置によって測定値がズレたりするのでは？と思い実験することにしました。分銅200gを4cm間隔に左から右に5カ所、下から上に5カ所、合計9カ所に置いて、測定した結果が**図7**です。位置を左から右に動かすと測定値が減り、下から上に動かすと測定値が増える傾向が見られました。上下の結果が対称になっていないので、テーブルが傾いているとか組み立てにズレがあるのかもしれません。全体では、約0.2gの範囲に入っていました。置く位置による影響は少ないようです。

図7　位置による測定値のバラツキ

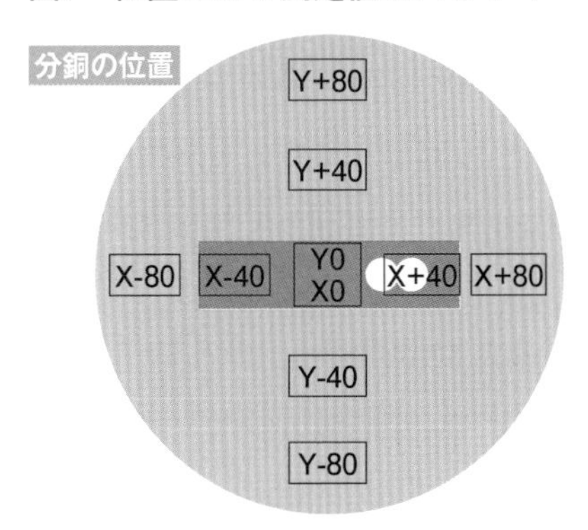

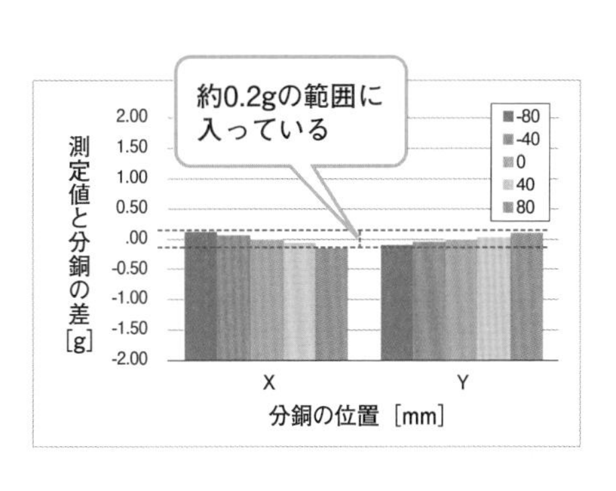

最後に、長い時間経過によって測定値が変化するかを実験することにしました。1時間ほど間を空けながら、0、200、400gの分銅を10回測定しました。測定値をそのままグラフにすると時間経過による変化量が分かりにくいので、測定値から分銅の重量を引いてグラフにしました（**図8**）。例えば400gの分銅を測定した値が400.8gのときは、0.8gと表示します。

図8　時間経過による測定値の変化
1時間ごとに、分銅なし、200g、400gの分銅を置いたときの測定値。

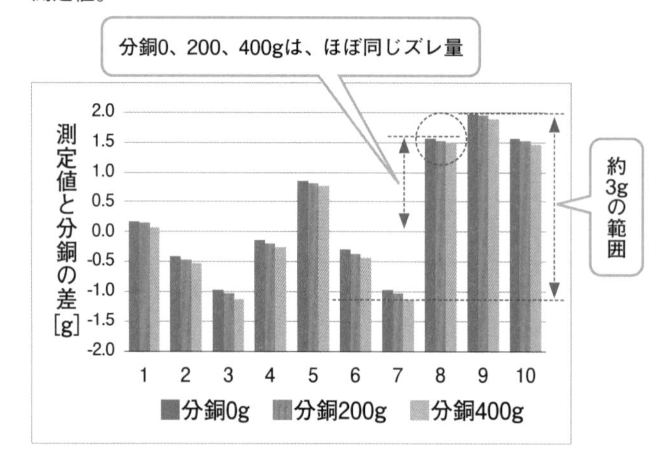

時間が経過しても、分銅ごとの差は変化がないようです。約0.2gの範囲内でした。しかしながら、時間が経過すると、0、200、400gの結果が一緒に上下にズレているような傾向がありました。上下の幅は約3gです。重量測定直前にゼロリセットするような使い方では問題になりませんが、長時間連続して重量を量るときは注意した方がよさそうです。

4.3 重量と温度の関係

図8を実験していたときのことを振り返ると、8～10回目を実験していたときは部屋の気温が高かったような気がしました。そこで温度センサーを追加して気温と重量変化の関係を調べてみます。

ブレッドボードに秋月電子通商の「SHT31使用高精度温湿度センサモジュールキット」（通販コードK-12125、950円、2章参照）を追加します。I^2C通信のセンサーなので、ラズパイとはSDAとSCLを結線します（**図9**）。

図9　温度センサー追加時の結線図

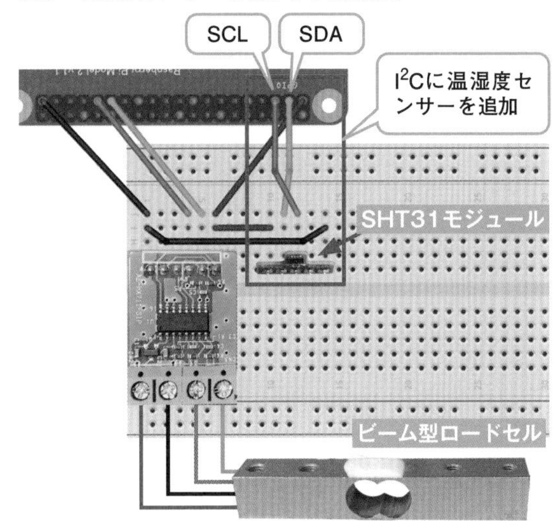

次はプログラムです（**図10**）。pigpioライブラリのi2c_openメソッドを呼び出して、SHT31モジュールとI^2Cで通信できるようにします。[0x24, 0x00]をi2c_write_deviceメソッドで送信して測定開始を指示し、i2c_read_deviceメソッドで測定結果を受信します。受信したデータはバイト配列なので、int.from_bytesメソッドで数値に変換後、温度に単位換算します。

図10　温度測定を追加したプログラム（weight_hx711_temp.py）

```
import RPi.GPIO as GPIO
from hx711 import HX711
import time
import pigpio ← pigpioライブラリを使用

SAMPLING_NUMBER = 1

GPIO.setmode(GPIO.BCM)
scale = HX711(dout_pin=5, pd_sck_pin=6)
pi = pigpio.pi()                ← pigpioを初期化
sht31 = pi.i2c_open(1, 0x45)   ← SHT31と接続(I2Cスレーブアドレスは0x45)

start_time = time.time()
while True:
    weight = scale.get_raw_data_mean(SAMPLING_NUMBER)

    pi.i2c_write_device(sht31, [0x24, 0x00])  ← SHT31に測定開始指示
```

次ページへ続く

図10の続き

```
time.sleep(0.015)                          ← SHT31の測定完了まで少し待つ
↓ SHT31の測定値を取得
(val_count, val) = pi.i2c_read_device(sht31, 2 + 1 + 2 + 1)
↓ SHT31の測定値を温度に単位換算
temp = -45 + 175 * int.from_bytes(val[0:2],
                              'big', signed=False) / 65535
↓ 温度を表示
print(f"{time.time() - start_time:.3f} {weight} {temp}")
```

分銅なしの状態を24時間連続で測定しました（**図11**左）。重量と温度を比べてみると、同じように変化しているのが分かります。横軸を温度、縦軸を重量の相関図で表すと、ほぼ一直線になっていて、相関があることが分かりました（図11右）。

図11　重量の測定値と温度の関係
24時間の測定値と温度。

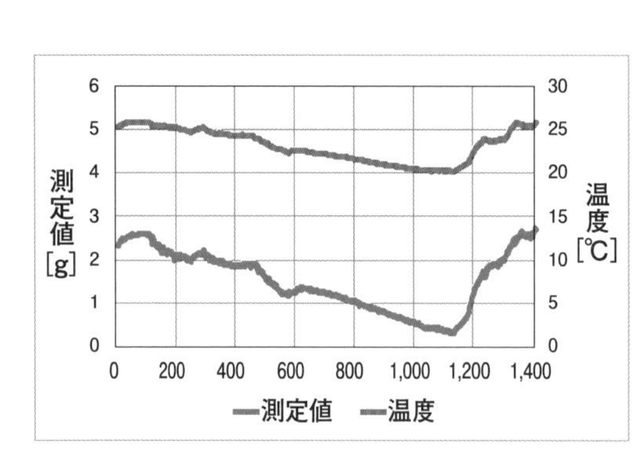

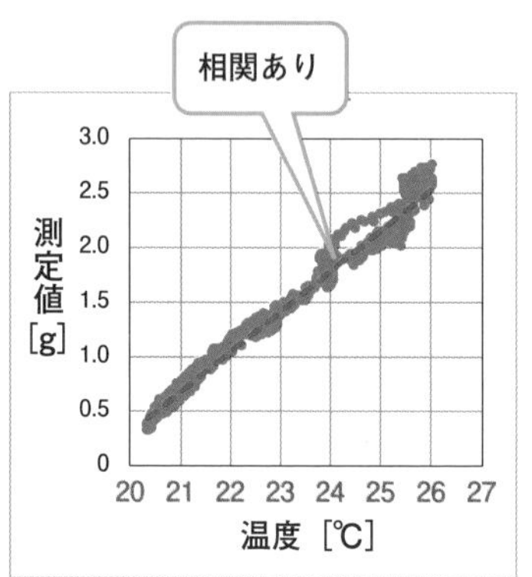

ところで、HX711で実験していると、ときどきおかしな値（外れ値）が測定されていました。Pythonライブラリ「HX711」のREADME.mdを慎重に読むと注意書きが見つかりました。ラズパイでHX711から読み取る際に、CLKが60ミリ秒以上Highになってしまい、外れ値となることがあるようです。

1時間連続で測定してみて、どれくらい外れ値があるか調べました（**図12**）。測定数36731のうち、少ない値が19、多い値が89と、全体の0.3%が外れ値でした。外れ値を無視できない用途のときは、複数回測定して中央値を採用するといったソフトウエア処理（メディアンフィルター）が必要でしょう。

図12　測定値の外れ値

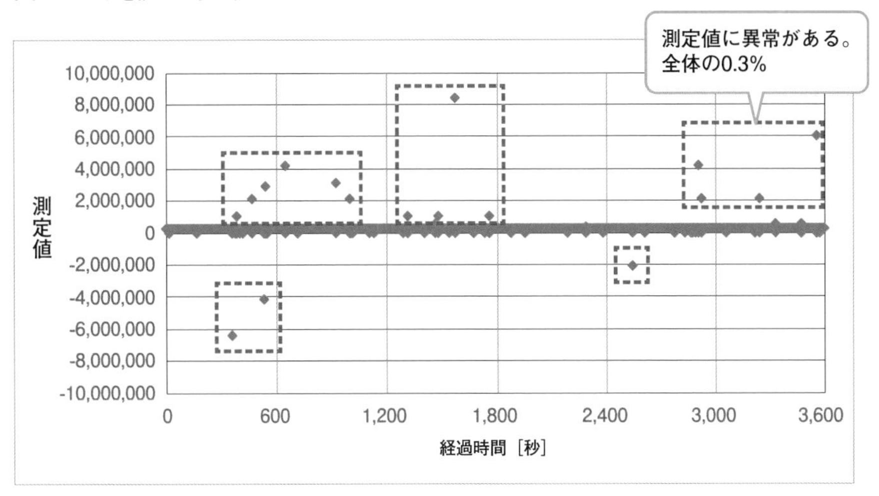

I²C対応のADコンバーター

HX711で外れ値になってしまうのはインタフェースの仕組みが影響しているようです。そこで、ロードセルに使えるADコンバーターを他に探してみたところ、スイッチサイエンスに「Qwiic - NAU7802搭載 ロードセルアンプモジュール」（コード番号SFE-SEN-15242、1794円）がありました。

NAU7802はロードセルから読み込んだ値を増幅してAD変換するチップで、外部との通信にはI²Cを使います。そのため、ラズパイとは3.3VとGND、SDA、SCLを結線すればOKです（**図13**）。

図13　ラズパイとNAU7802モジュール、ビーム型ロードセルの結線図

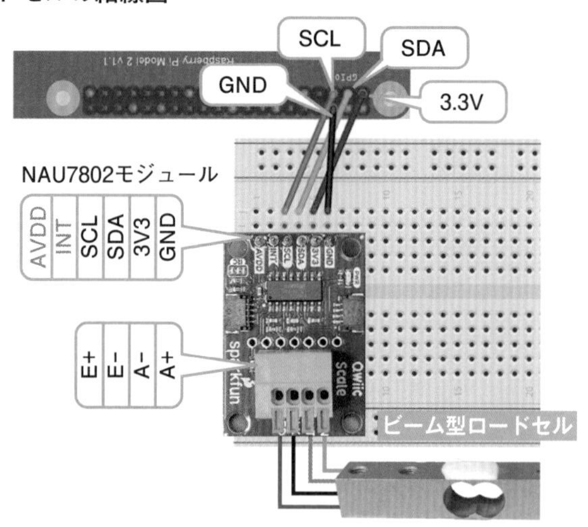

NAU7802を操作するライブラリとして「PyNAU7802」が見つかりました。pip3コマンドでインストールします。

```
$ sudo pip3 install PyNAU7802 ⏎
```

プログラムを**図14**に示します。PyNAU7802のNAU7802クラスをbeginメソッドで初期化してから、重量を測定します。availableメソッドでNAU7802が測定を完了していることを確認した後、getReadingメソッドを呼ぶと、測定値を取得できます。

図14　NAU7802モジュールで重量を測定するプログラム（weight_nau7802.py）

```
import smbus2                        ← smbus2ライブラリを使用
import PyNAU7802                     ← PyNAU7802ライブラリを使用
import time

bus = smbus2.SMBus(1)                ← SMBusを作成
scale = PyNAU7802.NAU7802()          ← PyNAU7802を作成
scale.begin(bus)                     ← PyNAU7802を初期化

start_time = time.time()
while True:
    while not scale.available():     ← 重量測定待ち
```

次ページへ続く

図14の続き

```
        pass
    weight = scale.getReading()      ← 測定値を取得
    ↓ 経過時間と測定値を画面に表示
    print(f"{time.time() - start_time:.3f} {weight}")
```

1時間連続で測定してみたところ、HX711のように外れ値が測定されることはありませんでした。重量と測定値の相関も、確認したところ奇麗に一直線になっていました（**図15**）。

図15　測定値の直線性（NAU7802使用時）
1時間測定して、データの欠損はなかった。

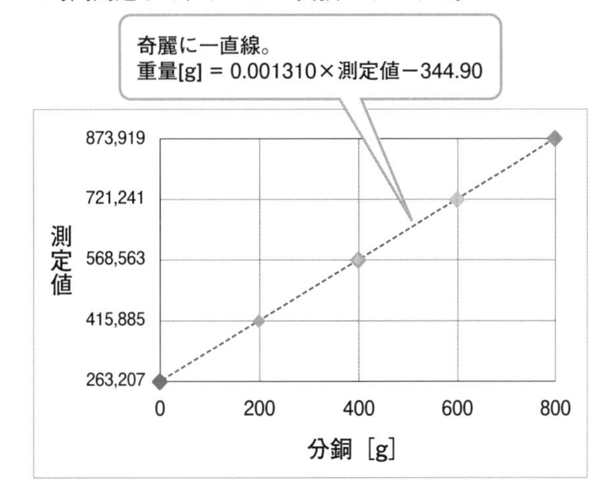

4.4 市販の体重計を分解してロードセンサーを実験

重さセンサーにはもう一つ、ロードセンサーがあります。一般的な体重計によく使われているセンサーなので、気づかないうちに皆さん利用していると思います。ロードセンサーは、力が加わって反る金属部分にひずみゲージが二つ貼ってあり、加わった力が電気抵抗の値で分かります（**図16**）。

図16　ロードセンサーの仕組み
秋月電子通商の「ロードセル4ポイント（薄型）200kg（50kg×4）」（通販コードP-13043、1720円）を分解したところ。

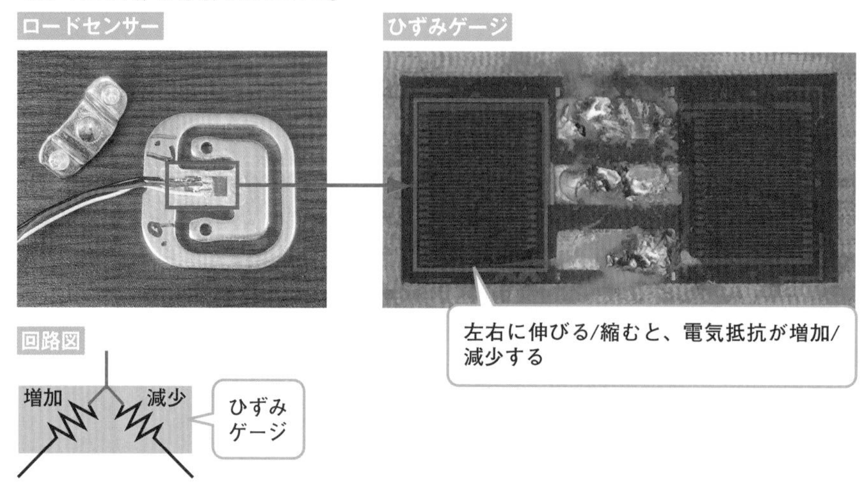

ロードセンサーは通常、4個使用します。板の四隅にロードセンサーを取り付けて、重量物を乗せてもグラつかないような構造にします。そして、4個のロードセンサーを**図17**の通り結線することで、ホイートストンブリッジ回路を形成します。これを専用のADコンバーターにつないで重量を測定します。

図17　ロードセンサーで一般的な回路図
A～Dについては図18参照。

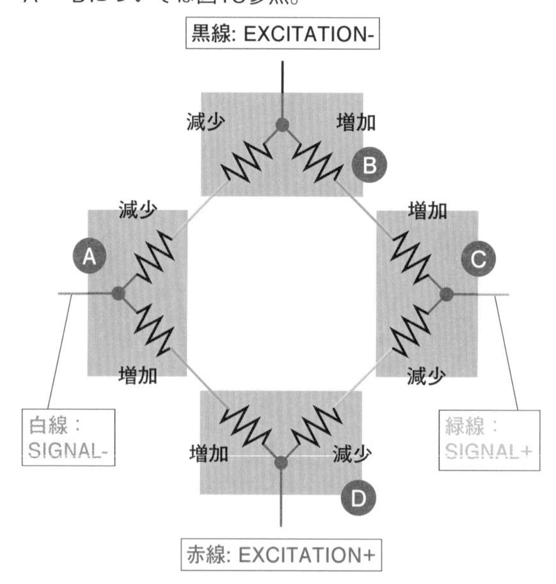

実験に秋月電子通商で販売している「ロードセル4ポイント（薄型）200kg（50kg×4)」（通販コードP-13043、1720円）を使おうとしたところ、ロードセンサーの可動部が板に干渉してしまって、うまく工作できませんでした。そこで、市販の体重計を分解して、きょう体とロードセンサーを流用することにしました。Amazon.co.jpで販売されている安価な体重計（https://www.amazon.co.jp/gp/product/B08B1K4XGR/、実勢価格1500円）を購入してガラス板を外し、内蔵している基板を取り除きました（**図18**）。ガラス板ときょう体が両面テープでがっちりと貼り付けられていて、剝がすのに苦労しました。

図18　市販の体重計の内部構造
VENKIMの体重計を分解した。写真はhttps://www.amazon.co.jp/gp/product/B08B1K4XGR/より引用。

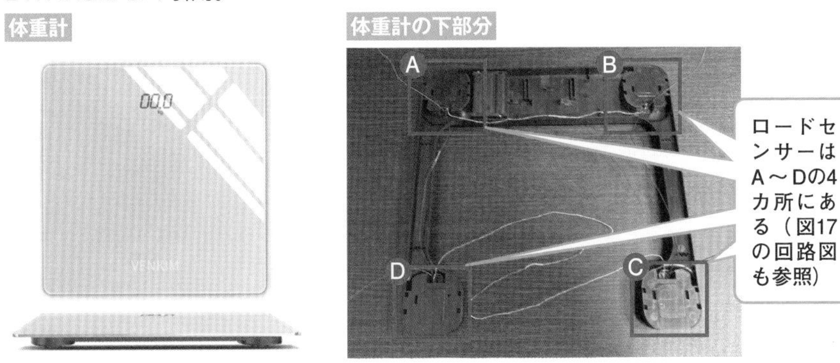

それでは重量と測定値の相関を確認しましょう。手持ちの分銅が1kgまでと軽すぎるので、別の体重計で雑誌の重さを量って、1.1、2.2、3.3kgの雑誌束を用意しました。ADコンバーターはNAU7802を使います。ラズパイとの結線図とプログラムはロードセルのときと同じです。

雑誌束を測定した結果は**図19**上のようになりました。奇麗に一直線になっています。バラツキの幅は約60gと、安価な体重計でもかなり正確でした。置き位置の違いについても調べたところ、バラツキは約18gの範囲でした（図19下）。

図19　ロードセンサーの測定値の直線性と、位置によるバラツキ

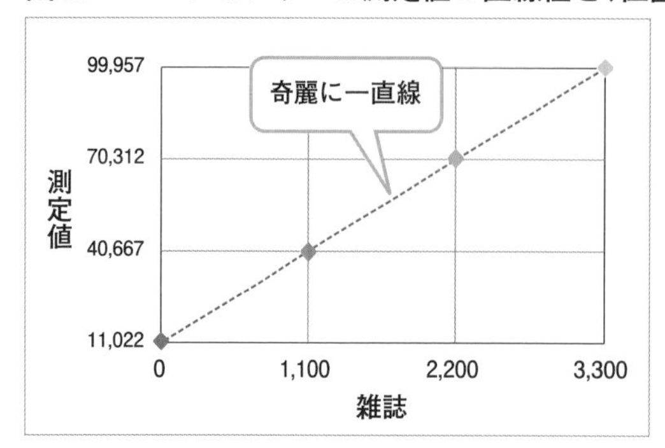

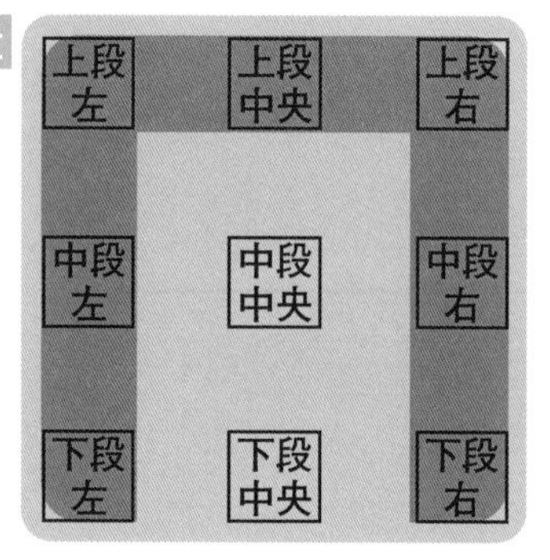

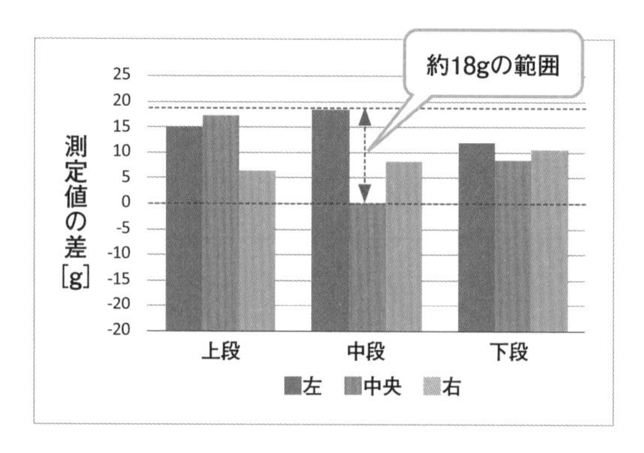

5章

音を取り込むマイクで多様な録音を試す

ラズパイで音を取り込むマイクは大きく2種類あります。手軽に使えるUSB接続型と、高性能・高機能な製品が選べるGPIOピンヘッダー（I^2S）接続型です。ファイルに録音したり、Pythonで音を処理したりする実験をしてみましょう。ピンヘッダー接続型では、音の大きさ（dBゲイン）を自動調整する機能を試します。

本章では、音声認識や自作スマートスピーカーなどで使う機会が増えている「マイク」を実験します。

音声や音楽といった、音をラズパイに取り込むのにマイクが使われます。マイクはマイクロフォンの略称で、とても小さな空気の振動（音）を電気信号に変換する電子部品です。みなさんが普段使っているスマートフォンにもマイクが内蔵されていて、話したときの声（音）をマイクが電気信号に変換してからCPUで処理しています。

それではラズパイに音を取り込んでみましょう。ラズパイにはマイクが付いていないので、ハードウエアを追加しなければなりません。ラズパイの側面には3.5mmジャックのコネクタがありますが、ここにマイクを接続しても機能しません。この3.5mmジャックは、ラズパイから音と映像（コンポジット）を出力するためのものだからです。

ラズパイに接続できるマイクはいろいろありますが、USBで接続するタイプが簡単でお薦めです。ほかの方法として、GPIOピンヘッダーの$\mathrm{I^2S}$インタフェースで接続するマイクもありますが、通常Raspberry Pi OSのカーネルビルド作業が必要なので少し手間がかかります。今回は両方のタイプを一つずつ試してみます。

5.1 手軽に使えるUSB接続型マイク

USB接続型としては、安価なUSBドングル型のUSBマイク「MI-305」（ヨドバシカメラ、https://www.yodobashi.com/product/100000001004508009/、605円）を使うことにします。ラズパイのUSBポートに差すだけで動きます（**図1**）。このマイクは上部分に穴が開いていて、ここから入ってきた音をラズパイに取り込めます。

図1　USBマイク「MI-305」をラズパイに取り付けた様子

ソフトウエアの追加インストールは必要ありません。Raspberry Pi OSには標準でALSA（Advanced Linux Sound Architecture）関連のソフトウエアが入っているからです。/proc/asound/cardsを見ると追加したマイクを認識していることが確認できます（**図2**）。

図2　サウンドカードの一覧を表示

```
$ cat /proc/asound/cards ⏎
 0 [Headphones     ]: bcm2835_headpho - bcm2835 Headphones
                      bcm2835 Headphones  ↓追加したUSBマイクMI-305
 1 [Device         ]: USB-Audio - USB PnP Sound Device
                     C-Media Electronics Inc. USB PnP Sound Device at us↗
b-0000:01:00.0-1.3, full spe
 2 [vc4hdmi0       ]: vc4-hdmi - vc4-hdmi-0
                      vc4-hdmi-0
 3 [vc4hdmi1       ]: vc4-hdmi - vc4-hdmi-1
                      vc4-hdmi-1
```


コマンドで録音する

arecordコマンド（ALSAのユーティリティー）を使うと、マイクから音を取り込んでWAVファイルなどに保存できます。次のように、「-D」オプションで、どのマイクから取り込むのかを指定します。

```
$ arecord -D ⏎ プラグイン名:カード番号,デバイス番号 保存するファイル名
```

ALSAは、マイクやスピーカーといったオーディオ機能を持つデバイス（サウンドカード）をLinuxで扱えるようにする仕組みで、サウンドカードをカード番号で、デバイスに載っているマイクやスピーカーをデバイス番号で識別します。/proc/asound/pcmを参照すると、ラズパイに接続されているカード番号とデバイス番号、再生デバイス数、録音デバイス数を確認できます（**図3**）。

図3　カード番号とデバイス番号、再生デバイス数、録音デバイス数を表示

```
$ cat /proc/asound/pcm ⏎
00-00: bcm2835 Headphones : bcm2835 Headphones : playback 8
01-00: USB Audio : USB Audio : capture 1
↑USBマイクMI-305。録音デバイスが一つある。カード番号は1、デバイス番号は0。
02-00: MAI PCM i2s-hifi-0 : MAI PCM i2s-hifi-0 : playback 1
03-00: MAI PCM i2s-hifi-0 : MAI PCM i2s-hifi-0 : playback 1
```

「01-00: USB Audio : USB Audio : capture 1」という表示から、USBマイクMI-305はカード番号が1、デバイス番号が0だと分かります。arecordの-Dオプションに指定するプラグイン名は入出力時にさまざまな演算処理をするときに使いますが、今回は何も処理しないようhwと指定して、**図4**のように実行してみましょう。

図4　録音してみる

```
$ arecord -D hw:1,0 test.wav ⏎
録音中 WAVE 'test.wav' : Unsigned 8 bit, レート 8000 Hz, モノラル
arecord: set_params:1343: サンプルフォーマットが使用不可能
Available formats:                ↑ エラーが出た
- S16_LE
```

あれれ、「サンプルフォーマットが使用不可能」というエラーが発生してしまいました。サンプルフォーマットというのは、マイクの信号をデジタル化するときのフォーマットで、デバイスによって使えるものが限られています。デフォルトのサンプルフォーマットはU8ですが、USBマイクMI-305がS16_LEしか使用できないことからエラーが発生していました。arecordコマンドの-fオプションでS16_LEを指定して、再実行してみましょう。

図5のように「レートが不正確です」という警告が出たものの、継続して音を取り込みながらWAVファイルに保存しています。[Ctrl+C] キーを入力すると停止します。

図5　フォーマットを指定して録音

```
$ arecord -D hw:1,0 -f S16_LE test.wav ⏎
録音中 WAVE 'test.wav' : Signed 16 bit Little Endian, レート 8000 Hz,
 モノラル
警告: レートが不正確です (要求値 = 8000Hz, 使用値 = 44100Hz)
        plug プラグイン を使用してください
```

レートも、さきほどのサンプルフォーマットと同様にデバイスによって使用できる値が決まっています。USBマイクの場合は/proc/asound/cardX/stream0で確認できます(**図6**)。48000と44100が使えるようなので、arecordコマンドの-rオプションでレートを44100に指定したところ、警告が出なくなりました(**図7**)。

図6　使用できるサンプルフォーマットとレートを表示

```
$ cat /proc/asound/card1/stream0 ⏎
C-Media Electronics Inc. USB PnP Sound Device at usb-0000:01:00.0-1.3, fu↙
ll spe : USB Audio

Capture:
  Status: Stop
  Interface 1
    Altset 1
    Format: S16_LE        ← 使用できるサンプルフォーマット
    Channels: 1
    Endpoint: 2 IN (ADAPTIVE)
    Rates: 48000, 44100  ← 使用できるレート
```

図7　ようやくエラーがなくなった

```
$ arecord -D hw:1,0 -f S16_LE -r 44100 test.wav ⏎
録音中 WAVE 'test.wav' : Signed 16 bit Little Endian, レート 44100 Hz,
 モノラル
```


GUIソフトで録音する

次はオープンソースのオーディオ編集ソフト「Audacity」で録音してみましょう。AudacityはRaspberry Pi OSに標準では含まれていませんが、aptコマンドで簡単にインストールできます。インストールが成功すると、ラズパイのメニューの「サウンドとビデオ」にAudacityのアイコンが追加されました。

```
$ sudo apt install audacity ⏎
```

Audacityを起動すると**図8**の画面が表示されます。ただし、2021年1月時点で最新のRaspberry Pi OS（Bullseye）＊1では、いくつか問題が起こりました。起動時に「An assertion failed!」というエラーダイアログが出ますが、「Continue」をクリックすれば起動します。また、画面上の波形の表示に問題があり、録音したり拡大したときに画面が最新に更新されません。ウィンドウの大きさを変更すると再描画してきちんと表示されるようです。

＊1　本書は2021-10-30版のRaspberry Pi OSを使って動作を検証していますが、Audacityについては2022-01-28版でも検証したところ問題は解消していませんでした。なお、Legacy版（Buster）ではAudacityは問題なく動作しました。

図8　Audacityで録音
❶マイクデバイスを選択し、❷で録音を開始し、❸で録音を停止。

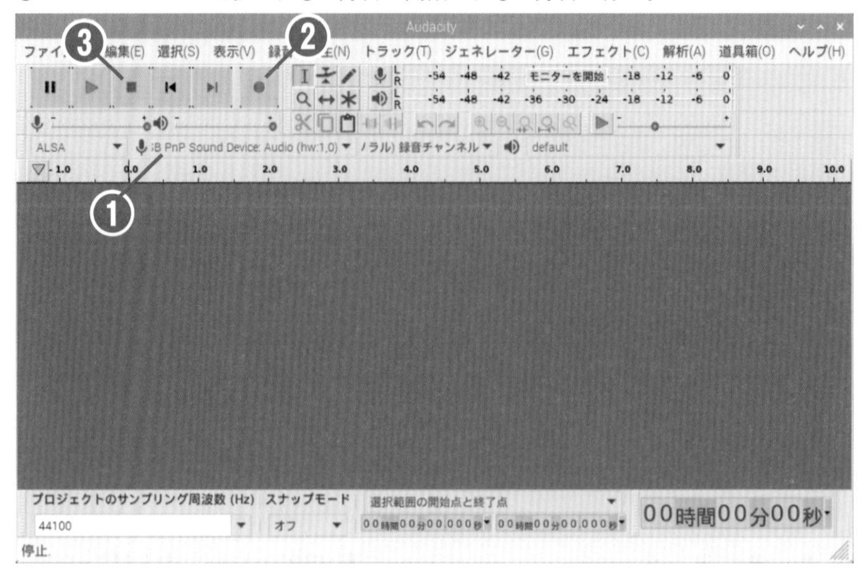

使用するマイクを選択して（1）、録音マーク（2）をクリックすると録音が始まります。録音中は波形が画面にリアルタイムに表示されます。停止マーク（3）をクリックすると録音が止まります。

マイクの近くで「こんにちは！」と発して録音した波形が**図9**です。結構大きな声を出して録音しましたが、なぜか画面上の波形が横一直線でした。そこで、縦軸を拡大表示する（縦軸0.0付近を右クリックして拡大選択を繰り返す）と、波形が見えてきました（**図10**）。コマンドラインで録音したときには気づきませんでしたが、どうやら、縦軸のフルレンジが+1.0～-1.0に対して+0.003～-0.003と、音がとても小さく録音されてしまっているようです。

図9　「こんにちは！」の波形

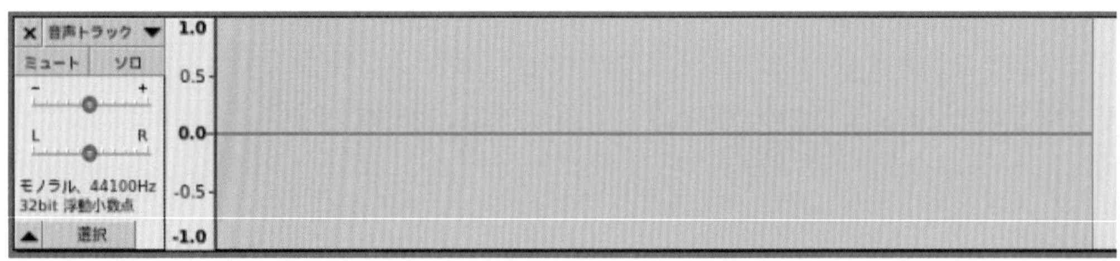

図10　「こんにちは！」の拡大波形

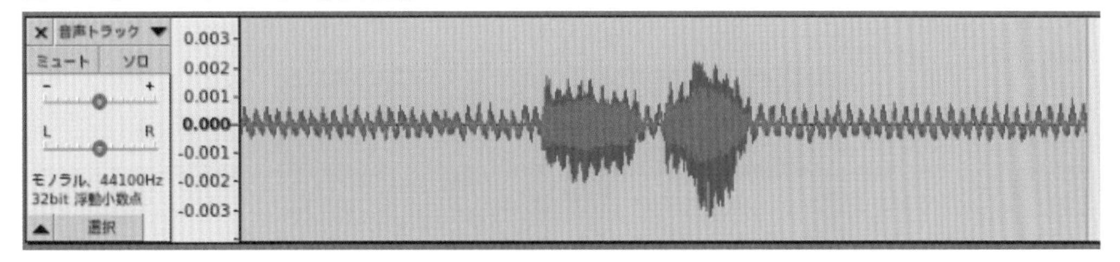

入力ゲインの変更

実は使用するマイクによっては、入力を増幅（減衰）させる機能があります。これをdBゲインといいます。それでは、dBゲインを増やして、入力を増加させて録音してみましょう。

dBゲインの設定には、alsamixerコマンドを使います。

```
$ alsamixer ⏎
```

F6キーでサウンドカードの選択画面を表示します。上下キーで「1 USB PnP Sound Device」を選んで［Enter］キーを押すと（**図11**）、USBマイクMI-305の設定画面が表示されます。続いて、F4キーを押すと録音に関する設定項目だけが表示されます。デフォルトでは「Mic [dBゲイン]」が0.00ですが、これを上キーで最大値の23.81に変更します（**図12**）。最後に、［ESC］キーでalsamixerを終了します。

図11　USBマイクを選ぶ

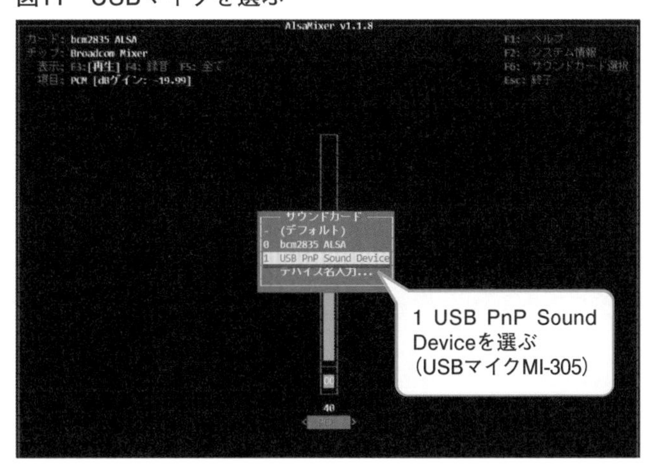

図12　dBゲインを増やす

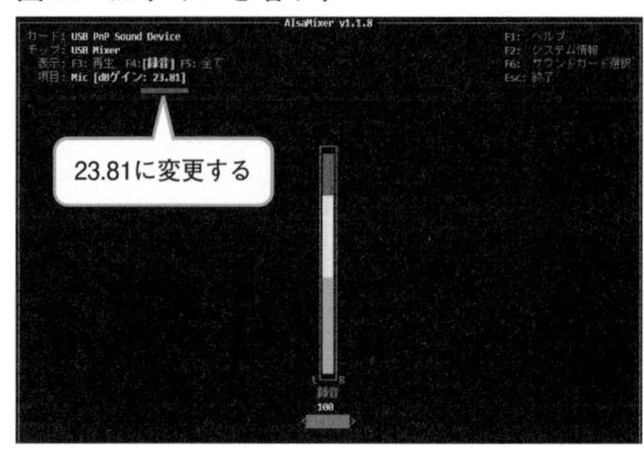

再度、Audacityで「こんにちは！」を録音した波形が**図13**です。+0.003～-0.003だったものが、+0.03～-0.03と10倍大きくなりました。まだ十分な大きさとはいえませんが、以前よりは改善しました。

図13　dBゲイン増加後の「こんにちは！」の波形

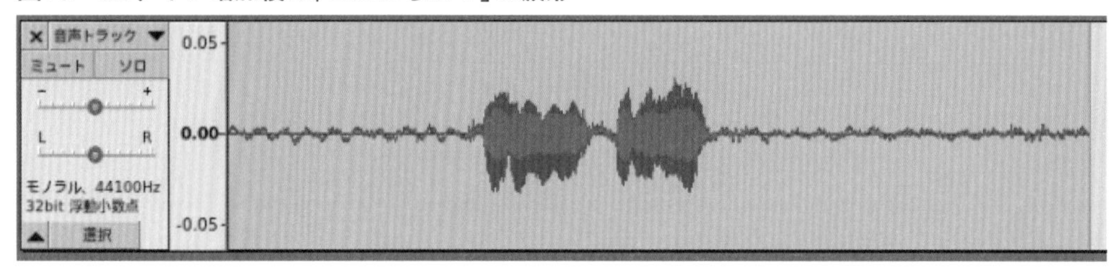

プログラムで処理する

今度は、Pythonプログラムでマイクの信号を取り込み、処理してみます。マイクからの入力にはPyAudioパッケージを使います。次のコマンドでインストールしてください。

```
$ sudo apt install python3-pyaudio ↵
```

連続的にマイクから入力して、信号の実効的な大きさ（RMS値）と瞬間的な最大値（MAX値）を計算、表示するプログラムが**図14**です。PyAudioでマイク入力のストリームを作成しておき、ストリームからデータを読み出します。マイクから入力されたデータが4万4100件たまるとデータの読み出しが完了します。読み出したデータからRMS値と

MAX値を計算して画面に表示した後、再度、ストリームからデータ読み出しへ戻ります。レートが44100で、データが4万4100件たまると読み出し完了なので、1秒ごとに計算、画面表示されます。

図14　大きさと最大値を表示するプログラム(mic-polling.py)

```
import pyaudio          ← PyAudio（マイクからの取り込みに使用）
import numpy as np      ← NumPy（一括計算に使用）
import math             ← math（ルートの計算）

RATE = 44100                     ← レート
CHANNELS = 1                     ← チャンネル数(モノラルなので1)
FORMAT = pyaudio.paInt16         ← サンプルフォーマット(S16_LEに相当)
CHUNK = 44100   # number of frames    ← 1度に読み出すデータ数

def calc_rms(ch):                ← RMS値を算出
    ch_square = ch.astype(np.int64) ** 2     ← 個々のデータを2乗
    return math.sqrt(ch_square.sum() / ch_square.size)
                 ↑ 2乗したデータの合計 / データ数 を平方根
audio = pyaudio.PyAudio()            ← PyAudioを初期化

stream = audio.open(rate=RATE,       ← マイク入力のストリームを作成
                    channels=CHANNELS,
                    format=FORMAT,
                    input=True,
                    frames_per_buffer=CHUNK)

try:
    while True:      ↓ ストリームからデータを読み出し
        buffer = stream.read(CHUNK) ↓ NumPyのint16データ型に変換
        ch1 = np.frombuffer(buffer, dtype=np.int16)
        print(f'size={len(ch1)}, rms={calc_rms(ch1):.3f}, max={ch1.max()}')
                                         ↑ データ数とRMS値、MAX値を表示
except KeyboardInterrupt:
    pass

stream.stop_stream()
stream.close()
audio.terminate()
```

このプログラムを実行したところ、RMS値とMAX値が数行表示された後に、「Input overflowedエラー」が発生する場合がありました*2。

---

*2　Raspberry Pi OSの古い版で発生しましたが、2021-10-30版では発生しませんでした。

```
$ python3 mic-polling.py ⏎
(略)
size=44100, rms=93.643, max=292
size=44100, rms=91.647, max=295
Traceback (most recent call last):
(略)
OSError: [Errno -9981] Input overflowed
```

そこで、ストリームからデータを読み出す手段をやめて、データがたまると指定した関数が呼び出される、コールバックの構造に変更したバージョンも作ってみました（**図15**）。

図15　コールバック形式に変更したプログラムの一部（mic-callback.py）

```
↓ データがたまったときに呼び出される関数を定義
def callback(in_data, frame_count, time_info, status):
    ch1 = np.frombuffer(in_data, dtype=np.int16) # np.ndarray
    print(f'size={len(ch1)}, rms={calc_rms(ch1):.3f}, max={ch1.max()}')
    return (None, pyaudio.paContinue)
(略)
stream = p.open(rate=RATE,
                channels=CHANNELS,
                format=FORMAT,
                input=True,
                frames_per_buffer=CHUNK,
                stream_callback=callback) ←データがたまったときに
                                           呼び出す関数を指定

try:
    while True:
        time.sleep(0.1)

except KeyboardInterrupt:
    pass
(略)
```

プログラムを実行すると、良い感じに動き出します。

```
$ python3 mic-callback.py ⏎
(略)
size=44100, rms=86.643, max=263
size=44100, rms=77.787, max=228
size=44100, rms=89.397, max=330
size=44100, rms=85.258, max=256
size=44100, rms=86.675, max=277
```

（略）

しかし、じっくり観察すると、きちんと1秒ごとに表示されておらず、しばらく表示されなかったり、一気に複数行表示されたりしました。そこで、取り込んだデータをファイルに保存して、データが連続して取れているのかを確認したところ、ときどきデータが欠落してしまっていることが分かりました。

プログラムを変更したり、ネットで検索したりしてみましたが、原因の特定に至りませんでした。試しに、別のUSBマイク（オーディオアダプターAC2-P、Amazonで約1000円で購入＋コンデンサーマイク）を使うと、どちらのプログラムでもデータが欠落せず正常に動作しました。デバイスを選ぶときには注意した方がよいかもしれません（**図16**）。

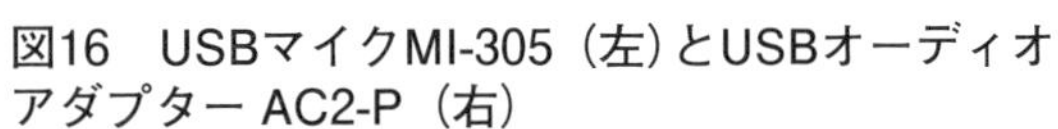
図16　USBマイクMI-305（左）とUSBオーディオアダプターAC2-P（右）

5.2 高機能なI^2S接続のマイク

I^2Sインタフェースでラズパイと接続するマイクも試してみることにしましょう。手軽に使えるものとして、筆者が属するSeeed Technology社（以下、Seeed社、本社：中国）の「ReSpeaker 2-Mics Pi HAT」（以下、2-Mics Pi HAT、千石電商で1250円）を使ってみます。基板上に二つのマイクが載っていて、ステレオで録音できます（**図17**）。

図17　ReSpeaker 2-Mics Pi HATをラズパイに取り付けた様子
赤丸部分がマイク。

マイクはステレオコーデックICのWM8960を経由して、GPIOヘッダーのI^2Sインタフェースでラズパイにつながります。Raspberry Pi OSにデバイスドライバが含まれていないのでカーネルビルド作業が必要ですが、Seeed社からスクリプトが提供されているので簡単です。

```
$ git clone https://github.com/respeaker/seeed-voicecard ⏎
$ cd seeed-voicecard ⏎
$ sudo ./install.sh ⏎
$ sudo reboot ⏎
```

スクリプトを実行してラズパイを再起動後、/proc/asound/pcmを確認すると、デバイスが認識されたことが分かります。

```
$ cat /proc/asound/pcm ⏎
（略）
03-00: bcm2835-i2s-wm8960-hifi wm8960-hifi-0 : bcm2835-i2s-wm8960-hifi w⏎
m8960-hifi-0 : playback 1 : capture 1
↑ 2-Mics Pi HATには再生デバイスと録音デバイスが一つずつある
```

USBマイクMI-305と同様に、dBゲインを最大にしておきましょう。alsamixerコマンドでCapture [dBゲイン]を30.00に変更します。USBマイクMI-305と比べて設定できる項目が増えているので、間違えないように注意しましょう（**図18**）。

図18　2-Mics Pi HATのdBゲインを増やす

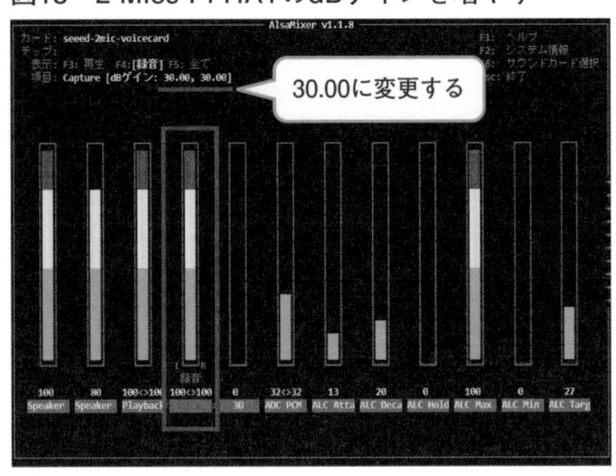

Audacityで「こんにちは！」を録音した波形が**図19**です。USBマイクMI-305では+0.03～-0.03でしたが、2-Mics Pi HATでは音が大きく+1.0～-1.0の範囲になりました。というか、ちょっと大きすぎですね。+1.0～-1.0の範囲を超えてしまっているので、波形がクリップしてしまい音割れの状態になっています。音の大きさや音源とマイクの距離に応じて、dBゲインを調整した方がよさそうです。筆者の手元では、範囲を超えないようにdBゲインを調整してみたところ、19.5がちょうど良い具合でした。

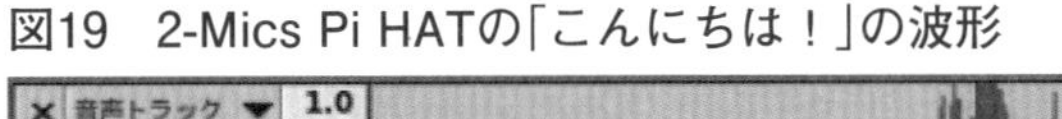
図19　2-Mics Pi HATの「こんにちは！」の波形

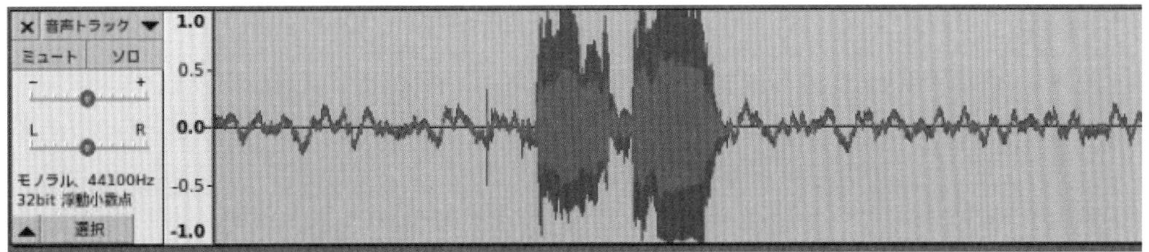

自動で入力ゲインを調整する

スマートスピーカーのような離れた場所から呼びかける用途でマイクを使うときは、この入力ゲインの調整が厄介です。キッチンに置いたスマートスピーカーに対して、ソファーから話しかけたときとキッチンから話しかけたときで、話者とマイクの距離が違います。さらに話しかける人によって声の大きさが違い、入力ゲインが一つの値だけでは全てのケースに適切に対処できません。

2-Mics Pi HATには、このような用途に有用な、音が小さいときは入力ゲインを大きく、音が大きいときは入力ゲインを小さくする自動レベルコントロール（Automatic Level Control、略してALC）機能が備わっています。搭載する「WM8960」のデータシートを見ると調整するパラメーターが多数あってちゅうちょしてしまいますが、動きは単純です（**図20**）。狙いの音量（ALC target level）になるように、入力ゲイン（PGA gain）を上げ下げします。入力が狙いよりも小さいときは、ゆっくりと入力ゲインを増やします(hold time、decay time)。入力が狙いよりも大きいときは、素早く入力ゲインを減らします（attack time）。

図20　2-Mics Pi HAT（WM8960）のALC機能
WM8960のデータシートより引用。

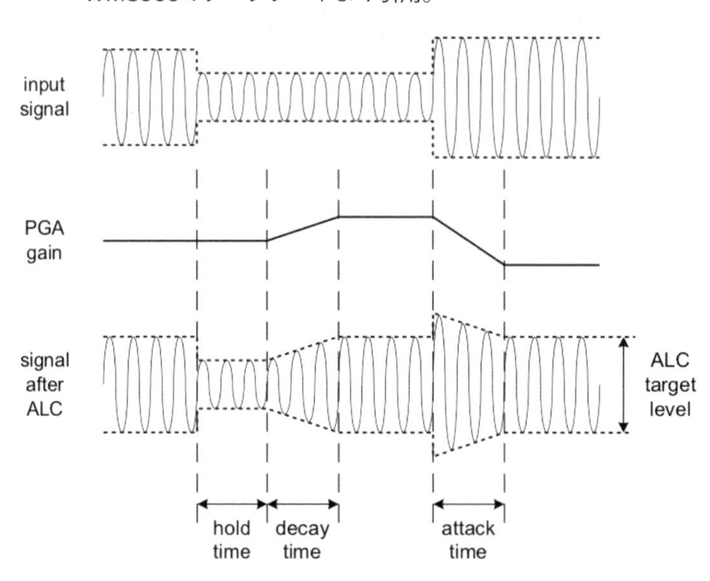

それでは自動レベルコントロールを有効にしましょう。alsamixerコマンドで、ALC FunctionをOffからLeftに変更します（**図21**）。F4キーで録音に関する設定項目だけの表示にしていると、ALC Functionは表示されません。F5キーで全ての設定項目を表示して探してください。

図21　自動レベルコントロールを有効にする

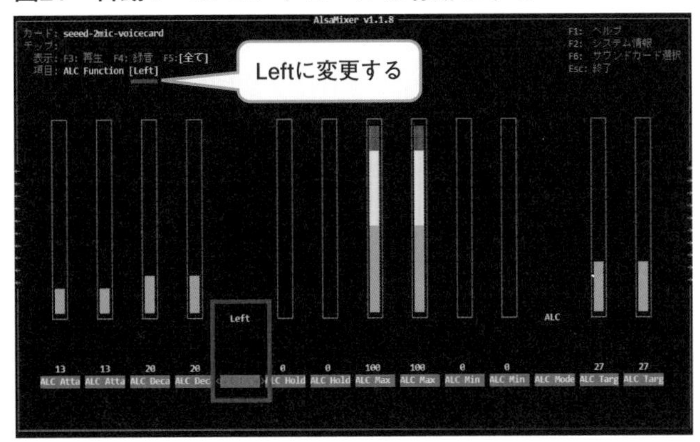

1kHzの音を1cmの距離で鳴らし、続いて50cmの距離で鳴らしたとき、Audacityでステレオ録音した波形が**図22**です。右マイク（下段）は自動レベルコントロールがオフで、左マイク（上段）はオンです。50cm離した部分の波形を見比べると、左マイクの波形が良い感じに増幅されています。

図22　自動レベルコントロールしたときの波形

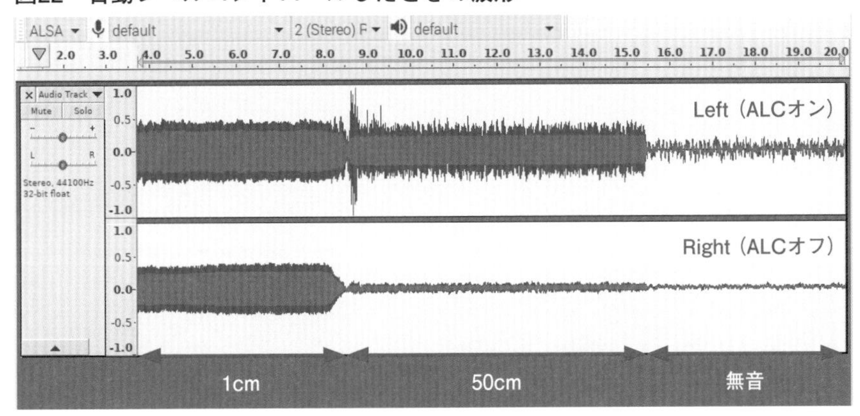

まとめ

USBマイクを使うと、コマンドやGUIでとても簡単に音を録音できました。音が小さいときはdBゲインを増やすことで改善できます。Pythonプログラムで取り込んで処理するときは、データ取りこぼしが発生することがあったのでデバイスを選ぶのに注意しましょう。音声認識などの用途では、自動レベルコントロール機能が付いたマイクがお薦めです。

6章

可変抵抗器などで設定値を微調整

設定値を微調整できる電子パーツを取り上げます。一定範囲で調整できる「可変抵抗器」、一定範囲をより細かく調整できる「多回転式可変抵抗器」、何回転でも回して無限に調整できる「ロータリーエンコーダー」の3種類が対象です。実験してみると、思ったように調整できない場合もありました。

LEDの明るさや音量などを、ちょっと調整する機能を作品に加えたいときに、みなさんはどうしていますか？ キーボードとマウスをつないでいるなら、数字で入力したり、矢印キーで増減させたり、画面上にマウスでスライドさせるGUI部品を用意したりしているでしょうか。それではコンパクトな作品は作れないですね。

そんなときにグッと操作性を上げられるのが、「可変抵抗器」をはじめとした調整用の電子部品です。本章では、そうした電子部品を実験して確認していきましょう。

6.1 オーソドックスな可変抵抗器

調整のために使われる最も一般的な電子部品は、可変抵抗器です。「ボリューム」や「ポテンショメーター」とも呼ばれています。パーツの一部を動かすと、その位置に合わせて抵抗値が変化します。回転させるタイプと、直線にスライドさせるタイプがあり、さらに、回転量やパーツの固定方法、大きさなどでバリエーションがあります（**図1**）。

図1　可変抵抗器のいろいろ

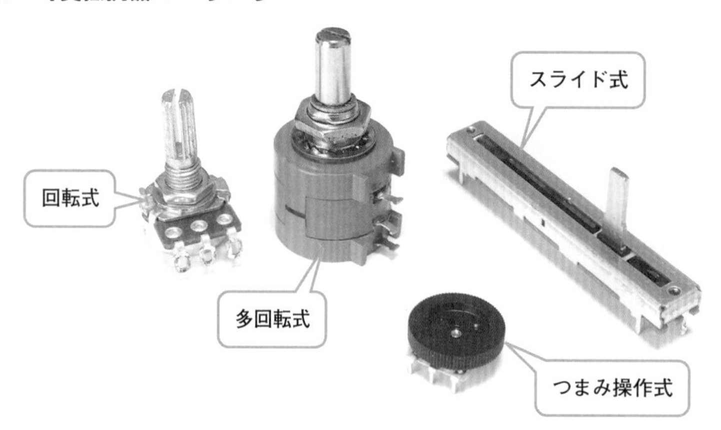

代表的な回転式の可変抵抗器を詳しく見てみましょう。**図2**は、きょう体の外側などに固定して取り付ける「パネル取り付け型」の製品（10kΩ）です。「軸受け」に「回転軸」が差さっていて、この製品では回転軸を300度の範囲、クルッと回せます。何回転も限界なく回せるわけではありません。

図2　回転式可変抵抗器の例
パネル取り付け型ボリューム(秋月電子通商の通販コード P-00246、価格40円)。

軸受けに基板と金属カバーが取り付けられていて、中身は見えないようになっています。金属カバーを外して中身を取り出したのが**図3**です。基板上の内側のリングは導電体で抵抗値がゼロです。外側のリングが抵抗体で抵抗値が10kΩです。回転軸の動きに合わせてしゅう動子が動いて、内側リングと外側リングを短絡することで、端子間が回転の位置に応じた抵抗値になります。回転軸はそのままだと握りにくいので、通常は別売のつまみ（ノブ）を取り付けます。

図3　回転式可変抵抗器の中身

回転式可変抵抗器の中身（実物）

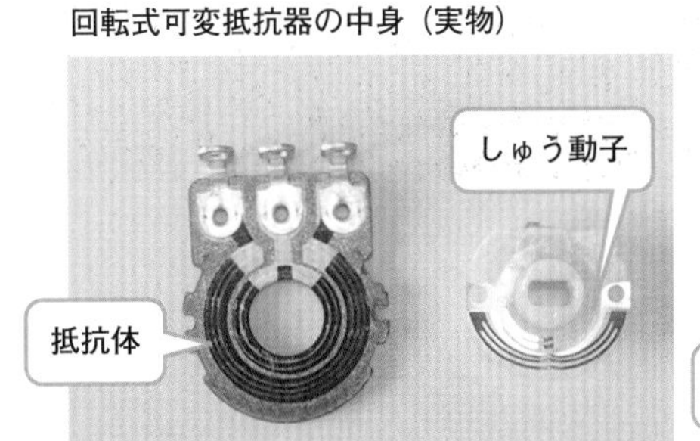

しゅう動子による短絡の様子
(イメージ図)

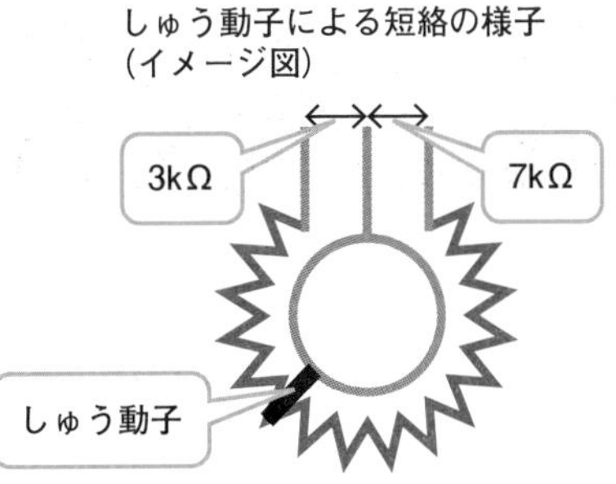

実験用に目盛りを作る

これから回転式可変抵抗器を実験しますが、素の可変抵抗器では狙いの量（角度）に回転軸を回すすべがありません。そこで、実験用に目盛りを付けたケースを作りましょう。

まず、目盛りが書かれたシールを作ります。2D-CADで、可変抵抗を固定するための7mmと3mmの穴を描きます。さらに、中央から22.5度ごとの目盛りを描きます（**図4**）。2D-CADは「DraftSight」を使いました。フリーソフトなら、Inkscapeで書いてもよいかもしれません。

図4　シール印刷用のデータ

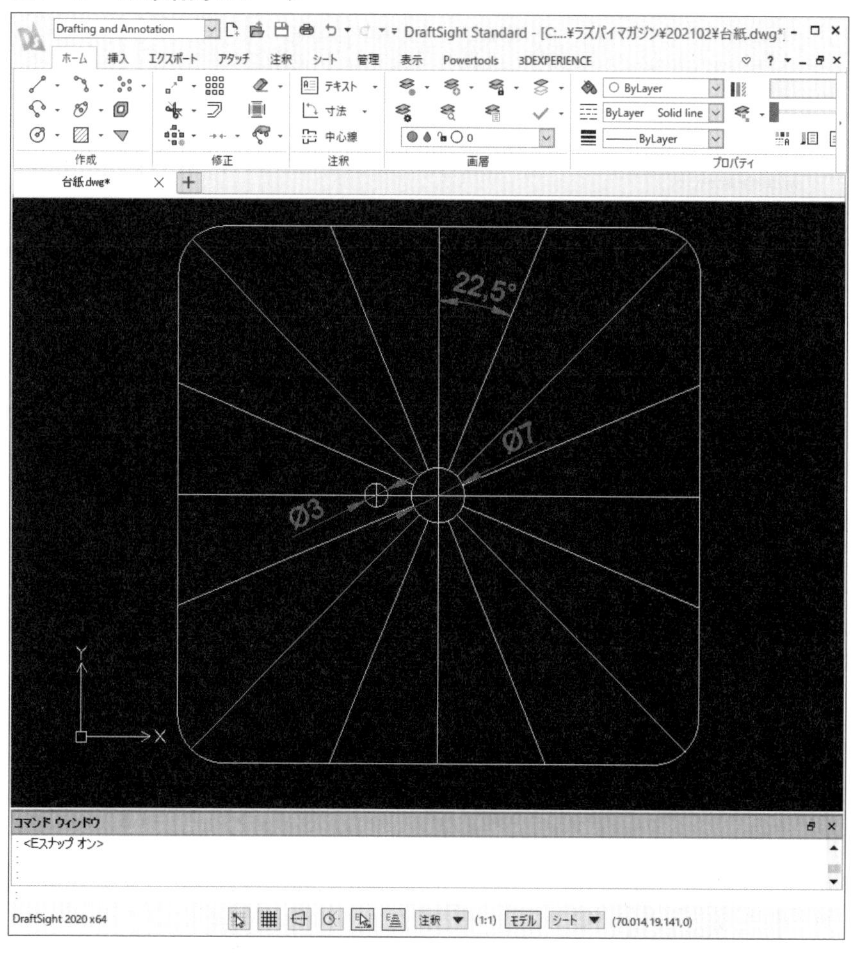

このデータをPNG画像ファイルに保存して、ローソンの「シールプリント」で印刷しました。次に、100円ショップで購入したプラ容器にシールを貼り付けて、電動ドリルで7mmと3mmの穴を開けます。最後に、プラ容器に可変抵抗器を取り付けて、大きめのつまみを取り付ければ完成です（**図5**）。

図5　実験用に目盛りを作る

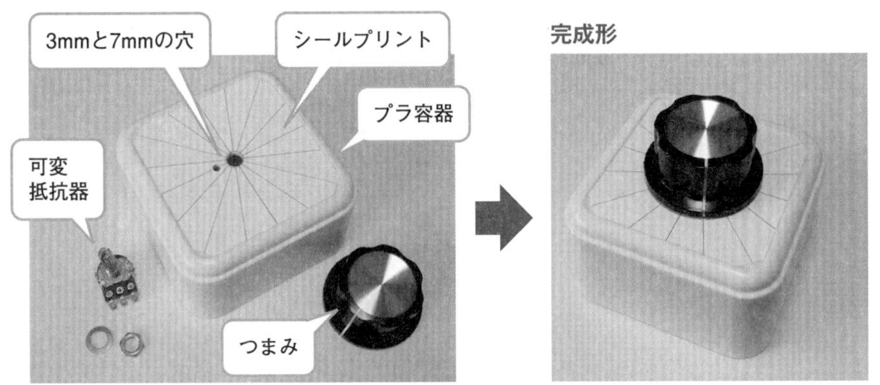

6.2 可変抵抗器をラズパイに接続

では、いよいよラズパイに接続してみましょう。

可変抵抗器の両端を電源に結線しておくと、中央の端子から抵抗値（回転の位置）に応じた電圧が出力されます。このアナログ電圧は直接ラズパイで測定できないので、ADコンバーター「MCP3002」（秋月電子通商、通販コードI-02584、価格200円）を追加します。ラズパイのSPIにMCP3002を接続して、MCP3002の入力端子に可変抵抗器をつなぎます（図6）。

図6　ラズパイと可変抵抗器の接続図

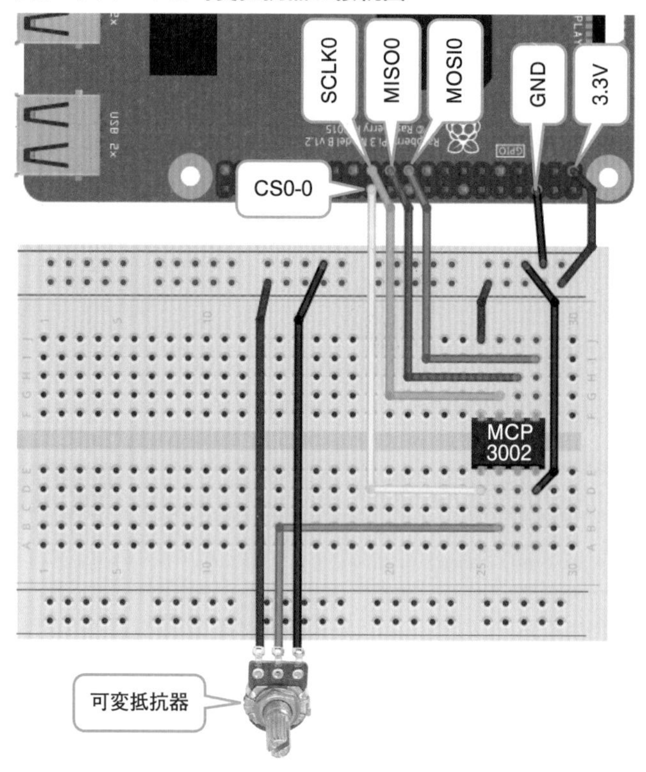

アナログ電圧を読み取るプログラムが**図7**です。SPI通信でADコンバーターの測定開始を指示後、2バイトのデータを受け取ります。この2バイトのデータを電圧に換算して、画面に表示します。

図7　可変抵抗器の電圧を表示するプログラム「potentiometer.py」

```
import pigpio              ← pigpioをインポート
import time

INTERVAL = 0.1             ← 表示する周期は0.1秒

def read_adc_ch0(pi, h):  ← ADコンバーターのチャンネル0を読み取る関数
    ↓ ADコンバーター測定開始&結果取得
    count, data = pi.spi_xfer(h, [0b01101000, 0])
    ↓ 受信した2バイトを0～1に計算
    return int.from_bytes([data[0] & 0x03, data[1]], 'big') / 1023
```

次ページへ続く

図7の続き

```
pi = pigpio.pi()
h = pi.spi_open(0, 1000000, 0)

try:
    while True:        ↓ ADコンバーターのチャンネル0の電圧を表示
        print(read_adc_ch0(pi, h) * 3.3)
        time.sleep(INTERVAL)
except KeyboardInterrupt:
    pass

pi.spi_close(h)
pi.stop()
```

pigpioパッケージを使っているので、プログラム実行前にpigpiodを起動してください。

```
$ sudo pigpiod ↵
```

プログラムは次のコマンドで実行します。

```
$ python3 potentiometer.py ↵
```


実験1 A、B、Cカーブの比較

可変抵抗器を買うときに注意が必要なのが、「カーブ」の特性です。Aカーブ、Bカーブ、Cカーブの3種類販売されていて、つまみの回し具合による抵抗変化の特性に違いがあります（**図8**）。Bカーブが最も一般的で、回転角度に比例して抵抗値を変えたいときに使います。Aカーブは音声のdB調整などに利用し、音量をうまく調整できます。Cカーブは、CR発振回路の周波数などの調整に向いています。

図8　可変抵抗器のカーブ特性
マルツのWebページ(https://www.marutsu.co.jp/contents/shop/marutsu/mame/78.html)から引用。

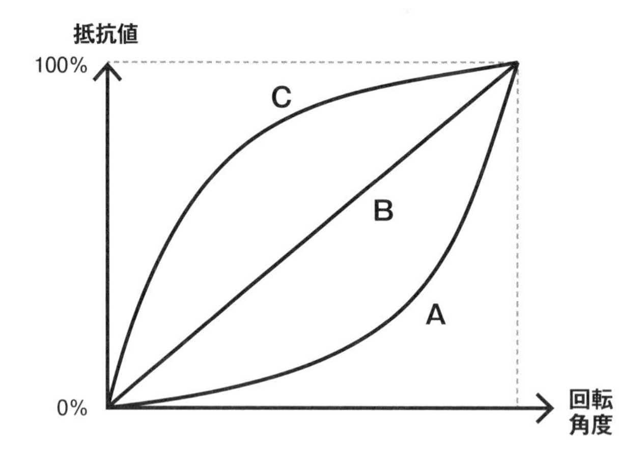

10kΩの可変抵抗器のA、B、Cカーブをラズパイに接続して測定した結果が**図9**です。Bカーブは一直線（一次相関）でしたが、A、Cカーブは弓形にはならず、2本の直線が組み合わさったような形でした。どの可変抵抗器も、±150度回転しますが、±135度の範囲が0～3.3Vでした。

図9　A、B、Cカーブの測定結果
それぞれの可変抵抗器で、22.5度刻みを30回測定したときの箱ひげ図。

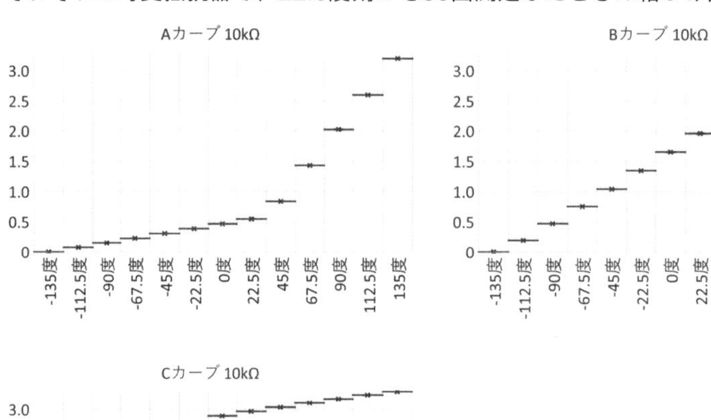

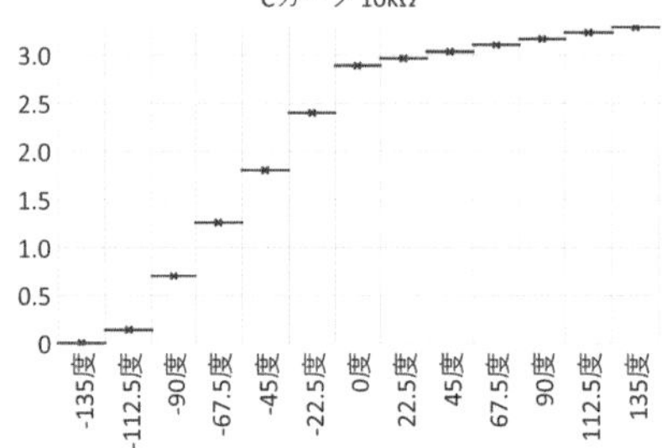

実験2 抵抗の比較

前の実験では、10kΩの可変抵抗器を使いました。実際は、数百Ωから数MΩといった可変抵抗器を入手することができます。抵抗値が大きいほど消費電流が少なくてよさそうな気がしますが、測定値に悪影響は出ないのでしょうか。そこで、Bカーブの1kΩ、10kΩ、50kΩ、250kΩを用意して、ラズパイで測定してみました。

測定結果が**図10**です。1kΩと10kΩは、どちらも一直線（一次相関）で、値の変動もほぼありませんでした。50kΩ、250kΩでは、中央付近（0度）で電圧が小さく、値の変動が大きくなりました。大きな抵抗値ほど、顕著に表れています。

図10　1k、10k、50k、250kΩの測定結果
それぞれの可変抵抗器で、22.5度刻みを30回測定したときの箱ひげ図。

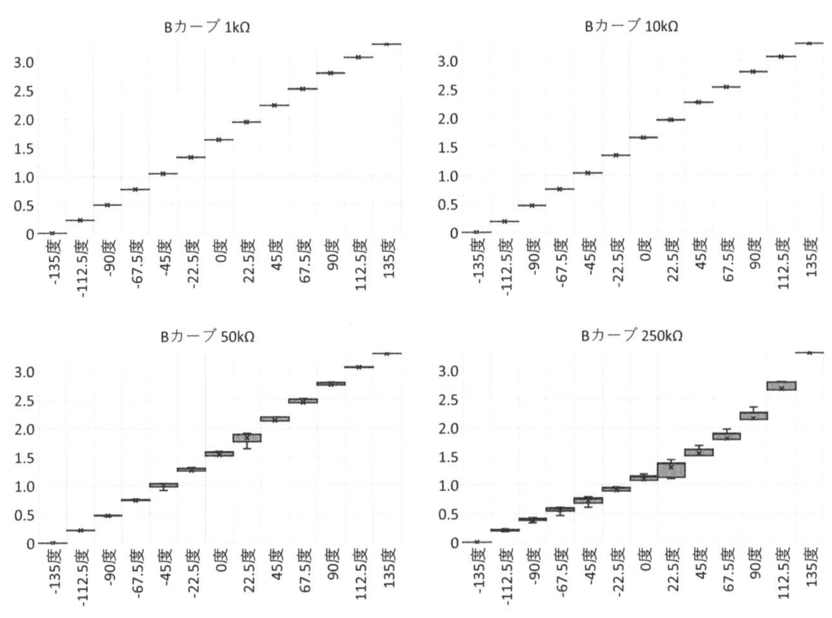

6.3 多回転式は微調整に最適

クルッと素早く感覚的に調整できる可変抵抗器は便利ですが、微調整したいときに困るときがあります。例えば、全体の0.5%ずらすには、300度×0.5% = 1.5度回転しますが、あまりにも角度が小さくて思うように調整できません。

このようなときは、ごく少量の調整ができる多回転式可変抵抗器を使います。**図11**は、10回転できる製品の例です。

図11　多回転式可変抵抗器
10回転のヘリカルポテンショメーター（秋月電子通商、通販コードP-00111、価格1100円）。

多回転式可変抵抗器の内側の側面には、らせん状の溝があり、しゅう動子がはまっています。回転軸が回転するとしゅう動子が上下に動く構造です。しゅう動子が当たっている位置が上下に動くことで、抵抗を変化させています（**図12**）。

図12　多回転式可変抵抗器の中身

グルグルと回すと「今何回転回っているんだ？」と現在の回転量が分からなくなることがあります。それを防ぐために「バーニヤダイヤル」という専用のつまみが販売されています（**図13**）。これが優れもので、グルグル回した数が窓のところに数字で表示されます。また、1回転に50個目盛りが付いているので、どれくらい回しているかもひと目で分かります。

図13　バーニヤダイヤル
ストッパー付バーニヤダイアル（秋月電子通商、通販コードP-00943、価格850円）。

10kΩ、Bカーブの多回転式可変抵抗器をバーニヤダイヤルで回転させたときの測定結果が**図14**です。1回転ずつ測定したものが上のグラフで、ブレなく一直線になりました。下のグラフが、0.1回転ずつ測定したもので、こちらもきれいに一直線になりました。バーニヤダイヤルを使うと正確に微調整できることが分かりました。

図14　多回転式可変抵抗器の測定結果

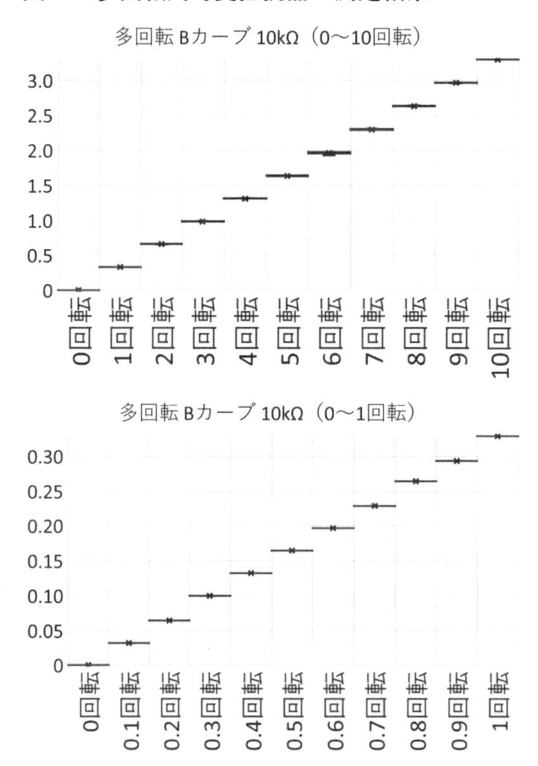

6.4 無限に回転できるロータリーエンコーダー

画面のページ送りのように、無限にグルグルと操作したいときは、ロータリーエンコーダーを使います（**図15**）。可変抵抗器のように300度の範囲しか動かないといった制限はなく、何回転でも回せます。

図15　ロータリーエンコーダー
ロータリーエンコーダー 24クリックタイプ（秋月電子通商、通販コードP-06357、価格80円）。

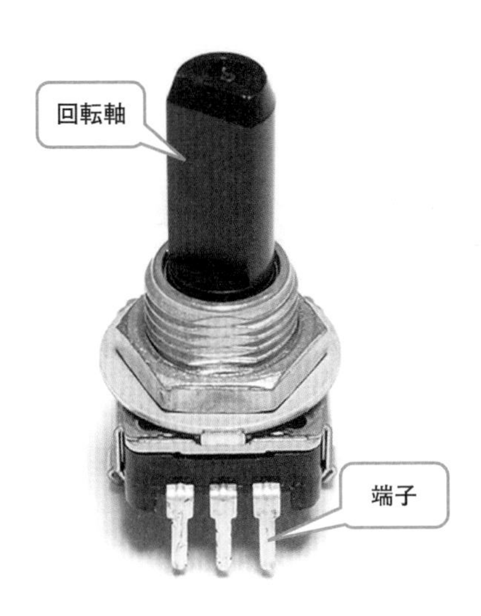

出力は、回転軸の位置ではなく、回転したことを二つの接点（A信号とB信号）で知らせます（**図16**）。A信号の立ち下りを見て、そのときにB信号がHighだと時計回り、Lowだと反時計回りに回転しています。

図16　ロータリーエンコーダーの出力波形
アルプスアルパインのロータリーエンコーダーの資料（https://tech.alpsalpine.com/prod/j/html/encoder/incremental/ec12e/ec12e2420801.html）から引用。

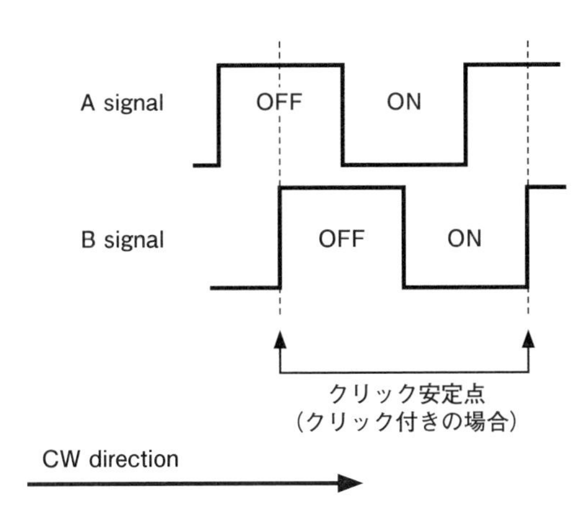

では、ロータリーエンコーダーを実験してみましょう。結線図は**図17**です。A信号とB信号をそれぞれGPIOに接続します。それぞれプルアップ抵抗が必要ですが、ソフトウエアでラズパイ内蔵のプルアップ抵抗を有効にすれば、抵抗を外付けする必要はありません。

図17　ラズパイとロータリーエンコーダーの結線図

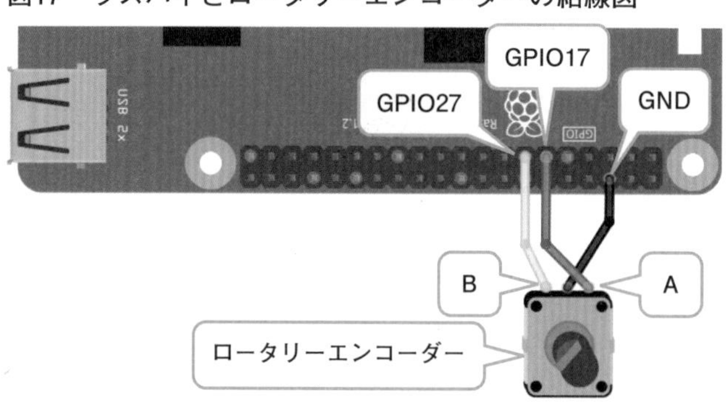

プログラムが**図18**です。A信号の立ち下りでphase_changed関数を呼び出すように設定しておき、phase_changed関数内でB信号に応じてposition変数を加算もしくは減算します。そして、メインの処理でposition変数を定期的に画面へ表示します。

図18　ロータリーエンコーダーの回転量を表示するプログラム「encoder.py」

```
import pigpio              ← pigpioをインポート
import time

PHASE_A = 17               ← A信号はGPIO17
PHASE_B = 27               ← B信号はGPIO27
INTERVAL = 0.1             ← 表示の更新周期は0.1秒

def phase_changed(gpio, level, tick):  ← A信号の立ち下りで呼び出される関数
    global position                         B信号を見て、
    position += 1 if pi.read(PHASE_B) == 1 else -1 ← position変数を
                                            加算（or 減算）
pi = pigpio.pi()

pi.set_mode(PHASE_A, pigpio.INPUT)          ← A信号をデジタル入力
pi.set_mode(PHASE_B, pigpio.INPUT)          ← B信号をデジタル入力
pi.set_pull_up_down(PHASE_A, pigpio.PUD_UP) ← A信号のプルアップ抵抗を有効化
pi.set_pull_up_down(PHASE_B, pigpio.PUD_UP) ← B信号のプルアップ抵抗を有効化
```

次ページへ続く

図18の続き

```
  ↓ A信号の立ち下りでphase_changed関数を呼び出すように設定
pi.callback(PHASE_A, pigpio.FALLING_EDGE, phase_changed)
position = 0                ← position変数を初期化
try:
    while True:
        print(position)     ← position変数を表示
        time.sleep(INTERVAL)
except KeyboardInterrupt:
    pass

pi.stop()
```

時計回りに1回転した後、反時計回りに1回転したときの測定結果を**図19**に示しました。本来は0から24に正比例で増えていき、続けて24から0に減るべきですが、メチャクチャな結果になっています。どうやら、A信号やB信号でチャタリングが頻繁に発生していて、必要以上にposition変数を加算、減算しているようです。

図19　ロータリーエンコーダーの測定結果

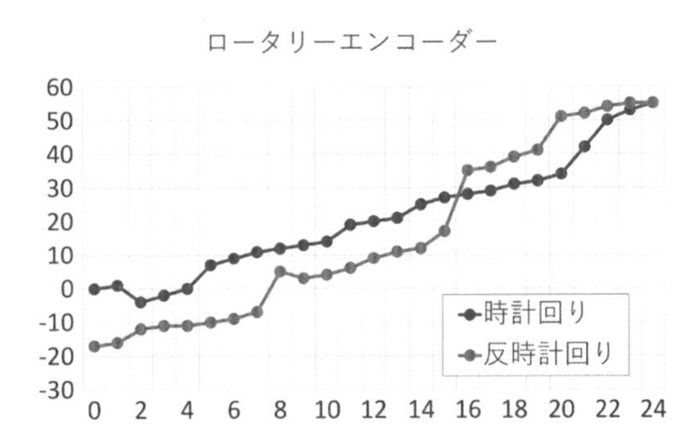

そこで、ソフトウエアを工夫してみました（**図20**）。B信号が変化した直後のA信号の変化で、A信号の立ち上がりのときにposition変数を加算もしくは減算したところ、回した量を正しく表示するようになりました。

図20　ロータリーエンコーダーの回転量を表示するプログラムの改良版「encoder2.py」
赤色が修正した部分。

```
import pigpio
import time

PHASE_A = 17
PHASE_B = 27
INTERVAL = 0.1

def phase_changed(gpio, level, tick):
    global last_gpio
    global last_level
    global position

    if gpio == last_gpio: ← 直前の立ち上がり/立ち下がりが
        return               同じGPIOピンの場合はスキップ
                                    ↓A信号の立ち上がり時
    if gpio == PHASE_A and level == 1:
        position += 1 if last_level == 0 else -1
                 ↑B信号を見て、position変数を加算(or 減算)
    last_gpio = gpio  ←最後のGPIOピンとHigh/Lowを記憶
    last_level = level

pi = pigpio.pi()

pi.set_mode(PHASE_A, pigpio.INPUT)
pi.set_mode(PHASE_B, pigpio.INPUT)
pi.set_pull_up_down(PHASE_A, pigpio.PUD_UP)
pi.set_pull_up_down(PHASE_B, pigpio.PUD_UP)
↓A信号の立ち上がり/立ち下がりでphase_changed関数を呼び出すように設定
pi.callback(PHASE_A, pigpio.EITHER_EDGE, phase_changed)
pi.callback(PHASE_B, pigpio.EITHER_EDGE, phase_changed)
↑B信号の立ち上がり/立ち下がりでphase_changed関数を呼び出すように設定

last_gpio = PHASE_A ← 最後のGPIOピンとHigh/Lowを初期化
last_level = 1
position = 0
try:
    while True:
        print(position)
        time.sleep(INTERVAL)
except KeyboardInterrupt:
    pass

pi.stop()
```

7章

サーボモーターの制御をソフトで補正

ロボットの関節などの制御に使われるサーボモーターを実験します。定番のSG-90を10°程度ずつ回転させてみると、微妙にズレがあることが分かりました。Pythonのソフトウエアで補正して、精度の高い制御ができるようにしてみましょう。サーボの製品による違いも調べます。

本章では電子工作で物を動かしたいときに使われる「サーボ」(サーボモーター) を実験します。

7.1 定番サーボの「SG90」

最初に、ホビーの電子工作でよく使われている台湾Tower Pro社のサーボ「SG90」を取り上げます (**図1**)。価格は秋月電子通商で440円 (通販コード:M-08761) と手ごろです。

図1 サーボ「SG90」
SG90にサーボホーンを取り付けた状態。±90°の範囲で回転させられる。価格は秋月電子通商で440円。

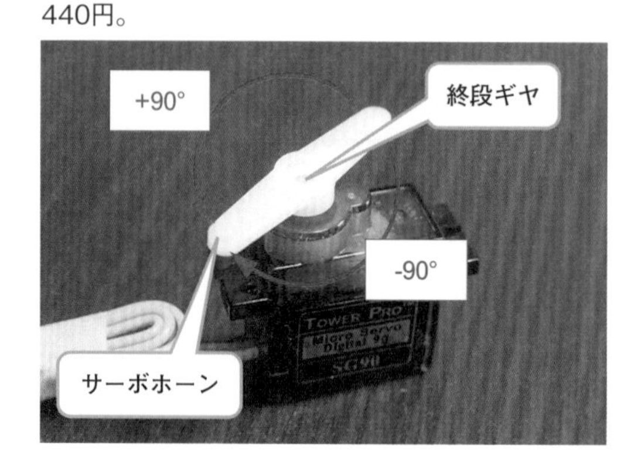

青色ケースの上部に飛び出ているギヤ (終段ギヤ) を±90° (180°の範囲) 回転させられます。回転といっても、グルグルと回し続けるものではなくて、10°とか20°といった狙った角度に回転させるという使い方をします。通常は、この終段ギヤにサーボホーンと呼ばれる腕のような部品を取り付けて、物を押したり引いたり回したりします。ロボットの関節を動かす場合などによく使われます。

SG90は、側面シールを剝がしてネジ4本を外し、上カバーと下カバーを引っ張って外すと中身を確認できます (**図2**)。モーターが回転するとモーター軸に取り付けられたギヤも回転して、四つのギヤが回転します。内蔵の小型モーターは力が弱いのですが、たくさん回転させて複数のギヤで大きく減速することで、終段ギヤで強い力が出るようになっています。

図2　SG90を構成している部品
ネジを外すと構成している部品を確認できる。

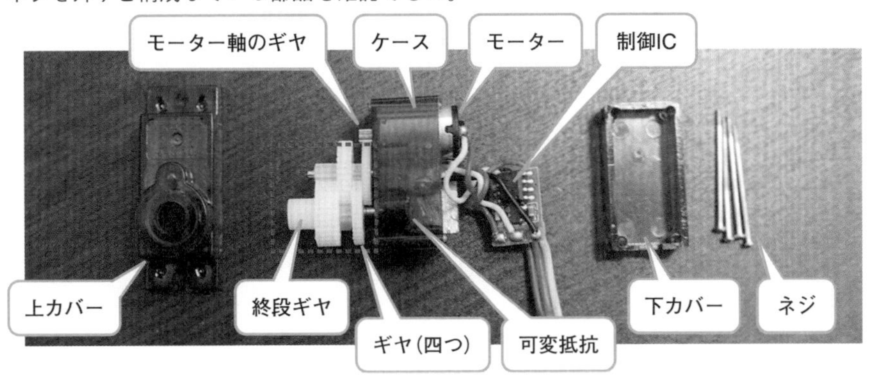

可変抵抗は終段ギヤと直結していて、終段ギヤが回転している角度がその抵抗値から分かります。制御ICが、その抵抗値とPWM信号のパルス幅（後記）を比較してモーターを駆動することで、指定した角度への回転を実現しています。

SG90のデータシート（**図3**）によると、SG90の配線は電源（赤色）とGND（茶色）、PWM信号（オレンジ色）の3本です。電源とPWM信号の電圧は4.8～5V。PWM信号は、周期が20ミリ秒（50Hz）固定で、Highのパルス幅で角度を指定します。-90～+90°が0.5～2.4ミリ秒の幅に対応していて、0°にしたいときは1.45ミリ秒Highにします。

図3　SG90のデータシート(一部)
秋月電子通商が公開しているSG90データシート(https://akizukidenshi.com/download/ds/towerpro/SG90_a.pdf)から抜粋。

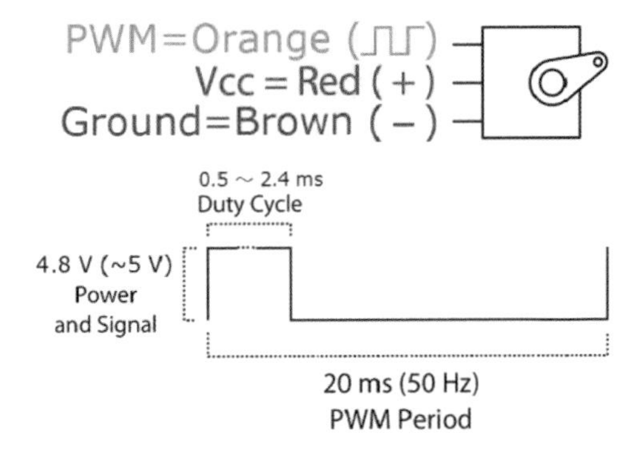

ラズパイからSG90を動かす

それでは、ラズパイとSG90をつないで動かしてみましょう。

SG90のGND（茶色）をラズパイのGND、電源（赤色）を5V、PWM信号（オレンジ色）をGPIO18に接続してください（**図4**）。GPIO18の電圧は3.3VなのでSG90のデータシートに書かれている4.8Vに足りていませんが、動くかどうかこのまま試すことにします。

図4　ラズパイとSG90の接続図

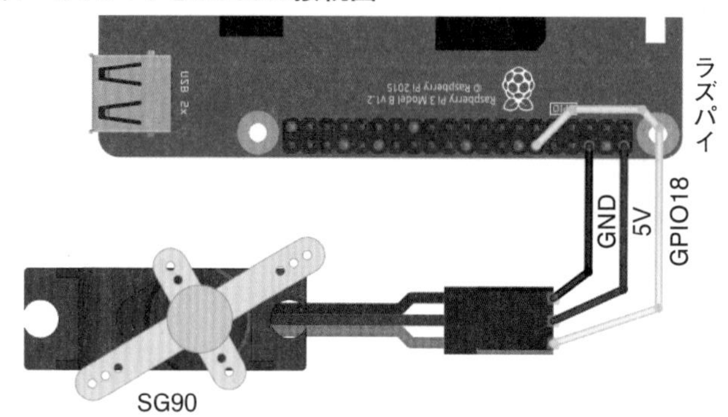

ラズパイのライブラリは、おなじみの「pigpio」を使います。「pigpiod」を起動しておき、Pythonでpigpioをインポート、初期化してください。

```
$ sudo pigpiod ⏎
$ python3 ⏎
>>> import pigpio ⏎
>>> pi = pigpio.pi() ⏎
```

次はGPIO18からPWM信号を出力します。pigpioには、set_PWM_range、set_PWM_frequency、set_PWM_dutycycle関数を使う「ソフトウエアPWM」と、hardware_PWM関数を使う「ハードウエアPWM」があります。後者の方がより正確な信号を出力できます（**コラム**「pigpioのソフトウエアPWMはどれだけ正確？」）。

さらに、サーボ用のPWM信号を手軽に出力できるset_servo_pulsewidth関数が用意されています。今回は、このset_servo_pulsewidth関数を使いましょう（**図5、6**）。この関数を使うとソフトウエアPWMになります。第1引数はGPIO番号、第2引数はパルス幅を指定します。少しややこしいのですが、このパルス幅の単位はマイクロ秒です。0.5ミリ秒にしたいときは500と指定してください。PWM周期の指定は不要です。set_servo_pulsewidth関数を使うと、20ミリ秒になります。

図5　SG90をPWMで動かす

```
>>> pi.set_servo_pulsewidth(18, 500)   ← 0.5ミリ秒 = -90°
>>> pi.set_servo_pulsewidth(18, 1450)  ← 1.45ミリ秒 = 0°
>>> pi.set_servo_pulsewidth(18, 2400)  ← 2.4ミリ秒 = +90°
```

図6　図5のプログラムで出力されるPWM信号

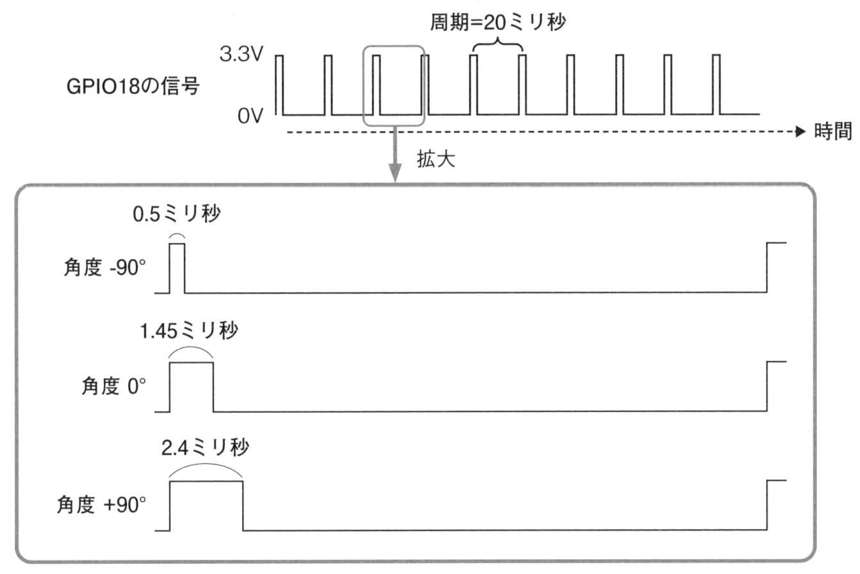

いかがでしょうか。「ジジー」という音とともに、終段ギヤが回ったと思います。回っているか見にくいときは、SG90に同封のサーボホーンを取り付けて、もう一度違う角度に回してみてください。PWM信号の電圧は3.3Vでしたが、問題なく動作しました。

さて、サーボホーンを取り付けたときに「おや？」と気付いたかもしれません。ケースに対して真っすぐにサーボホーンを取り付けようと、（サーボを0°に動かしてから）サーボホーンをはめても、なかなかいい具合に取り付けられませんでした（**図7**）。ぴったりと真っすぐになりません。

図7　SG90にサーボホーンを取り付けた様子

ケースの中央
サーボホーン

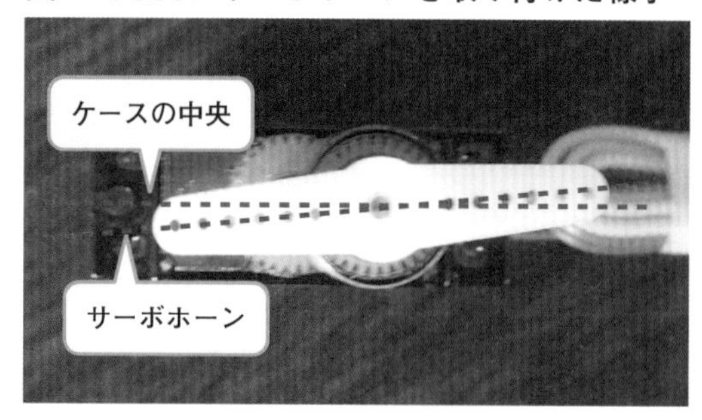

終段ギヤのギザギザを拡大して数えてみると20個で、1ギザ当たり18°（=360°/20）でした。これだけ角度刻みが大きいと、取り付けで真っすぐにはできませんね。また、回転させた角度を分度器で測ってみたところ、0.5ミリ秒と2.4ミリ秒で180°よりも大きく回転していました。

そこで、パルス幅を少しずつ変えながらサーボホーンの角度を分度器で測ってみました。結果が**図8**です。

図8　SG90のパルス幅と角度の関係

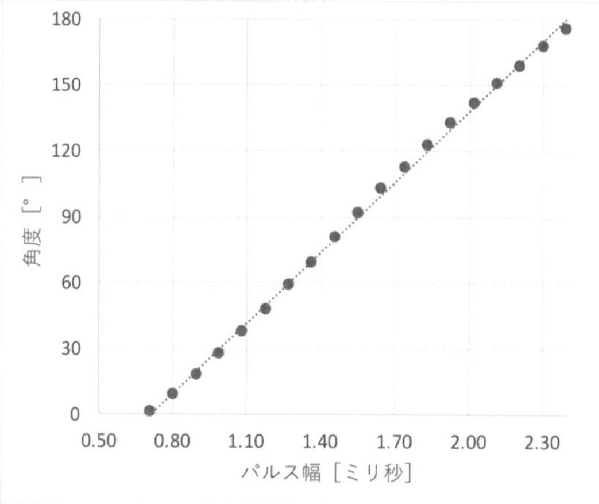

180
150
120
90
60
30
0
角度［°］
0.50
0.80
1.10
1.40
1.70
2.00
2.30
パルス幅［ミリ秒］

測定したデータが青点で、直線で近似したものが破線です。パルス幅が小さいときは、角度は直線近似よりも少し小さくて、パルス幅が大きいときは少し大きくなっていました。分解したせいなのか、個体差なのか、気になるくらいのズレがありました。

Column pigpioのソフトウエアPWMはどれだけ正確？

今回、サーボを動かすのにpigpioライブラリのset_servo_pulsewidth関数を使いました。この関数はソフトウエアPWMで、ハードウエアPWMと比べてPWM信号のタイミングが正確ではないといわれています。そこで、どれくらいタイミングの精度に差があるか実験してみました。

まず、ソフトウエアPWMは本編と同様、pigpioのset_servo_pulsewidth関数でパルス幅1ミリ秒を出力しました。

```
>>> pi.set_servo_pulsewidth(18, 1000)
```

ハードウエアPWMでは、pigpioのhardware_PWM関数を使ってみましょう。引数は、GPIO番号と周波数、デューティー比（パルス幅 / PWM周期×1000000）を指定します。出力したPWM信号は周波数50Hzでパルス幅1ミリ秒なので、1ミリ秒 / 20ミリ秒×1000000 = 50000をデューティー比に指定します。

```
>>> pi.hardware_PWM(18, 50, 50000)
```

それぞれの出力をロジックアナライザーで測定した結果が図Aです。ハードウエアPWMはビシッと一直線で、0.1マイクロ秒よりも小さい変動でした。一方、ソフトウエアPWMは定期的にプラスマイナスに変動していて、振れ幅が0.6マイクロ秒程度でした。グラフで見ると大きな差ありますが、サーボの角度に換算すると0.6マイクロ秒＝0.06°なので、サーボ制御のときはソフトウエアPWMで支障ないと思います。

なおハードウエアPWMを使うときはGPIO12、13、18、19しか使用できず、同時に2個しか使用できないので注意が必要です＊a（図B）。

＊a　13章で詳しく解説しています。pigpioの代わりにWiringPiというライブラリを使うと、ソフトウエアPWMのズレがより大きくなります。

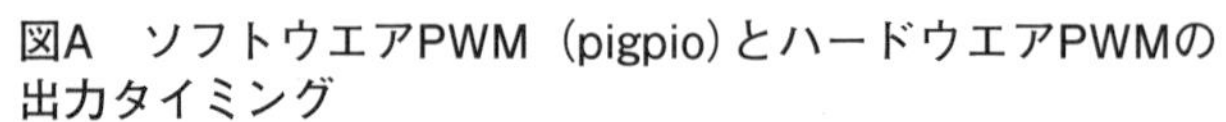

図A　ソフトウエアPWM（pigpio）とハードウエアPWMの出力タイミング

ハードウエアPWMの変動は0.1マイクロ秒未満。ソフトウエアPWMの変動は0.6マイクロ秒程度。

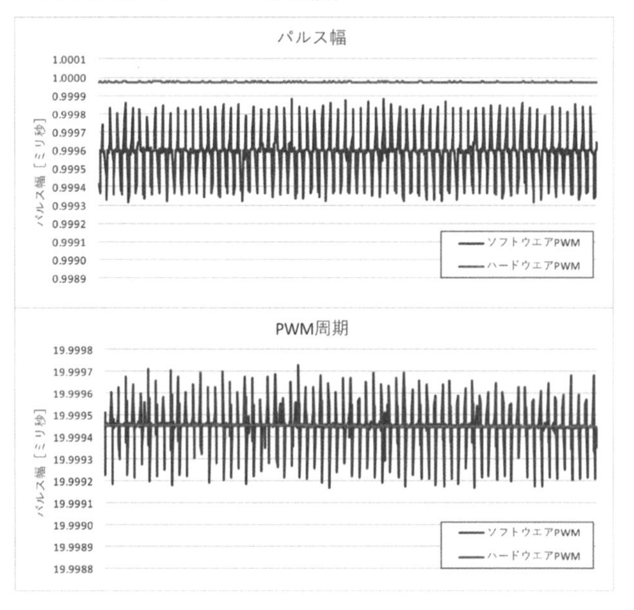

図B　ハードウエアPWMのGPIO番号

PWMペリフェラル

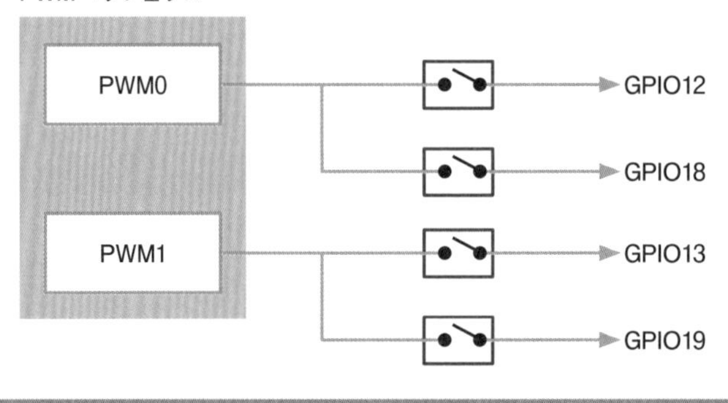

7.2 近似式で角度の精度をアップ

0°を指定したときの角度や、パルス幅と角度の関係の“ズレ”は、ソフトウエアで対処できます。具体的には、さきほど調べたパルス幅と角度の値から、最小二乗法で近似式を求めてパルス幅を算出します。ちょっと難しそうと感じるかもしれませんが、PythonではNumPyという数値計算ライブラリを利用すると、とても簡単に実現できます。

作ったプログラムがmove_to.pyです（**図9**）。cal_degとcal_widthに測ったパルス幅と角度を入れておき、NumPy.polyfit関数とNumPy.poly1d関数を実行すると、近似式を計算する関数が出来上がります。この関数に角度を指定して実行すると、補正されたパルス幅が得られます。ビックリするほど簡単ですね。次のコマンドを実行すると、90°にサーボが動きます。

```
$ python3 move_to.py 90 ⏎
```

図9　近似式で補正してサーボを動かすプログラム（move_to.py）

```
import numpy as np   ← 数値計算ライブラリNumPyをインポート
import pigpio        ← pigpioをインポート
from sys import argv

GPIO_PIN = 18        ← PWM信号はGPIO18

deg = float(argv[1])      ← 引数で指定した角度をdeg変数に代入
                 ↓ 補正用の角度
cal_deg = [1,9,18,28,38,48,59,69,81,92,103,113,123,133,142,151,159,168,↩
176]
                 ↓ 補正用のパルス幅
cal_width = [710,803,897,990,1084,1177,1271,1365,1458,1552,1645,1739,183↩
2,1926,2020,2113,2207,2300,2394]
  ↓ 補正用の角度とパルス幅から、近似式の関数を生成
deg_to_width = np.poly1d(np.polyfit(cal_deg, cal_width, 3))

pi = pigpio.pi()
  ↓ 近似式の関数を使ってパルス数を計算し、PWM出力
pi.set_servo_pulsewidth(GPIO_PIN, deg_to_width(deg))
```

サーボをゆっくりと動かす

指定の角度に素早く動くのがサーボの良さですが、じわーっとゆっくり動かした方が作品の質が上がるときもあります。ソフトウエアで工夫して、サーボをゆっくりと動かしてみましょう。

0°から90°へ10秒かけて動かすときの方法を考えてみましょう。0°へ移動指示した後、10秒待ってから90°に指示すると、一瞬で90°回転します。0°、45°、90°を5秒おきに指定すると階段状に回転します。9°、18°、…、90°を1秒おきに指定すると、よりスムーズに回転します。このように、10秒の間を小刻みに角度指定することで、スムーズに回転させられます（**図10**）。

図10　経過時間と回転角度
小刻みに角度指定すると、スムーズに回転しているように見える。

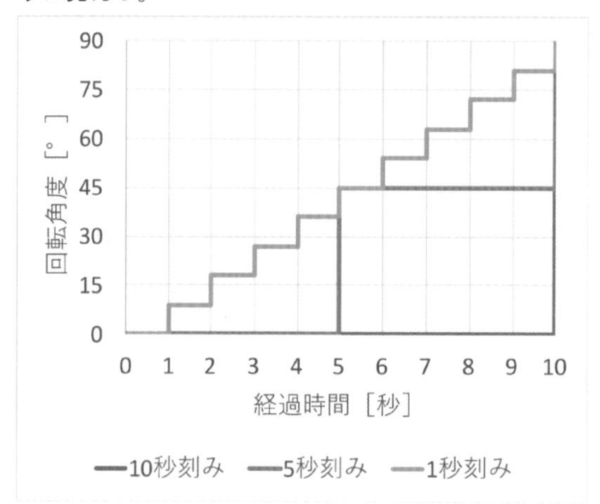

作ったプログラムがmove_to_with_sec.py（**図11**）です。開始時刻start_time、終了時刻end_timeと、開始角度start_deg、終了角度end_degとの直線近似関数をNumPy.polyfit関数とNumPy.poly1d関数で作ります。この関数に時刻を指定して実行すると、そのときに指定する角度が得られます。これを、move_to.py（図9）と同じように、得られた角度からパルス幅を計算してPWM出力します。

図11　ゆっくりとサーボを動かすプログラム（move_to_with_sec.py）

```
import numpy as np
import pigpio
from time import monotonic   ← monotonicをインポート
from sys import argv

GPIO_PIN = 18

start_deg = float(argv[1])   ← 引数で指定した開始角度をstart_deg変数に代入
end_deg = float(argv[2])     ← 引数で指定した終了角度をend_deg変数に代入
move_sec = float(argv[3])    ← 引数で指定した回転時間をmove_sec変数に代入

cal_deg = [1,9,18,28,38,48,59,69,81,92,103,113,123,133,142,151,159,168,1
76]
cal_width = [710,803,897,990,1084,1177,1271,1365,1458,1552,1645,1739,183
2,1926,2020,2113,2207,2300,2394]
deg_to_width = np.poly1d(np.polyfit(cal_deg, cal_width, 3))
```

次ページへ続く

図11の続き

```
pi = pigpio.pi()

start_time = monotonic()          ← 現在時刻をstart_time変数に代入(開始時刻)
↓ 終了時刻をend_time変数に代入(開始時刻+回転時間)
end_time = start_time + move_sec

 ↓ 開始・終了時刻と開始・終了角度から、近似式の関数を生成
time_to_deg = np.poly1d(np.polyfit([start_time,end_time], [start_deg,end➡
_deg], 1))

while True:
    now_time = monotonic()        ← 現在時刻をnow_time変数に代入
    if now_time >= end_time:      ← 現在時刻が終了時刻に達していたら、ループを抜ける
        break
     ↓ 現在時刻からパルス数を計算し、PWM出力
    pi.set_servo_pulsewidth(GPIO_PIN, deg_to_width(time_to_deg(now_time)➡
))

    ↓ 終了角度からパルス数を計算し、PWM出力
pi.set_servo_pulsewidth(GPIO_PIN, deg_to_width(end_deg))
```

出力する頻度（小刻みの間隔）はwhileループに待ち処理を入れることで調整できます。ここでは待ち処理を除いて、CPU処理能力の最速の頻度で角度を指定しています。

ゆっくりと動かせば、あのサーボ特有の「ジジー」という音がなくなるのでは？と期待していたのですが、残念ながら音に変化はありませんでした。ソフトウエアをあれこれと試しましたが消えませんでした。サーボをいくつか試してみたところ、中国FEETECH RC Model社のFT90B（秋月電子通商で500円、M-14693）を使うとかなり静かでした。サーボ音が気になるときは、こちらを使ってみてください。

7.3 ギヤやモーターの強さで選ぼう

ここからは少し視点を変えて、SG90以外にどんなサーボがあって、どのように違うのか見てみましょう。SG90とほぼ同じサイズのものをいくつか入手しました（**図12**）。左から、SG90、SG92R、MG90D、MG92Bです。Tower Pro社の製品から選びました。

図12　Tower Pro社の小型サーボ
左から、SG90、SG92R、MG90D、MG92B。名称の下にはトルクと、秋月電子通商での価格を示した。

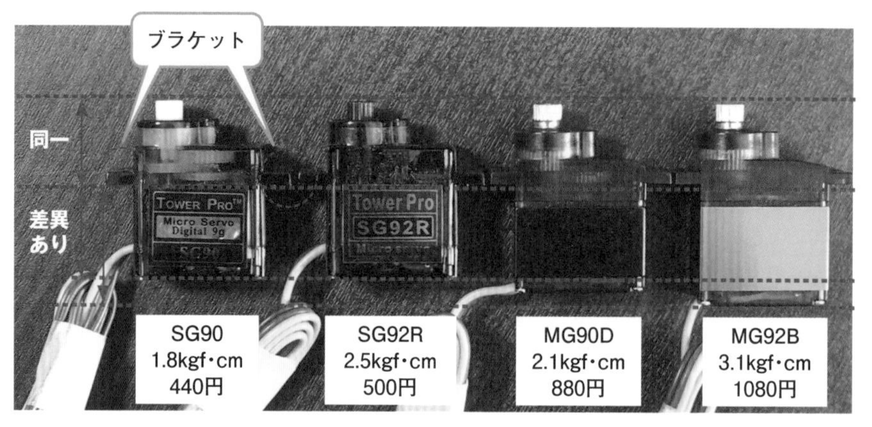

SG90とSG92Rは外形も内部構成も同じです。SG92Rのギヤ素材にはカーボンが配合されているらしく、強い力が加わっても壊れにくいようです。ギヤの見た目も黒くて強そうです。

MG90DとMG92Bはギヤ素材に金属を使っています。また、上カバーに金属製のベアリング（摩擦が少なくなめらかに回転できる部品）が付いています。ベアリングが終段ギヤをガタつきなく、しっかりと支えているので、ギヤの中心軸に対して直交に力が加わっても丈夫な作りになっています（**図13**）。その代わり、SG90と比べるとかなり重いです。MG92Bは、MG90Dよりも強いモーターが使われているようで、モーターが長く、ケースも長くなっています。

図13　MG90Dを構成している部品
上カバーにベアリングが付いているのが確認できる。

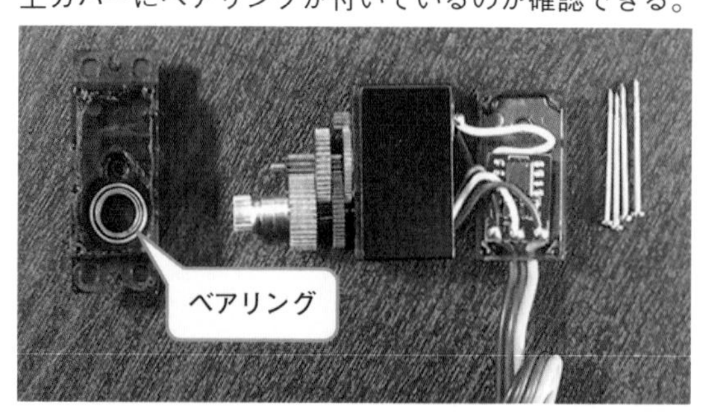

SG90とSG92Rは同一外形ですが、ほかのサーボはケースの長さや厚みに少し違いがあります。横並びにして見るとブラケット（ケースから左右に張り出した板）の位置から終段ギヤまでの距離は同じでした。また、SG90のケース側面をよく見ると、少し真ん中が膨らんでいます（**図14**）。これでは、側面を両面テープなどで板に張り付けると、板と終段ギヤの軸が平行になりません。軸が少し斜めになってしまいます。サーボをブラケットで作品に取り付けるようにしておいた方が、何かあったときに別のサーボに交換することができてよいと思います。

図14　SG90を横から見たところ
右側つなぎの部分が少し膨らんでいるのが確認できる。

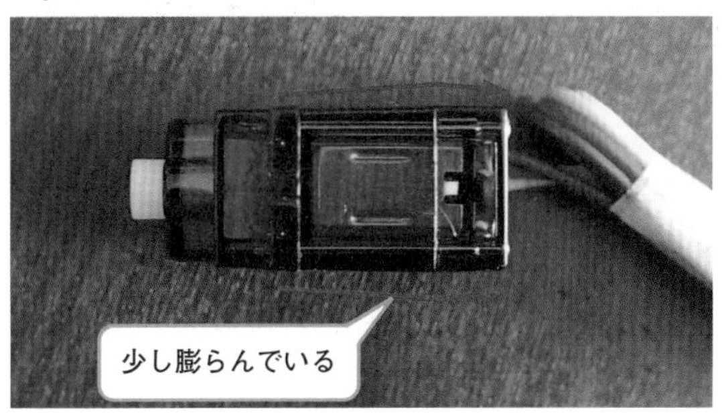

同封のサーボホーンにも違い

サーボには、ネジやサーボホーンが同封されているのですが、これらにも違いがありました（**図15**）。

図15　Tower Pro社のサーボの同封物

SG90

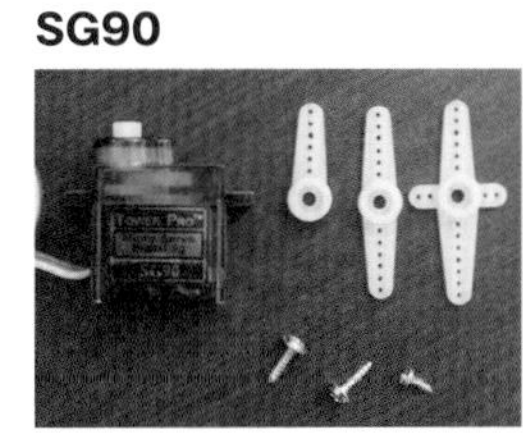

SG92R

MG90D

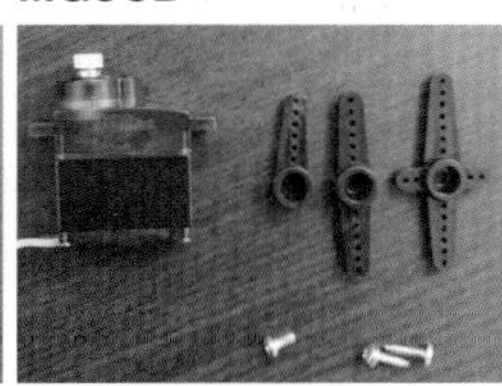

MG92B

ネジは、SG90とSG92R、MG90DとMG92Bがそれぞれ同じでした。終段ギヤが樹脂か金属かで分かれています。サーボホーンの形はすべて同じですが、白色と黒色の2種類でした。黒色はカーボンが配合されているのでしょうか？ 手で曲げてみた感触ではちょっと分かりませんでした。SG90を強化できるのではないかと思い、MG90Dのサーボホーンを

SG90に取り付けようとしましたが、残念ながら、はまりませんでした。

ちなみに、FEETECH社のサーボの同封物を見てみたところ、サーボホーンが5個入っていました（**図16**）。FEETECH社の方がお得な気分ですね。そこで、FEETECH社のサーボホーンをTower Pro社のサーボに取り付けようとしてみましたが、これもはまりませんでした。

図16　FEETECH RC Model社のサーボの同封物

FT90B

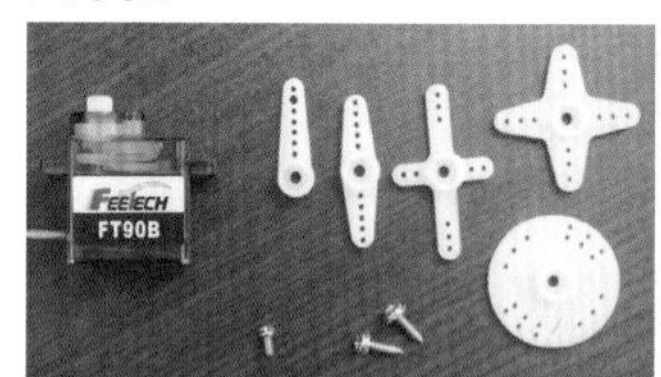

FS90

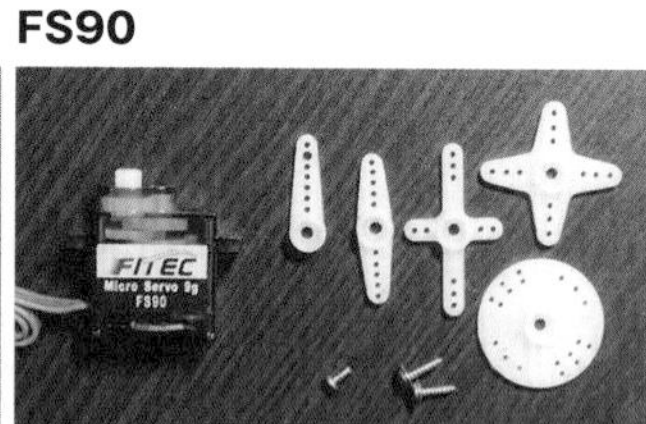

Tower Pro社のサーボでサーボホーンが多く入っているものがないか探したところ、SG90-HVというのがありました（**図17**）。サーボホーンが5個入っています。SG90やMG90Dなどに付くのではと期待しましたが、残念ながら取り付けられませんでした。どうやら、SG90-HVのサーボホーンは、FT90B、FS90のサーボホーンと同じ形状のようです。

図17 Tower Pro社のSG90-HVの同封物

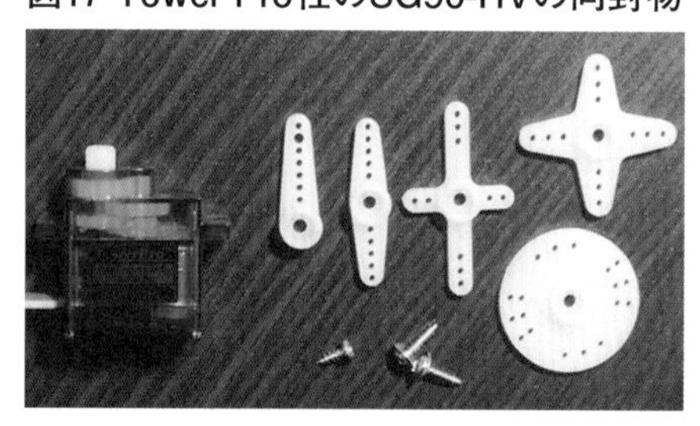

サーボホーンが付いたり付かなかったりがあるので、同封のもの以外を使うときは十分注意が必要です。

7.4 連続回転できるサーボ

今まで紹介したサーボはPWM信号で指示した-90～+90°の範囲で回転するものでした。手旗信号のように、アームを行ったり来たりと往復させたり、途中で止める用途に適しています。一方、クルマのタイヤや風車のようにグルグルと連続して回す用途には使えませんが、そうした用途に向けた、連続回転できるサーボも販売されています。

Tower Pro社のSG90-HV、FEETECH社のFS90Rが連続回転サーボです。PWM信号のパルス幅で、回転方向と回転速度を指示できます。PWM信号に応じてモーターを駆動するだけなので、通常のサーボに付いている角度を知るための可変抵抗がありません（**図18**）。

図18　SG90-HVの内部

8章

ステッピングモーターをきめ細かく制御

本章ではステッピングモーターを実験します。中を分解してみて、動作原理を詳しく調べました。ステッピングモーターの価格がある程度高いことが納得できました。3種類のモータードライバーICを使い、非常にきめ細かな制御にも挑戦します。

本章はステッピングモーターの実験です。モーターの中身を分解して、その内部構造から動作原理を解説します。モーターを動かすためのドライバーICも3種類実験して、それぞれのモーターの動きを確認します（**図1**）。

図1　本章で使用するドライバーIC 3種とステッピングモーター
（秋）は秋月電子通商、（ス）はスイッチサイエンスから購入可能。

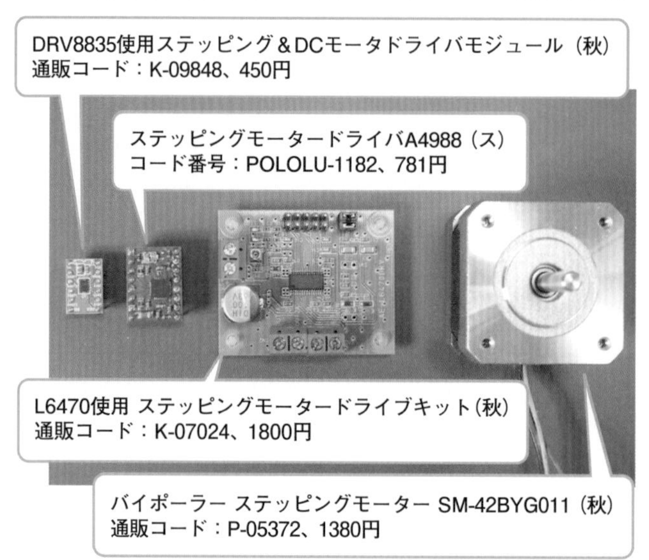

8.1 主流はバイポーラー

ホビー用途でモーターといえば、DCモーター、サーボモーター、ステッピングモーターがよく使われています。

DCモーターは電圧を加えるだけで回り続けるので、動かすのが簡単です。しかし、狙いの回転量、例えば90度だけ回してピタッと止めるといった用途には向いていません。

一方、サーボモーターはPWM信号で狙いの角度に回転させられます。しかしながら、これも万能ではありません。サーボモーターの回転範囲は±90度などと限られているので、10回転して90度でピタリと止める（合計3690度）ことはできません。なお、サーボモーターには360度回転するタイプ（7.4節参照）もありますが、このタイプは特定の角度でピタッとは止められません。

ここで扱うステッピングモーターなら、たくさん回転させつつ、狙いの角度にピタリと止められます。

ステッピングモーターはユニポーラーとバイポーラーの2種類があります（**図2**）。ユニポーラーはモーター内部に電磁石のコイルが2セット入っていて、各コイルの両端と中央から配線が出ています。中央の配線を電源につなぎ、両端の配線を電源に接続/切断することで、電磁石をオフ/N極/S極にします。バイポーラーもコイルは2セットですが、配線は両端だけです。そのため駆動回路とその制御が複雑になります。

図2　ユニポーラーとバイポーラーの配線と駆動回路イメージ
ユニポーラーはモーターから配線が6本出ていて、駆動回路がシンプル。バイポーラーは4本だが、駆動回路が複雑。

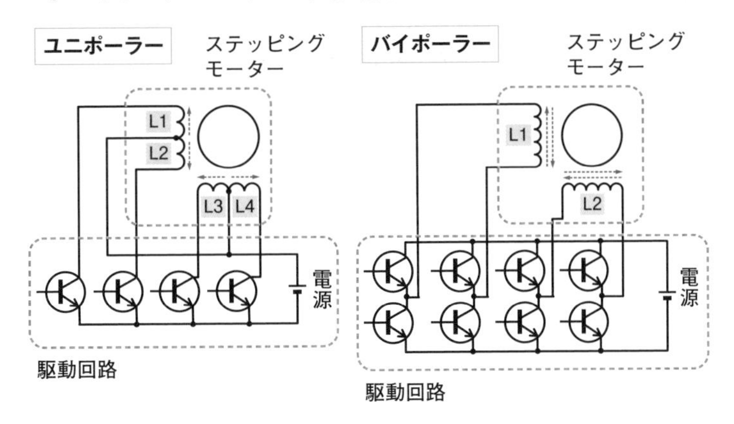

一般的によく使われているのはバイポーラーです。複雑な駆動回路はドライバーICに集約されて、マイコンやPCボード（ラズパイなど）で柔軟に制御可能になったからです。

8.2 バイポーラーを分解してみた

バイポーラーステッピングモーター（SM-42BYG011）の中身を見てみましょう（**図3**）。ネジを4本外すだけで、簡単に分解できました。

図3　ステッピングモーターを構成する部品
バイポーラーステッピングモーター SM-42BYG011を分解した。

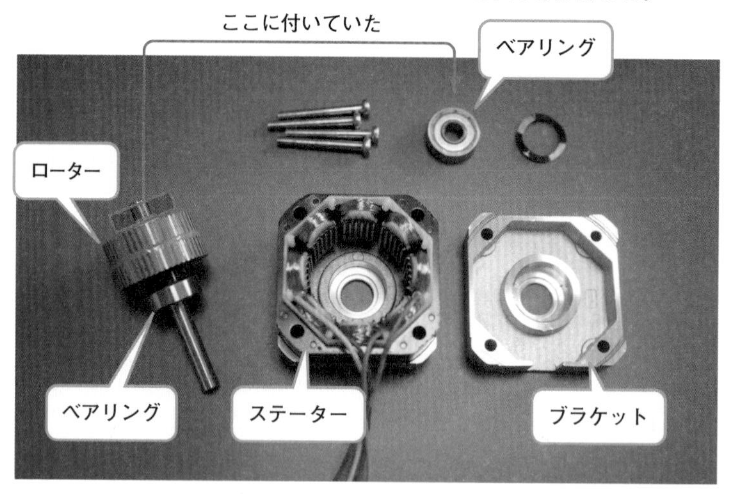

回転する「ローター」が真ん中にあり、そのシャフトにはスムーズに回転させるための「ベアリング」が2個付いています。ローターの周りに「ステーター」があり、ステーターには磁力を作り出す巻線（コイル）が巻いてあります。ステーターを挟み込む形に「ブラケット」でカバーされています。全体に、いかにも機械という感じでゴツくて重いです。

ステーターとローターをもう少し詳しく見てみましょう（**図4**）。ステーターには8個の電磁石があります。図4の現物写真をよく見ると、電磁石の先端が串状に出っ張っています。ローターにはN極とS極の磁石が重ねてあり、各磁石の外周も串状に出っ張っています。

図4　ステッピングモーターのコイルとローターの配置イメージ
ステーターは、コイルA順巻き→コイルB順巻き→コイルA逆巻き→コイルB逆巻き→…、の順に並び、ローターは、N極→S極→…、の順に並んでいる。

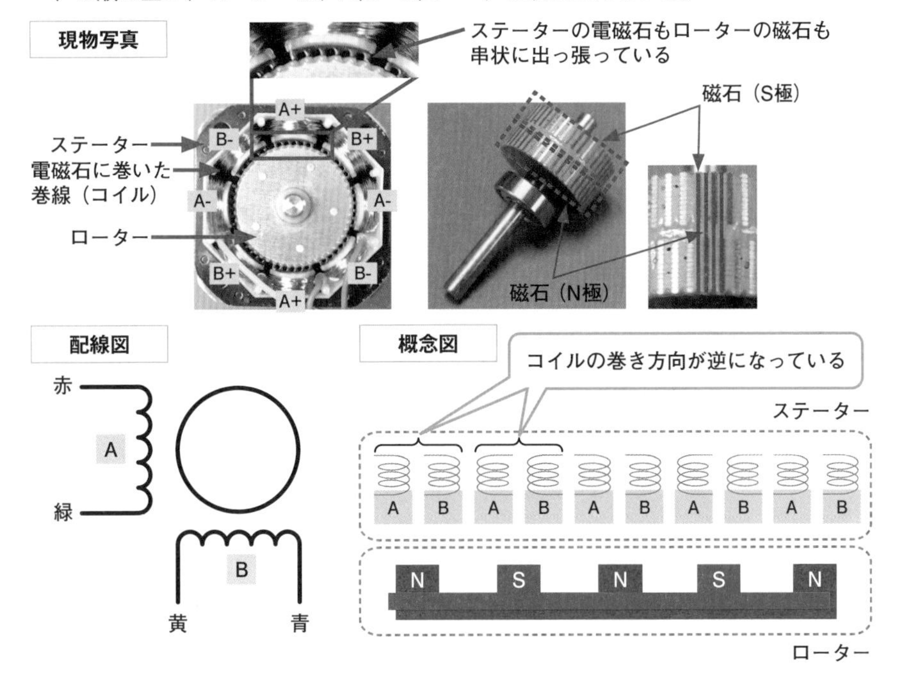

ステーターの出っ張りとローターの出っ張りの関係を概念的に表したのが図4の概念図です。ステーター側は、コイルAとコイルBが巻き方向を変えながら並んでいます。ローター側は、ステーターよりも幅広い間隔で、N極とS極が交互に並んでいます。

モーターを回転させるには、コイルAとコイルBに電流を流します（**図5**）。コイルAに順方向電流を流すと、順方向に巻いたコイルAはS極、逆方向に巻いたコイルAはN極になります。この電磁石にローターの磁石が引き寄せられて、コイルAの位置にローターが回転して停止します。次にコイルBに順方向電流を流すと、コイルBの位置にローターが回転します。このように、コイルAに順方向電流、コイルBに順方向電流、コイルAに逆方向電流、コイルBに逆方向電流と、コイルに流す電流を次々と変えることで、ローターが回転します（**図6**）。1回の通電で動く量は機械的に決まっていて、SM-42BYG011は1.8度（1回転200ステップ）です。そのため、切り替えて電流を流した回数で、回転量を正確に制御できます。

図5　コイルに流す電流と磁力による吸引

コイルAとコイルBへ、順方向電流を順に流すことで、ローターの磁石が吸引されて回転(右方向に移動)する。

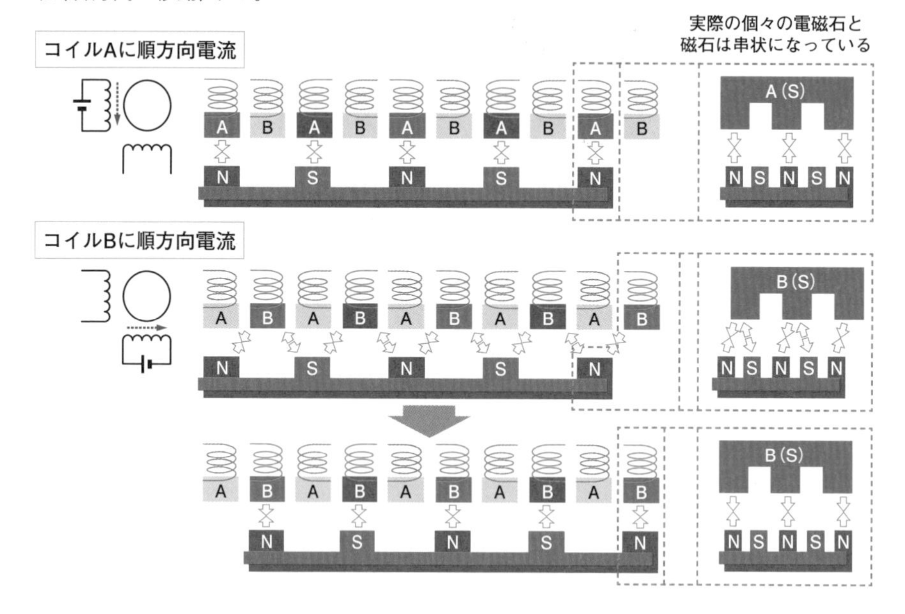

図6　電流を切り替えて連続回転

コイルAとコイルBへ、順方向電流と逆方向電流を次々に流すことで、ローターが回転(右方向に移動)する。

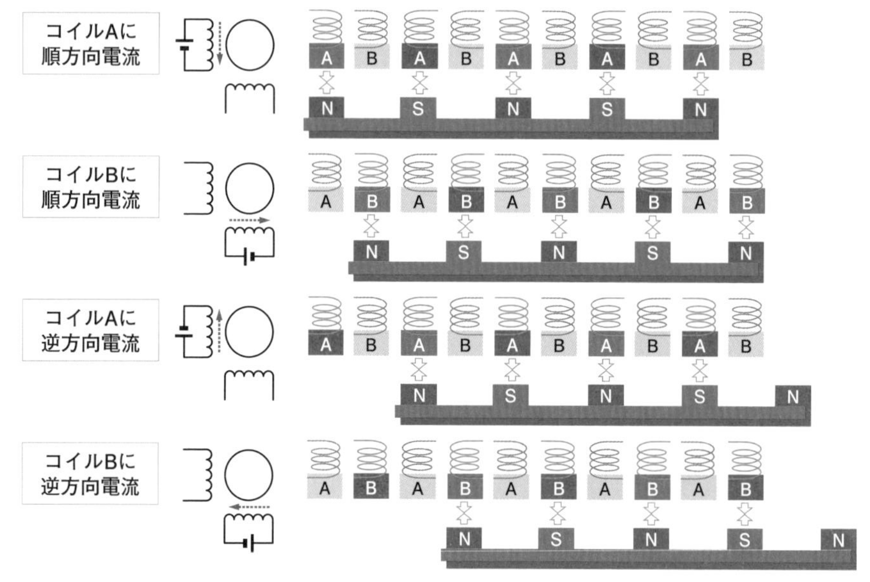

8.3 電流方向を操作できるDRV8835

それでは、ラズパイでステッピングモーターを動かしてみましょう。ステッピングモーターは数～数十Vの電圧で動かす必要があります。ラズパイのデジタル出力は3.3Vしかなく、電流もほとんど流れないため、直接、ステッピングモーターは動かせません。そこでドライバーICという製品を使用します。

最初は、秋月電子通商で販売している「DRV8835使用ステッピング＆DCモータドライバモジュール」（図1の左端）を使うことにします。このモジュールはDCモーター2個もしくはバイポーラーステッピングモーター1個を駆動できるDRV8835チップが載っています。11Vまでのモーター電源に対応していて、最大1.5Aの電流を流せます。

ラズパイとは5本の信号線をつなぎます。MODEピンで制御モードを切り替えられ、AIN1とAIN2でAOUT1とAOUT2に接続したコイル、BIN1とBIN2でBOUT1とBOUT2に接続したコイルに電流を流す指示ができます（**図7**）。MODE=Lowにしておき、AIN1、BIN1をHighにするとコイルに順方向電流が流れます。AIN2、BIN2をHighにするとコイルに逆方向電流が流れます。

図7　DRV8835の制御モード
米Texas Instruments社のDRV8835データシートより引用（https://www.tij.co.jp/jp/lit/ds/symlink/drv8835.pdf）。

Table 3. IN/IN Mode

MODE	xIN1	xIN2	xOUT1	xOUT2	FUNCTION (DC MOTOR)
0	0	0	Z	Z	Coast
0	0	1	L	H	Reverse
0	1	0	H	L	Forward
0	1	1	L	L	Brake

Table 4. Phase/Enable Mode

MODE	xENABLE	xPHASE	xOUT1	xOUT2	FUNCTION (DC MOTOR)
1	0	X	L	L	Brake
1	1	1	L	H	Reverse
1	1	0	H	L	Forward

ラズパイとの結線図は**図8**です。DRV8835モジュールのAIN1、AIN2、BIN1、BIN2をラズパイのGPIOに接続します。VCCとGNDも接続が必要です。MODEはLow固定なのでGNDに接続します。ステッピングモーターはAOUT1、AOUT2、BOUT1、BOUT2に接続します。最後に、モーター用電源に9Vを接続します。9V電源は秋月電子通商で販売している「超小型スイッチングACアダプター9V1．3A」（通販コードM-01803、価格800円）と「2.1mm標準DCジャック⇔スクリュー端子台」（通販コードC-08849、80円）

を使うとよいでしょう。

図8 ラズパイとDRV8835モジュール、バイポーラーステッピングモーターの結線図

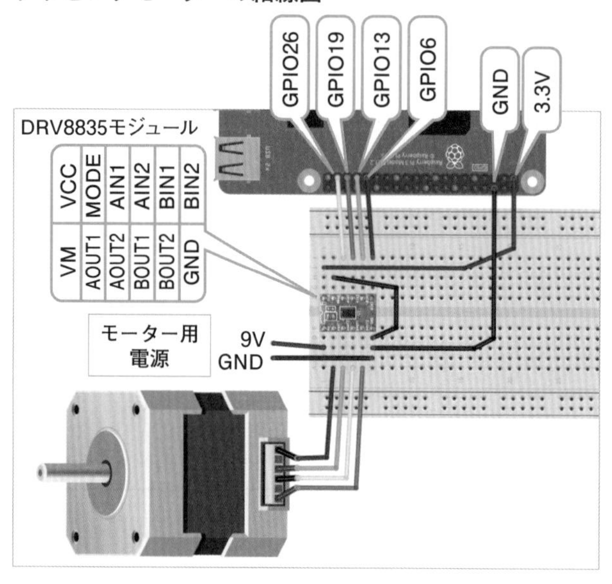

Pythonで動かしてみる

プログラムは**図9**です。あらかじめ使用するGPIO番号をPINSリストに格納しておきます。一つめのfor文でPINSリストのGPIOをすべて出力Lowに設定します。

図9 DRV8835モジュールを使ったプログラム「drv8835.py」

```
import pigpio ← GPIO操作にpigpioを使用
import time

ROTATION = 2  ← 回転する量を指定(2回転)
STEP_PER_ROTATE = 200  ← 1回転のステップ

AIN1 = 26     ← AIN1のGPIO番号
AIN2 = 19     ← AIN2のGPIO番号
BIN1 = 13     ← BIN1のGPIO番号
BIN2 = 6      ← BIN2のGPIO番号
PINS = [AIN1, BIN1, AIN2, BIN2]  ← GPIO番号のリスト

WAIT = 0.005  ← コイルに電流を流す時間(5ミリ秒)
```

次ページへ続く

図9の続き

```
pi = pigpio.pi()

for pin in PINS:    ← すべてのGPIOを出力に設定してLowにする
    pi.set_mode(pin, pigpio.OUTPUT)
    pi.write(pin, 0)
                                ↓ 回転するステップ数だけ繰り返す(400ステップ)
for i in range(int(STEP_PER_ROTATE * ROTATION)):
    pin = PINS[i % len(PINS)]    ← High/LowするGPIO番号を算出
    pi.write(pin, 1) ← GPIOをHigh
    time.sleep(WAIT) ← 待ち(5ミリ秒)
    pi.write(pin, 0) ← GPIOをLow
```

二つめのfor文は回転するステップ数の繰り返しです。ここではステッピングモーターを2回転させるので、2回転（ROTATION）×200ステップ（STEP_PER_ROTATE）=400ステップ、繰り返します。

最初の文の「pin = PINS[i % len(PINS)]」は重要です。この文で、繰り返しの回数から、今からHigh/Low操作をするGPIO番号を算出しています。例えば、i=0のときはPINS[0]、i=1のときはPINS[1]と、PINSリストのインデックスが増えていきますが、i=4のときはPINS[0]とインデックスがゼロになります。これは、割り算の余りを使ったテクニックです。

このようにして算出したpinを、pigpio.writeメソッドとtime.sleepメソッドで5ミリ秒間Highにします。このようにすることで、PINSリストで指定したピンの順番通り、つまりAIN1、BIN1、AIN2、BIN2の順に、一つずつHigh/Low操作をします。

プログラムを実行する前に、電子工作ライブラリpigpioの常駐ソフトを起動･有効化しておきます。

```
$ sudo systemctl start pigpiod ⏎
$ sudo systemctl enable pigpiod ⏎
```

プログラムを実行すると、ブーンという音とともにステッピングモーターが2回転しました（本書のサポートサイトに動画「drv8835.mp4」を用意）。目測では、最初と最後の角度は正確に一致しているように見えます。ステッピングモーターが回転しているときに手で持ち上げてみると、結構な振動が伝わってきます。クルっと回転するような感じではなく、1ステップの角度（1.8度）ずつ、ガッと動いてピタッと止まっているようです。動く、止まるを小刻みに繰り返していて振動が発生しているようです。

8.4 より細かく動かす制御方法にトライ

実は､1ステップで動かす角度を半分にする1-2相励磁というテクニックがあります。先ほどは､ある瞬間を見るとコイルAもしくはコイルBのどちらかに電流を流していました。これを1相励磁といいます。この1相励磁のステップとステップの間に、コイルAとコイルBの両方に電流を流して、AとBの中間へ動かすのが1-2相励磁です（**図10**）。

図10　1-2相励磁の動作

1相励磁(一つのコイルに電流を流す)の合間に、2相励磁(二つのコイルに電流を流す)を加えることで、動かす角度を半分にできる。図5右に示した実物の串状の状態でも、二つのコイルに同時に電流を流せば、中間の状態になる。

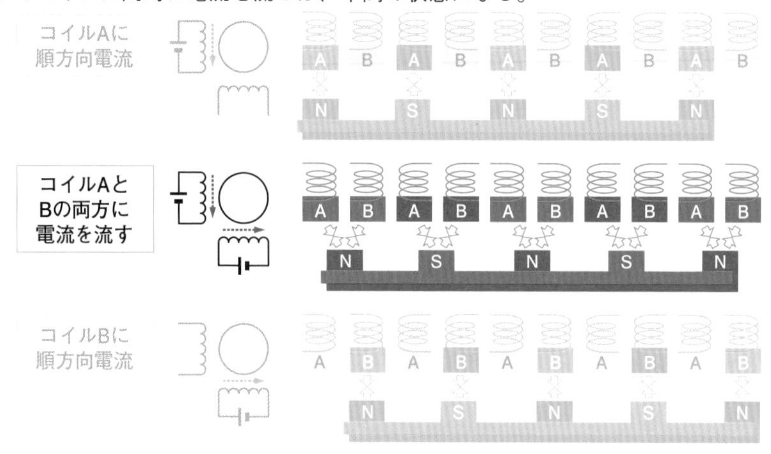

1-2相励磁のプログラムは**図11**です。赤字の箇所が追加、変更した部分です。四つのGPIOに出力するパターンをMICROSTEPSリストに格納しておきます。二つめのfor文の中で、繰り返しの回数とMICROSTEPSリストから出力するパターンを算出します。そして、算出した出力パターンを四つのGPIOに出力します。

図11　DRV8835モジュールで1-2相励磁するプログラム「drv8835-2.py」

```
import pigpio   ← GPIO操作にpigpioを使用
import time

ROTATION = 2   ← 回転する量を指定(2回転)
STEP_PER_ROTATE = 200 ← 1回転のステップ
MICROSTEP = 2          ← 1ステップの分割数

AIN1 = 26              ← AIN1のGPIO番号
AIN2 = 19              ← AIN2のGPIO番号
BIN1 = 13              ← BIN1のGPIO番号
BIN2 = 6               ← BIN2のGPIO番号
PINS = [AIN1, BIN1, AIN2, BIN2]  ← GPIO番号のリスト

WAIT = 0.005           ← コイルに電流を流す時間(5ミリ秒)

MICROSTEPS = [         ← 1マイクロステップの出力パターン
    [1, 0, 0, 0],      ← AIN1
    [1, 1, 0, 0],      ← AIN1, BIN1
    [0, 1, 0, 0],      ← BIN1
    [0, 1, 1, 0],      ← BIN1, AIN2
    [0, 0, 1, 0],      ← AIN2
    [0, 0, 1, 1],      ← AIN2, BIN2
    [0, 0, 0, 1],      ← BIN2
    [1, 0, 0, 1],      ← BIN2, AIN1
]

pi = pigpio.pi()

for pin in PINS:       ← すべてのGPIOを出力に設定してLowにする
    pi.set_mode(pin, pigpio.OUTPUT)
    pi.write(pin, 0)

for i in range(int(STEP_PER_ROTATE * MICROSTEP * ROTATION)):
              ↑回転するマイクロステップ数だけ、繰り返す(800マイクロステップ)
    mstep = MICROSTEPS[i % len(MICROSTEPS)]
    for pin in range(len(PINS)):  ← 出力パターンをGPIOに出力
        pi.write(PINS[pin], mstep[pin]) ← High/Lowの出力パターンを算出
    time.sleep(WAIT)    ← 待ち(5ミリ秒)
```

プログラムを実行すると、1相励磁と比べて少し静かになりました（サポートサイトの動画「drv8835-2.mp4」参照）。その代わりに回転が遅くなりました。プログラムを実行した後、しばらく放置していたところ、ステッピングモーターが熱くなっていました。測定器で温度を確認すると、40℃を越えていました（**図12**）。プログラムの終了後も二つのコイルに電流が流れっ放しになっていたからです。プログラムの最後で出力をすべてLow

にした方がよいでしょう。

図12　drv8835-2.pyを実行した後のステッピングモーターの温度

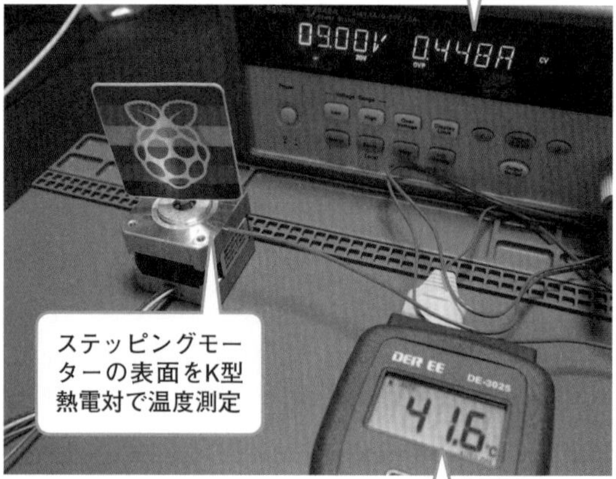

電流が1相のときと比べて2倍

ステッピングモーターの表面をK型熱電対で温度測定

40℃を越えている

ステップを1/16刻みに変える

DRV8835はコイルの電流を順方向/逆方向に操作できるドライバーICでした。ステッピングモーター専用のドライバーICを使うと、もう少し簡単に制御できます。ここでは、スイッチサイエンスで販売している「ステッピングモータードライバA4988」（図1の左から2個目）を使うことにします。

このモジュールにはバイポーラーステッピングモーター1個を駆動できるA4988チップが載っています。8～35Vで、最大1A（ヒートシンクを付けると2A）の電流を流せます。

ラズパイとは8本の信号線でつなぎます。RESET#、SLEEP#、MS1、MS2、MS3、ENABLE#信号を適切に設定しておき、DIRとSTEP信号を加えるとステッピングモーターが回転します。DIRで回転方向を指定しておき、STEPに回転させたい量をパルス数で送ります。MS1、MS2、MS3信号を使うと、コイルに流れる電流を良い感じに調整してくれて、1ステップを1/16まで細かくできます[*1]（**図13**）。ステッピングモーターへの電流をすべて停止するにはENABLE#をHighにします。

＊1　具体的には、電磁石AとBに流す電流の大きさの比を変えることで、図10の中間状態の位置を微妙に変えます。

図13　A4988モジュールステップサイズ
米Pololu社のWebページ(https://www.pololu.com/product/1182)より。

MS1	MS2	MS3	Microstep Resolution
Low	Low	Low	Full step
High	Low	Low	Half step
Low	High	Low	Quarter step
High	High	Low	Eighth step
High	High	High	Sixteenth step

ラズパイとの結線図は**図14**です。A4988モジュールの8本の信号線をラズパイのGPIOに接続します。VDDとGNDもつなぎます。ステッピングモーターは1A、1B、2A、2B、モーター用電源はVMOTとGNDに接続します。基板上の可変抵抗でステッピングモーターを駆動する電流を制限できます。ここでは時計回りいっぱいに回して、電流を制限しないようにしておきます。

図14　ラズパイとA4988モジュール、バイポーラーステッピングモーターの結線図

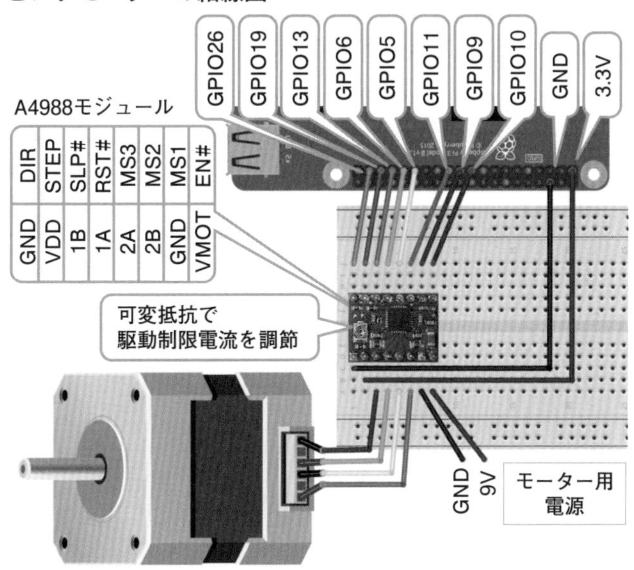

プログラムは**図15**です。構成は前のプログラム（drv8835.py）と同様ですが、最後のfor文の作りに違いがあります。DRV8835モジュールはAIN1、AIN2、BIN1、BIN2の4本の信号線を決められた順にHigh/Lowに切り替える必要がありました。A4988モジュールは、STEP信号をHigh/Low操作するだけなので、シンプルで分かりやすいです。

図15　A4988モジュールを使ったプログラム「a4988.py」

```
import pigpio              ← GPIO操作にpigpioを使用
import time

ROTATION = 2               ← 回転する量を指定(2回転)
STEP_PER_ROTATE = 200      ← 1回転のステップ
MICROSTEP = 16             ← 1ステップの分割数

ENABLE = 10                ← ENABLE#のGPIO番号
MS1 = 9                    ← MS1のGPIO番号
MS2 = 11                   ← MS2のGPIO番号
MS3 = 5                    ← MS3のGPIO番号
RESET = 6                  ← RESET#のGPIO番号
SLEEP = 13                 ← SLEEP#のGPIO番号
STEP = 19                  ← STEPのGPIO番号
DIR = 26                   ← DIRのGPIO番号

WAIT = 0.005               ← コイルに電流を流す時間(5ミリ秒)

pi = pigpio.pi()
                             ↓ すべてのGPIOを出力に設定してLowにする
for pin in [ENABLE, MS1, MS2, MS3, RESET, SLEEP, STEP, DIR]:
    pi.set_mode(pin, pigpio.OUTPUT)

pi.write(RESET, 0)         ← RESET

pi.write(SLEEP, 1)         ← SLEEP解除

pi.write(MS1, 1)           ← 1ステップを16分割
pi.write(MS2, 1)
pi.write(MS3, 1)
pi.write(DIR, 0)           ← 回転方向を指定
pi.write(STEP, 0)          ← ステップの初期値

pi.write(ENABLE, 0)        ← ステッピングモーターの駆動を有効化

time.sleep(0.001)
pi.write(RESET, 1)         ← RESET解除
                  ↓ 回転するマイクロステップ数だけ、繰り返す(6400マイクロステップ)
for i in range(STEP_PER_ROTATE * MICROSTEP * ROTATION):
    pi.write(STEP, 1)          ← ステップをHigh
    time.sleep(WAIT / 2)       ← 待ち(2.5ミリ秒)
    pi.write(STEP, 0)          ← ステップをLow
    time.sleep(WAIT / 2)       ← 待ち(2.5ミリ秒)
```

プログラムを実行すると、ゆっくりと2回転しました（サポートサイトの動画「a4988.mp4」参照）。回転しているときの振動は、グッと減っています。ステップの分割数は多

ければ多いほど静かになることが確認できました。

プログラムを実行した後、モーターには0.4A流れていて、1-2相励磁（drv8835-2.py）と同じようにステッピングモーターが熱くなりました。A4988モジュールの可変抵抗を反時計回りにいっぱいに回すと電流が0.02Aに制限されて、発熱が少なくなりました。ただし電流が少ない状態だと、ステッピングモーター回転中に軸を手で押さえて回転を止められました。電流を制限したせいで、回転の力（トルク）が弱くなったようです。

モーションエンジンで高速回転

秋月電子通商で販売している「L6470使用ステッピングモータードライブキット」は、さらに高性能高機能なドライバーICです。「速度1秒/回転で2回転しなさい」というように速度や回転量などを指定するだけで、L6470が良い具合にステッピングモーターを動かします。また、1ステップは1/128と、A4988の1/8も細かく指定できます。さらに回転時と停止時のモーター電源電圧を別々に指定できるので、発熱を抑えられます。

ラズパイとはSPI通信で接続します（**図16**）。基板上にジャンパーがあり、3-4を接続してください。

図16　ラズパイとL6470キット、バイポーラーステッピングモーターの結線図

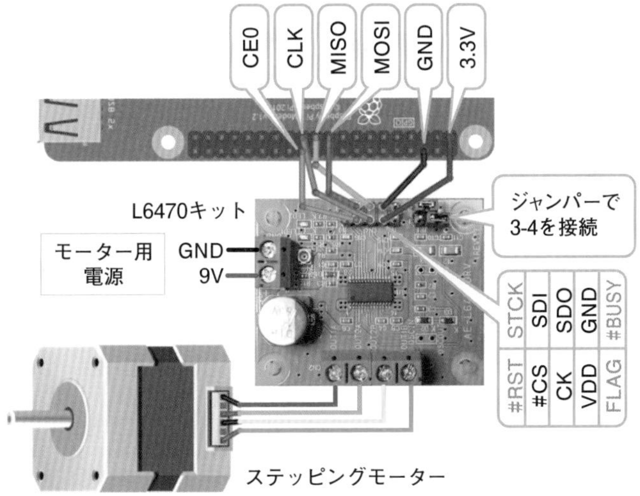

L6470に使えるPythonライブラリを探したところDaiGuard作のL6470（https://github.com/DaiGuard/l6470）が見つかりました。しかし、このライブラリはspidevパッケー

ジを使っていて、ラズパイ4では正常に動かなかったため、pigpioパッケージを使うよう筆者が変更しました。GitHubから、下記コマンドでダウンロード、インストールしてください。

```
$ git clone https://github.com/matsujirushi/l6470 ↵
$ cd l6470 ↵
$ sudo python3 setup.py install ↵
```

プログラムは**図17**です。resetDeviceメソッドでL6470をリセットした後、setParamメソッドでいくつかのパラメーターを設定します。そして、goToメソッドで2回転動かします。goToメソッドはステッピングモーターが回り始めたらすぐに返ってくるので、updateStatusメソッドで回転が完了したかチェックして待機します。L6470のパラメーターやコマンドはたくさんあります。詳細はL6470のデータシート（https://www.st.com/resource/en/datasheet/l6470.pdf）を確認してください。

図17　L6470キットを使ったプログラム「l6470kit.py」

```
from l6470 import l6470  ← L6470ライブラリを使用
import time

ROTATION = 2             ← 回転する量を指定(2回転)
STEP_PER_ROTATE = 200    ← 1回転のステップ
MICROSTEP = 128          ← 1ステップの分割数

def WaitWhileBusy():     ← L6470で実行中の処理が完了するまで待つ関数
    while True:
        status = device.updateStatus()
        print(status)
        if status["BUSY"] == 0:
            break
        time.sleep(0.001)

device = l6470.Device(0, 0)
device.resetDevice()     ← L6470をリセット

↓ 加速度を設定
device.setParam(l6470.ACC, [0, 64])        # 931[step/s^2] * 250[ns]^2 ↵
/ 2^-40
↓ 減速度を設定
device.setParam(l6470.DEC, [0, 64])        # 931[step/s^2] * 250[ns]^2 ↵
/ 2^-40
```

次ページへ続く

図17の続き

```
↓ 最高速度を設定
device.setParam(l6470.MAX_SPEED, [0, 16])   # x[step/s] * 250[ns] / 2^-18
↓ 最低速度を設定
device.setParam(l6470.MIN_SPEED, [0, 1])    # 0.2[step/s] * 250[ns] / 2^↩
-24
↓ 停止時電圧を設定
device.setParam(l6470.KVAL_HOLD, [88])      # 5[V] / 14.5[V] * 256
↓ 回転時電圧を設定
device.setParam(l6470.KVAL_RUN, [150])      # 8.5[V] / 14.5[V] * 256
↓ 加速時電圧を設定
device.setParam(l6470.KVAL_ACC, [150])      # 8.5[V] / 14.5[V] * 256
↓ 減速時電圧を設定
device.setParam(l6470.KVAL_DEC, [150])      # 8.5[V] / 14.5[V] * 256
↓ 過電流しきい値を設定
device.setParam(l6470.OCD_TH, [1])          # 700[mA] / 375[mA] - 1
↓ 2回転の位置へ移動
device.goTo([int(i) for i in (STEP_PER_ROTATE * MICROSTEP * ROTATION).to_↩
bytes(3, byteorder="big")])
WaitWhileBusy()             ← 回転完了を待つ
```

プログラムを実行すると、素早く2回転しました（サポートサイトの動画「l6470kit.mp4」参照）。ほぼ無音で高速に回転します。素晴らしい。停止時電圧を下げたことで、発熱も感じなくなりました。

9章

安価で小型のキャラクターディスプレイ

500円台からと安価で、ちょっとしたメッセージの表示に便利なキャラクターディスプレイ。バックライト有りと無しのタイプでどう違うかは分解すると、よく分かりました。安価な液晶型と、表示が奇麗な有機EL型を試します。

ラズパイが持っている情報を表示したいとき、どんなデバイスを使いますか？ラズパイにはHDMI（Pi 4の場合はMicro HDMI）コネクタが搭載されているので、HDMIディスプレイを接続して表示するのが最も簡単です。ラズパイ用の製品もいくつか販売されていて、ディスプレイ背面にラズパイを固定できたり、タッチ機能が付いているものなどがあります。

しかしHDMI対応ディスプレイが比較的高価でサイズも大きいものが多いです。GPIOに接続するディスプレイなら、数百円からと安価で小型の製品がいくつもあります。本章と次章で、小型ディスプレイをいくつか動かしてみて、使用感を見てみましょう。本章では文字を表示する「キャラクターディスプレイ」（**図1**）を取り上げ、次章では画像も表示できる「グラフィックスディスプレイ」を紹介します。

図1　本章で取り上げるキャラクターディスプレイ
通販コードは秋月電子通商のもの。

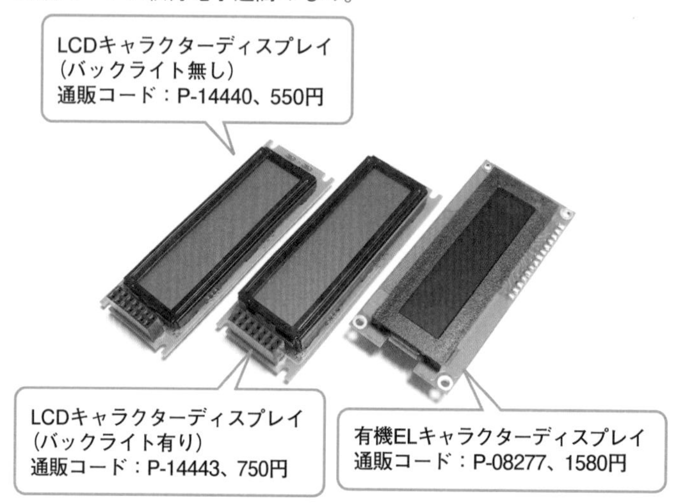

9.1 文字を手軽に表示できる

キャラクターディスプレイとグラフィックスディスプレイの例を**図2**に示しました。キャラクターディスプレイは、英数字や記号を表示できます。文字の大きさが固定で、画面に表示できる文字数が決まっています。具体的には、文字の大きさが5×8ドットで、8×2文字や16×2文字、20×4文字を表示できる製品があります。文字のドットデータが制御ICに入っていて、それを使って表示します。そのため、線や図形は表示できません。

図2　キャラクターディスプレイとグラフィックスディスプレイ
左のキャラクターディスプレイは英数字や記号、右のグラフィックスディスプレイは文字や図形、画像などを表示できる。

一方、グラフィックスディスプレイは、ドットを表示するディスプレイです。ドットなので、文字や図形、画像など、さまざまなものを制限なく表示できます。制御ICに文字のドットデータが入っていないので、文字を表示したいときはラズパイで文字をドットデータに変換して送る必要があります。

LCD（液晶）型が多い

一般に多く使用されているキャラクターディスプレイはLCDを使うタイプです。LCDはLiquid Crystal Displayの略で、日本語で言うと液晶ディスプレイです。

液晶ディスプレイは、2枚のガラス板に挟んだ「液晶分子」を電圧で操作して光を通したり遮断したりすることでドットを表示します（**図3**）。光の透過を変化させるだけで、自ら発光はしていません。ガラス窓に油性ペンで文字を書いたものを想像してみてください。真っ暗なところでは文字を読めませんが、外から光が差したり、室内に明かりがあったりすれば、文字を読めます。暗い場所で文字が読めないのは不便なので、背面に照明が付いた液晶ディスプレイも販売されています。この照明のことをバックライトといいます。

図3　液晶の動作原理

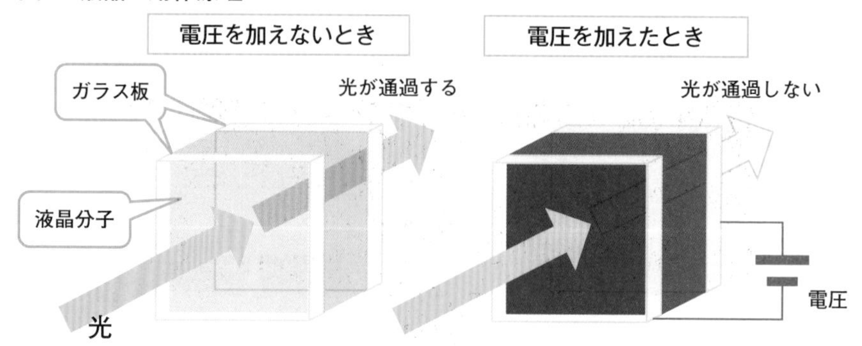

通常は光は通過するが、電圧を加えると光が通過しなくなる

それではラズパイにLCDキャラクターディスプレイを接続して表示してみましょう。さて、具体的にどのLCDキャラクターディスプレイを選ぶのがよいでしょうか。ポイントは二つあります。

一つめは、電源電圧です。ラズパイのインタフェースは3.3Vなので、3.3Vで動作するものを使うと直接接続できて手軽です。二つめは、内蔵の制御ICです。よく使われている制御ICのものにすると、インターネットにあるPythonパッケージを利用することができて、ソフトウエアを書く手間が減ります。これらを考慮して、電源電圧が3.3Vで制御ICがHD44780互換の「LCDキャラクターディスプレイ16×2行3.3V仕様」をまず使ってみます（図1左）。

このディスプレイは16文字を2行表示（合計32文字）できます。1文字は5×8ドットで構成されていて、英数字とカタカナ、記号のフォントが制御ICに内蔵されています。外部からパラレルインタフェースで文字コードを送ると、対応した文字が画面に表示されます。

9.2 文字を表示してみる

ラズパイとの結線図は**図4**です。電源の3.3V、GNDと、制御信号 3本（RS、R/W、E)、データ信号 4本（DB4、5、6、7）を接続します。データ信号は8本ありますが、DB0～3は未接続で大丈夫です。なぜなら、通信の方法に8ビットモードと4ビットモードがあり、4ビットモードを使えばDB0～3を接続しなくて済むからです。VoはLCDの濃さを調節するピンで、20kΩの可変抵抗で調整可能にした電圧を接続します。

図4　ラズパイとLCDキャラクターディスプレイの結線図

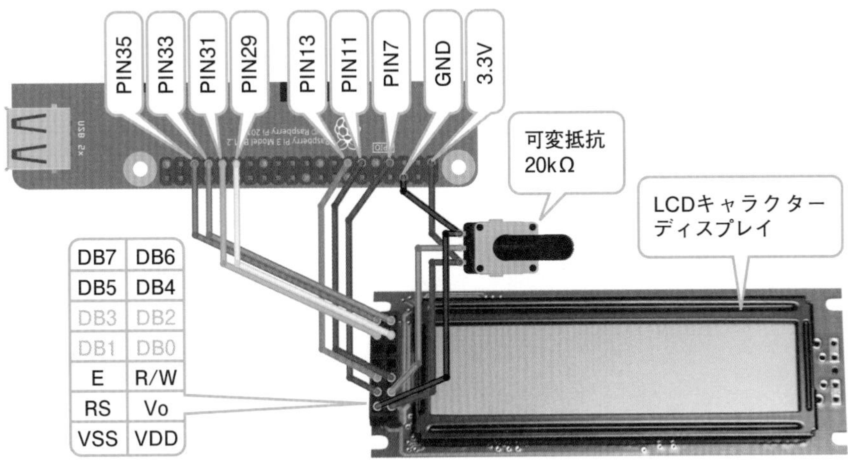

次にプログラムです。ディスプレイを操作するプログラムをゼロから作るのは大変なので、ラズパイのPythonで使用できるパッケージを探すことにしましょう。Pythonパッケージインデックス（https://pypi.org/）で「hd44780」を検索すると33件ありました。この中から、スター（「いいね」のようなもの）が多い「RPLCD」パッケージを使用することにします。次のコマンドを実行して、RPLCDパッケージをインストールしてください。

```
$ sudo pip3 install RPLCD ↵
```

プログラムは図5です。RPLCDパッケージを使うことでプログラムはとてもスッキリしています。

図5　LCDキャラクターディスプレイ表示プログラム「c-lcd.py」

```
import RPi.GPIO as GPIO
from RPLCD.gpio import CharLCD                  ← RPLCDパッケージを使用
import time


GPIO.setwarnings(False)  ← 本プログラムを再実行したときの警告表示を無効化
display = CharLCD(numbering_mode=GPIO.BOARD, pin_rs=7, pin_rw=11, pin_e=↙
13,
               pins_data=[29, 31, 33, 35], cols=16, rows=2)
                 ↑ ディスプレイを4ビットモードで初期化
```

次ページへ続く

図5の続き

```
while True:
    display.cursor_pos = (0, 0)              ← 表示位置を1行目、1文字目に変更
    ↓ディスプレイに「RasPi Magazine」を表示
    display.write_string("RasPi Magazine")
    time.sleep(2)                             ← 2秒待ち

    display.cursor_pos = (1, 3)              ← 表示位置を2行目、4文字目に変更
    ↓ディスプレイに「Summer - 2021」を表示
    display.write_string("Summer - 2021")
    time.sleep(2)                             ← 2秒待ち

    display.clear()                           ← ディスプレイの表示を消す
    time.sleep(2)                             ← 2秒待ち
```

CharLCDでディスプレイを接続しているピンやディスプレイの文字数（列数と行数）を指定します。numbering_modeをGPIO.BOARDにしているので、ピンはGPIO番号ではなくピン番号を用います。pins_dataのピン番号を4個にすることでディスプレイとの通信を4ビットモードにしています（8個にすると8ビットモードになります）。

write_string関数を呼び出すと、渡した文字列が画面に表示されます。表示位置を変更したいときは、write_string関数を呼び出す前にcursor_posに行、列を代入します。X、Yの順ではないので注意してください。clear関数を呼び出すと画面がクリアされます。

次のコマンドで図5を実行すると、1行目に「RasPi Magazine」を表示して、2秒後、2行目に「Summer - 2021」を表示、さらに2秒後に表示クリアを繰り返します（**図6**）。

```
$ python3 c-lcd.py ↵
```

図6　c-lcd.pyを実行してLCDキャラクターディスプレイに表示

プログラムを実行しても、表示が出ないときや真っ黒な表示のときがあります。液晶のコントラストが薄すぎたり濃すぎたりしていることが考えられるので、可変抵抗を回して調整してみてください。

好きな場所に文字を表示

今度は、LCDキャラクターディスプレイにあるカーソル機能を使ってみましょう。カーソルは次に表示する位置を示すものです。通常は、文字を表示すると自動的にカーソル位置が右に移動します。例えば、「R」「a」「s」「P」「i」と5文字を次々に表示すると、「RasPi」と連続して表示されます。カーソル位置が分かるように、四角や点滅を表示させることもできます。

カーソル機能を利用して、人がキーを入力しているかのように文字を次々と表示するプログラムが**図7**です。cursor_posでカーソル位置を変更しておき、表示する文字列を1文字ずつwrite_string関数で表示します。1文字表示するごとに0.2秒待つことで、あたかもキーボードから入力しているかのように表示されます。

図7　LCDキャラクターディスプレイ表示プログラム（キー入力風）「c-lcd2.py」

```
(import文や初期設定は略、図5のc-lcd.pyと同じ)
display.cursor_mode = "blink"    ← カーソルを点滅表示

while True:
    display.cursor_pos = (0, 0) ← カーソルを1行目、1文字目に変更
    for c in "RasPi Magazine":   ← 「RasPi Magazine」を1文字ずつ分割してループ
        display.write_string(c) ← 1文字表示
        time.sleep(0.2)         ← 0.2秒待ち
    time.sleep(2)               ← 2秒待ち

    display.cursor_pos = (1, 3) ← カーソルを2行目、4文字目に変更
    for c in "Summer - 2021":    ← 「Summer - 2021」を1文字ずつ分割してループ
        display.write_string(c) ← 1文字表示
        time.sleep(0.2)         ← 0.2秒待ち
    time.sleep(2)               ← 2秒待ち

    display.clear()             ← ディスプレイの表示を消す
    time.sleep(2)               ← 2秒待ち
```

9.3 バックライト付きを試す

次は、バックライトの有無の違いを見てみましょう。ここまで試してきた製品は、バックライト付きのタイプもあります（図1の真ん中）。それぞれを分解して並べたのが**図8**です。右のバックライト有りは、基板の上に、白い四角い「バックライト」が載っているのが分かります。バックライト部分の厚みは5mmで、全体の厚みが13mmでした。バックライト無しの方が9mmなので、バックライトが付くことで4mm増えています。

図8　バックライトの有無が違うLCDキャラクターディスプレイを分解したところ

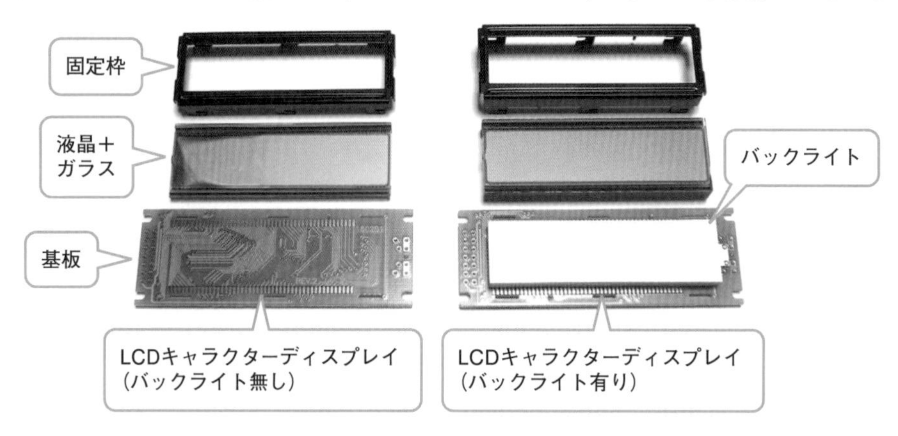

バックライトの上面には光拡散用のシートが貼られており、これを剝がすと中にLEDが12個並んでいました（**図9**）。また、液晶＋ガラスの裏に貼ってあるシールに違いがありました（**図10**）。バックライト無しは白色シールで、ライトを当ててみるとほとんど光を通しませんでした。バックライト有りに使われている銀色シールは光がそれなりに通過していました。どうやら、バックライトの光が透過する素材が使われているようです。

図9　バックライトの中身

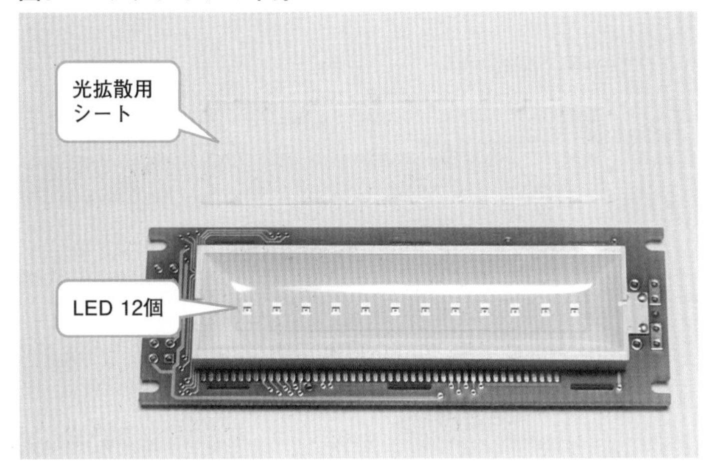

図10　液晶裏のシール

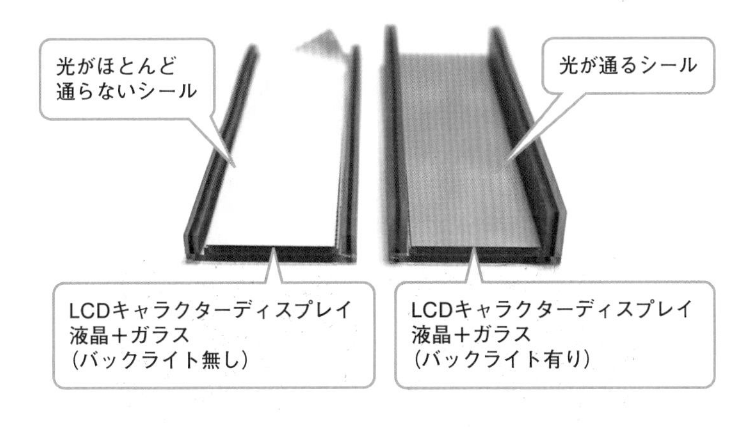

バックライトには手間がかかる

それでは、バックライトを点灯してみましょう。バックライトの配線は制御ICの配線とは別になっていて、基板の反対側（表から見て右側）に、LEDのアノード（＋側）、カソードの端子があります。

基板の裏を確認すると、ジャンパー「J3」をショートして、アノードをVDD（電源）に接続できるようになっています。カソード側は抵抗を取り付ける端子（R9）が用意されていて、グランド（VSS）と接続できます。

バックライトをより明るくするには電圧が高い方がよいので、J3はショートせずに、アノードにラズパイの5Vを接続することにしました。R9には、付属の100Ω抵抗を2本、並列にハンダ付けします*1（図11）。

図11　バックライトの配線

点灯した様子が図12です。文字以外の部分が明るくなり、暗いところでも文字が読めるようになりました。よく見ると、液晶の周囲がぼんやり暗いのが気になります。R9の抵抗値を下げてLEDに流す電流を増やせば目立たなくなると思いますが、バックライトがLEDを並べたものなので、ある程度は仕方ないでしょう。

図12　バックライト点灯の様子

*1　抵抗を2本並列に取り付けることで、十分な電力容量を確保しているようです。

9.4 有機EL型はより明るく光る

少し高価ですが、数年前から入手しやすくなった製品に、有機ELを使うキャラクターディスプレイがあります。有機ELディスプレイのELは電子発光（Electro Luminescence）の略で、有機EL材料に電圧を加えてドットを発光させます（**図13**）。小さなLEDがたくさん並んでいるディスプレイともいえます。自ら発光するので暗い場所でも読み取れます。

図13　有機ELの動作原理

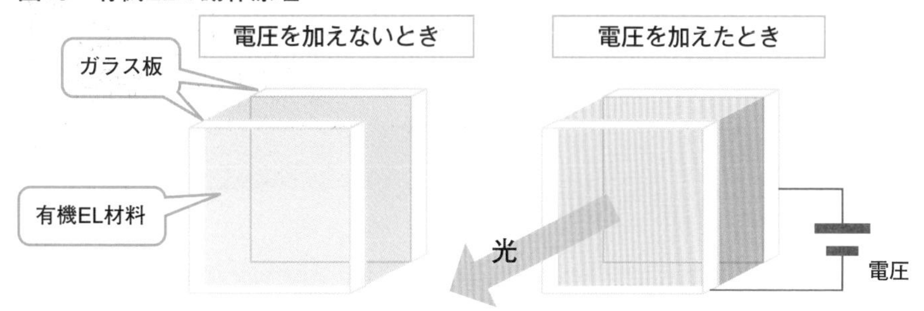

通常は光っていないが、電圧を加えると自ら発光する

ラズパイに有機ELディスプレイを接続してみましょう。秋月電子通商で販売している「有機ELキャラクターディスプレイモジュール16×2行 白色」（図1の右側）を使うことにします。先ほど使ったLCDキャラクターディスプレイと同様、16文字2行表示で、1文字が5×8ドットで英数文字とカタカナ、記号のフォントが内蔵されています。制御ICはUS2066互換品で、インタフェースがI^2Cです。I^2Cスレーブアドレスは0x3C（SA0=Highの場合は0x3D）です。

有機ELに文字を表示する

ラズパイとの結線図は**図14**です。電源の3.3V、GNDと、I^2C信号2本（SDA、SCL）を接続します。一般的なI^2Cデバイスと違い、SDAピンがSDA_inとSDA_outの2本あります。両方をショートしてラズパイのSDAにつないでください。そして、CSとSA0をGNDに接続します。

図14　ラズパイと有機ELキャラクターディスプレイの結線図

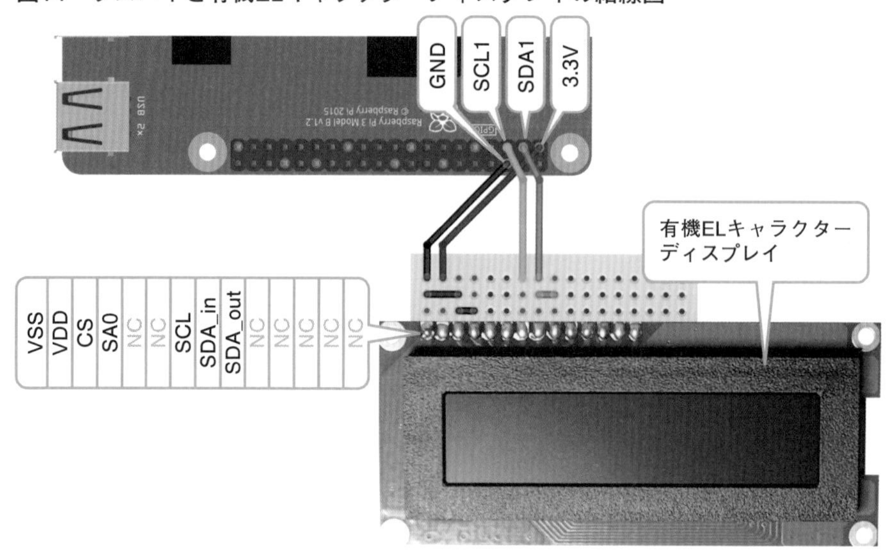

次にプログラムです。Pythonパッケージインデックス（https://pypi.org/）で「us2066」を検索しましたが、利用できそうなものが見つかりませんでした。そこで本製品のモデル名である「so1602」と「python」でGoogleで検索したところ、YoutechA320U氏の「RaspberryPi_Python_so1602_lib」とgdaisukesuzuki氏の「Adafruit_CircuitPython_SO1602」が見つかりました。使いやすそうな関数が用意されているAdafruit_CircuitPython_SO1602を使用することにします。**図15**に示すコマンドでインストールしてください。

図15　Adafruit_CircuitPython_SO1602のインストール手順

```
↓ GitHubからダウンロード
$ git clone https://github.com/gdaisukesuzuki/Adafruit_CircuitPython_SO1↵
602 ⏎
$ cd Adafruit_CircuitPython_SO1602 ⏎
$ python3 setup.py build ⏎          ← パッケージをビルド
$ sudo python3 setup.py install ⏎ ← パッケージをインストール
$ cd .. ⏎
$ sudo rm -rf Adafruit_CircuitPython_SO1602 ⏎ ← ダウンロードしたファイルを削除
```

プログラムは**図16**です。Adafruit_CircuitPython_SO1602はI^2Cの読み書きに「Adafruit CircuitPython BusDevice」を使用しています。そのため、最初にbusio.I2CでI^2Cインタフェースを初期化します。そして、adafruit_so1602.Adafruit_SO1602_I2Cでディスプ

レイを初期化します。displayClear関数を呼び出すと画面がクリアされます。writeLine関数を呼び出すと、渡した文字列が画面に表示されます。表示する行位置はwriteLine関数の引数で指定できます。

図16　有機ELキャラクターディスプレイ表示プログラム「c-oled.py」

```
import board              ← CircuitPython互換のピン定義を使用
import busio              ← CircuitPython互換のバスI/Oを使用
import adafruit_so1602    ← Adafruit_CircuitPython_SO1602を使用
import time

i2c = busio.I2C(board.SCL, board.SDA)      ← I2Cインタフェースを初期化
display = adafruit_so1602.Adafruit_SO1602_I2C(i2c)   ← ディスプレイを初期化

while True:
    ↓ ディスプレイの1行目に「RasPi Magazine」を表示
    display.writeLine("RasPi Magazine")
    time.sleep(2)            ← 2秒待ち

    ↓ ディスプレイの2行目に「Summer - 2021」を表示
    display.writeLine("Summer - 2021", 1)
    time.sleep(2)            ← 2秒待ち

    display.displayClear()   ← ディスプレイの表示を消す
    time.sleep(2)            ← 2秒待ち
```

プログラムを実行した様子が**図17**です。文字の部分が白くくっきりと光っていて、とても見やすいです。

図17　「c-oled.py」を実行して有機ELキャラクターディスプレイに表示

まとめ

本章ではLCDと有機ELのキャラクターディスプレイを使ってみました。LCD型は固定の位置に文字を表示したり、カーソルの位置に文字を追加して表示したりできました。今回の製品は必要な配線が多く、文字の濃さを調整しなければならない点が難点です。また、暗い場所で使うときはバックライトが必要です。

有機EL型は高価ではあるものの、文字がくっきりと表示されて、とても見やすいです。補足ですが、有機ELディスプレイはダイナミックに点灯しているようで、カメラで撮影するときにシャッタースピードを下げないと奇麗に撮れませんでした。ビデオや写真を撮影するような作品に組み込むときには、注意が必要です。

10章

グラフィックス
ディスプレイと
電子ペーパーの内部構造

グラフィックスディスプレイと電子ペーパーを試します。どれも公開されているライブラリで手軽に画像や文字を表示できました。グラフィックスディスプレイの表面シールを剥がすと、ドット単位の素子を確認できて面白かったです。

前章では、3種類のキャラクターディスプレイについて実験しました。本章では、文字だけでなく図形や画像も表示できるグラフィックスディスプレイを調査します。

キャラクターディスプレイはLCD（液晶）型の製品が多いですが、グラフィックスディスプレイは有機EL型が一般に多く使われています。その中で、単色（白色）のものとカラー表示できるものの2種類を取り上げます（**図1**）。さらに、電源を落とした状態でも表示が続く電子ペーパーについても実験して、3種類の特徴を確認します。

図1　本章で取り上げるグラフィックスディスプレイと電子ペーパー
通販コードは秋月電子通商のもの。

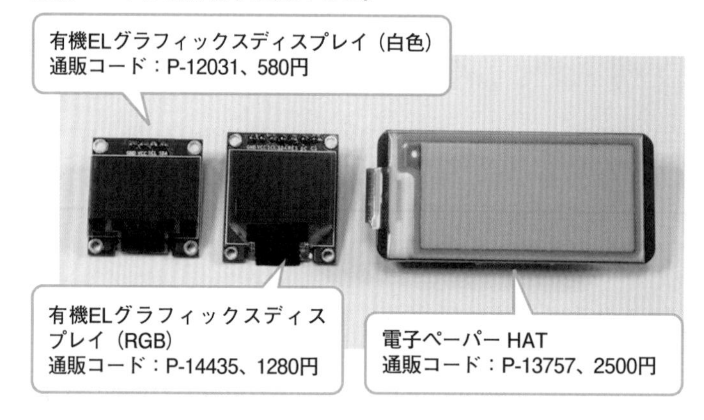

10.1 グラフィックスディスプレイは有機EL型が一般的

キャラクターディスプレイでも、有機EL型を利用しましたが、その原理をおさらいすると、**図2**のようになります。LCDが自らは発光せず、バックライトがないと暗い場所では文字が読めなくなるのに対し、有機ELは、自ら発光するので暗い場所でも読み取れます。

図2　有機ELの動作原理

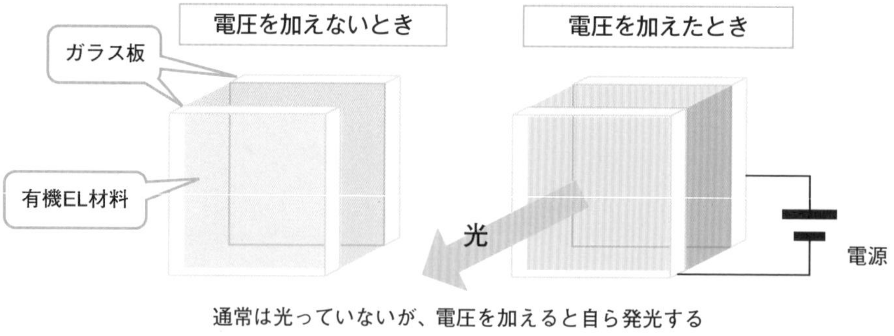

電圧を加えないとき
電圧を加えたとき
ガラス板
有機EL材料
光
電源
通常は光っていないが、電圧を加えると自ら発光する有機ELディスプレイの「EL」は、電子発光（Electro Luminescence）の略で、有機EL材料に電圧を加えてドットを発光させます。小さなLEDがたくさん並んでいるディスプレイともいえます。

では、ラズパイに単色の有機ELグラフィックスディスプレイを接続してみましょう。秋月電子通商が販売している「0.96インチ 128×64ドット有機ELディスプレイ（OLED）白色」（図1の左側）を使うことにします。ラズパイとの結線図は**図3**です。

図3　ラズパイと有機ELグラフィックスディスプレイ（白色）の結線図

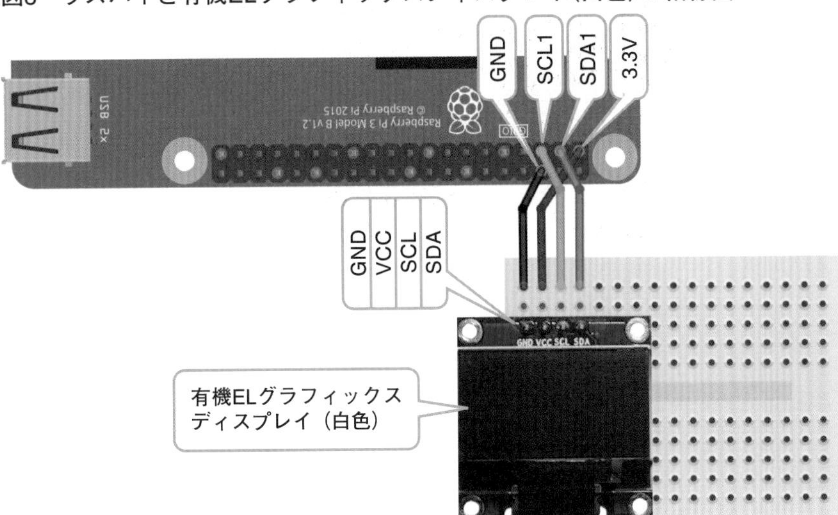

このディスプレイは単色（白色）で128×64ドットを表示可能で、制御ICは「SSD1306」です。データシートを見るとパラレルIOやSPI、I^2Cで接続できます。しかし、基板上の配線でI^2Cだけに固定されています。そのため、ラズパイとはI^2C信号2本（SDA、SCL）と電源2本（3.3V、GND）を接続します。たったこれだけ、とてもシンプルですね。

10.2 四角を表示してみる

ランダムな位置に、白枠の四角を三つ表示してみましょう（**図4**）。SSD1306に使えるPythonパッケージを探したところ、「Adafruit_CircuitPython_SSD1306」「Adafruit_CircuitPython_DisplayIO_SSD1306」「luma.oled」の三つが見つかりました。ここでは、一般によく使われているPillow（Python画像処理ライブラリ）と併用できて、後述のカラーディスプレイでも使える「luma.oled」を使用することにします。

図4　ランダムな位置に四角を三つ表示
図5のoled-mono.pyを実行した。

次のコマンドを実行して、luma.oledパッケージをインストールしてください。

```
$ sudo pip3 install luma.oled ↵
```

プログラムは**図5**です。大きく（1）デバイスの作成、（2）Pillow用の「ImageDraw」の作成、（3）ImageDrawに描画、の三つの処理からなります。

図5　有機ELグラフィックスディスプレイ（白色）の表示プログラム「oled-mono.py」
（1）デバイスの作成、（2）ImageDrawの作成、（3）ImageDrawに描画という三つの処理がある。

```
↓ luma.coreのi2cインタフェースクラスを使用
from luma.core.interface.serial import i2c
↓ luma.oledのssd1306ドライバクラスを使用
from luma.oled.device import ssd1306
from luma.core.render import canvas        ← luma.coreのcanvasクラスを使用
import random
import time

device = ssd1306(i2c())                ←（1）I2C接続したSSD1306を作成

while True:
    ↓（2）SSD1306からPillowのImageDrawを作成
    with canvas(device) as draw:
```

次ページへ続く

図5の続き

```
        for i in range (3) :          ← 3回、繰り返す
            box = [random.randrange(device.width), random.randrange(devi⏎
ce.height),
                   random.randrange(device.width), random.randrange(devi⏎
ce.height)]
            draw.rectangle(box, outline="white", fill="black", width=1)
              ↑(3) ランダムな位置に白枠の四角を描画

    time.sleep(1)
```

最初に、ディスプレイが接続しているインタフェース「i2c」とディスプレイの制御IC「ssd1306」を指定してデバイスを作ります（1）。次に、ディスプレイに表示するものを描くための場所としてImageDrawを作ります（2）。最後に、ImageDrawに白枠の四角を描画します（3）。ここでは、for文を使って四角を三つ描画しています。

プログラムを実行すると、良い感じに表示されました（図4）。for文の内側にtime.sleep(1)を追加などして試したところ、draw.rectangleメソッドを実行した瞬間にはディスプレイには表示されず、with文を抜けたときに表示されました。draw.rectangleメソッドなどで描いたものはdraw変数に保持されていて、with文を抜けるとdraw変数からdevice変数が示すディスプレイに表示しているようです。アニメーション風に表示するときは表示タイミングに気を付けましょう。

10.3 フォントを使って日本語を表示

ImageDrawには直線（line）や四角（rectangle）、多角形（polygon）、楕円（ellipse）、円弧（arc）といった様々な描画のメソッドがあり、これらを駆使して図形を描けます。さらに、キャラクターディスプレイのように文字を描くことも可能です。ここでは、日本語を表示してみましょう（**図6**）。次のコマンドを実行して、日本語フォントをインストールしてください。

```
$ sudo apt install fonts-takao ⏎
```

図6　日本語を表示した
図7の「oled-mono2.py」を実行した。

プログラムは**図7**です。日本語フォントfonts-japanese-gothic.ttfをfont変数に読み込んでおきます。そして、draw.textメソッドに表示したい文字列とfont変数を渡すと、日本語が表示されます。

図7　有機ELグラフィックスディスプレイ（白色）の日本語表示プログラム「oled-mono2.py」
赤色は図5の「oled-mono.py」から変更した箇所。

```
↓ luma.coreのi2cインタフェースクラスを使用
from luma.core.interface.serial import i2c
↓ luma.oledのssd1306ドライバクラスを使用
from luma.oled.device import ssd1306
from luma.core.render import canvas          ← luma.coreのcanvasクラスを使用
from PIL import ImageFont                    ← PillowのImageFontクラスを使用

device = ssd1306(i2c())

font = ImageFont.truetype("/usr/share/fonts/truetype/fonts-japanese-goth⏎
ic.ttf", 10, encoding='unic')                ← 日本語ゴシックのフォントを読み込み

with canvas(device) as draw:
    draw.rectangle(device.bounding_box, outline="white", fill="black", ⏎
width=4)
    ↓「ラズパイマガジン」を描画
```

次ページへ続く

図7の続き

```
    draw.text((28, 20), "ラズパイマガジン", fill="white", font=font)
    ↓「2021年秋号」を描画
    draw.text((36, 30), "2021年秋号", fill="white", font=font)

while True:
    None
```

ただし図6をよく見ると、フォントの大きさが小さかったため、少し文字がつぶれてしまいました。表示できる文字数は減ってしまいますが、もう少し文字を大きくした方がよさそうです。とはいえ現状でもきちんと読めるレベルなので、これでよしとしましょう。

10.4 カラーディスプレイで表示

先ほどは単色の有機ELグラフィックスディスプレイを試しました。少し値段は上がりますが、カラー表示できる有機ELグラフィックスディスプレイもあります。ここでは、秋月電子通商が販売している「有機ELディスプレイ 0.95インチ 96×64ドット RGB」（図1の中央）を使ってカラフルに表示してみましょう。ラズパイとの結線図は**図8**です。

図8　ラズパイとカラー有機ELグラフィックスディスプレイ（RGB）の結線図

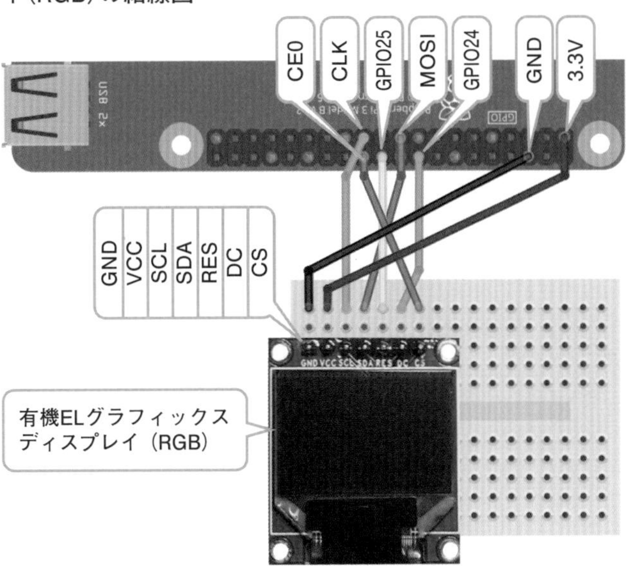

このディスプレイはカラーで96×64ドットを表示可能で、制御ICは「SSD1331」です。データシートを見るとパラレルIOとSPIで接続できますが、基板上の配線でSPIに固定されています。ただし、基板上のピンの部分に「SDA」や「SCL」と、I^2Cの名称が書かれています。紛らわしいですね。間違えてI^2Cに接続しないよう注意してください。

ラズパイとはSPI信号の3本（CE0、CLK、MOSI）と電源2本（3.3V、GND）に加え、リセット信号とDC信号*1を接続します。SPIのMISOは接続する必要ありません。データの流れがラズパイからディスプレイの一方向だからです。

SSD1331に使えるPythonパッケージを探したところ、「Adafruit_CircuitPython_SSD1331」と「luma.oled」が見つかりました。有機ELグラフィックスディスプレイ（白色）で使ったものと同じ「luma.oled」が使えるようです。

プログラムは図7の「oled-mono2.py」を流用しました（**図9**）。赤色の部分が、変更した箇所です。インタフェースと制御ICが違います。「i2c」を「spi」にして、「ssd1306」を「ssd1331」にしました。そして、draw.rectangleメソッドやdraw.textメソッドの色を指定する部分を白以外に変えました。

図9　有機ELグラフィックスディスプレイ（RGB）の表示プログラム「oled-color.py」
赤色は図7「oled-mono2.py」から変更した箇所。

```
↓ luma.coreのspiインタフェースクラスを使用
from luma.core.interface.serial import spi
↓ luma.oledのssd1331ドライバクラスを使用
from luma.oled.device import ssd1331
from luma.core.render import canvas
from PIL import ImageFont

device = ssd1331(spi())      ← SPI接続したSSD1331を作成

font = ImageFont.truetype("/usr/share/fonts/truetype/fonts-japanese-goth↩
ic.ttf", 10, encoding='unic')

with canvas(device) as draw:
    ↓ ピンク色(青枠)の四角
    draw.rectangle(device.bounding_box, outline="navy", fill="fuchsia", ↩
width=4)
```

次ページへ続く

*1　リセット信号（RES#）は制御ICを初期化するための信号で、DC信号（D/C#）は、SPIで送信する情報がコマンドなのかデータなのかを指定する信号です。コマンドとデータのどちらを送るかは、SPIで送信する情報の中でも指定できるはずですが、この制御ICでは、専用のDC信号を使って指定する必要があります。

図9の続き

```
    ↓ 黄色で「ラズパイマガジン」
    draw.text((14, 20), "ラズパイマガジン", fill="yellow", font=font)
    ↓ 赤色で「2021年秋号」
    draw.text((20, 30), "2021年秋号", fill="red", font=font)

while True:
    None
```

実行した様子が**図10**です。カラフルに表示されました。見た感じ、発色も申し分ありません。プログラムの変更はごくわずかで済みました。素晴らしい、ちょっと感動。

図10　カラー表示した様子
図9の「oled-color.py」を実行した。

10.5 拡大して観察するとドットが見える

有機ELグラフィックスディスプレイ（白色）をよく見ると、下部に黒いシールが貼ってあり、表示部分にもグレーのシールが貼ってあるようです。こういうのを見ると剥がしたくなりますよね。シールを剥がして、どのような構造になっているか確認してみましょう。

下部の黒いシールはピンセットで挟んで引っ張るだけで剥がせました。しかし、表示部分のシールはぴったりと貼り付けてあってなかなか剥がれません。シールとガラスの間にカッターナイフを入れて、少しずつ慎重に剥がしたところ、取ることができました（**図11**

の左側)。

図11　有機ELグラフィックスディスプレイ(白色)の構造と拡大図

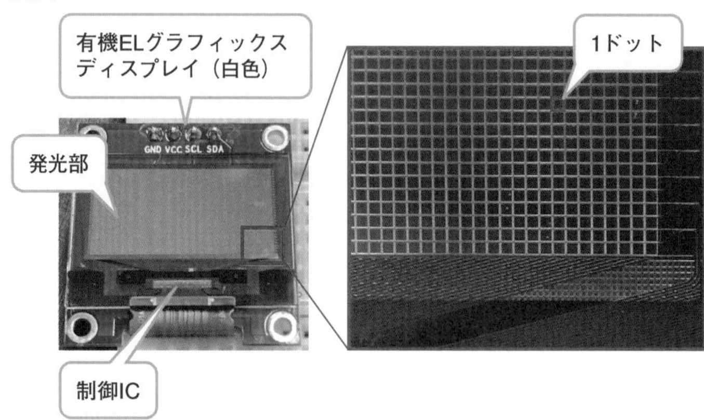

下部には制御ICが隠れていました。基板からのフィルムケーブルの配線が制御ICに接続されています。そして制御ICから発光部へ、ガラス上でたくさん配線されている様子も見て取れます。シールを剥がした発光部は鏡のようにピカピカでした。

顕微鏡で拡大したものが図11の右側です。四角い1ドット分の発光素子が隙間なくびっしりと並んでいました。

同様に、カラーの有機ELグラフィックスディスプレイ（RGB）もシールを剥がしてみました。発光素子が四角ではなく縦長の長方形になっています。点灯して確認すると、横並びに赤、緑、青、赤、緑、青、と光の3原色で並んでいました。赤、緑、青という三つの発光素子の明るさを調整して、カラー表示を実現していました（**図12**）。

図12　カラーの有機ELグラフィックスディスプレイ(RGB)の構造と拡大図

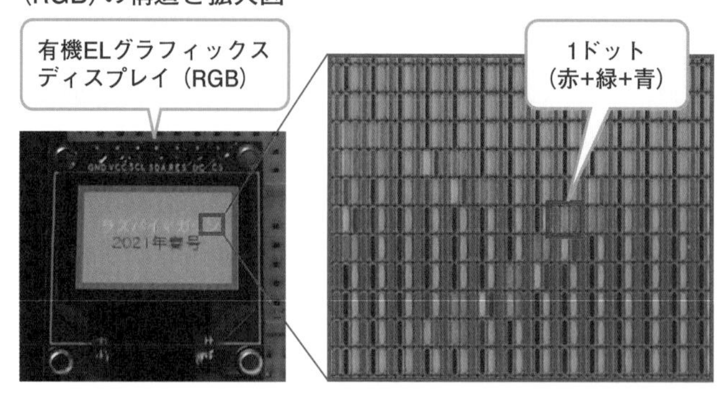

10.6 目が疲れない電子ペーパー

次は、最近容易に入手できるようになった電子ペーパーを試します。その名前の通り、紙のような読みやすさと扱いやすさを狙ったディスプレイです。米Amazon.com社のKindleに採用されたときに話題になりましたね。

最大の特徴は、表示を維持するのに電気を必要としないことです。書き換えるのに電気を使いますが、書き変えた後は表示をそのまま維持します。一方、表示の書き換えに時間がかかることから、アニメーションや動画の表示には向いていません。これらの特徴を生かして、書き変え可能なバーコードや、スーパーの棚にある値札（電子棚札）などへの利用が広がっています。

いくつかの仕組みがありますが、多くの会社が採用している電気泳動方式を紹介します。透明な液体の中に、黒色粒子と白色粒子が入れてあります（**図13**）。そして、黒色粒子はプラス、白色粒子はマイナスに帯電させてあります。表面、裏面にプラスもしくはマイナスの電圧を加えることで、狙いの粒子を表面に引き寄せて、色を見えるようにします。白色粒子を表面に寄せればディスプレイは白色に、黒色粒子を表面に寄せれば黒色に見えるわけです。一旦寄せてしまえば、電圧をなくしても、粒子はその位置にとどまるので、色が表示されたままになります。

図13　電子ペーパー（電気泳動方式）の動作原理

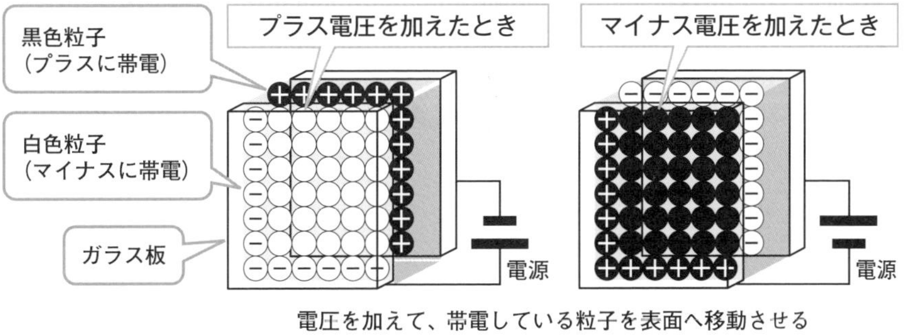

黒色粒子（プラスに帯電）
白色粒子（マイナスに帯電）
ガラス板
プラス電圧を加えたとき
マイナス電圧を加えたとき
電源
電源
電圧を加えて、帯電している粒子を表面へ移動させる

それでは、電子ペーパーを試して見ましょう。筆者が所属するSeeedが販売している「2.13インチ電子ペーパーモジュール e-Paper HAT」（図1の右側）を使うことにします。212×104ドットを白、黒、黄色の3色に表示できます。インタフェースはSPIです。配線が同封されていますが、ラズベリーパイHATの作りになっているのでGPIOヘッダーに重ねるだけでOKです。

電子ペーパーに画像を表示

電子ペーパーに「ラズパイマガジン」のロゴを表示してみましょう。e-Paper HATのPythonライブラリは、Pythonのリポジトリー（PyPI）にはありませんでした。電子ペーパーデバイスの開発元である中国Waveshare Electronics社がGitHubにサンプルコードを公開していて、この中に利用できるPythonモジュールがありました。これを使用しましょう。下記コマンドでラズパイにサンプルコードをダウンロードしてください。

```
$ cd /home/pi
$ git clone --depth 1 https://github.com/waveshare/e-Paper
```

次に、画像データを用意します。黒色を示した212×104ドットのモノクロビットマップと、黄色を示したモノクロビットマップの二つが必要です（**図14**）。筆者がWindows10のペイントで作ったものを本書のサポートサイトに用意しています。

図14　電子ペーパーに表示する画像（raspimag-b.bmp、raspimag-y.bmp）

黒色ビットマップ（raspimag-b.bmp）

日経BP

212×104ドット

黄色ビットマップ（raspimag-y.bmp）

ラズパイ マガジン

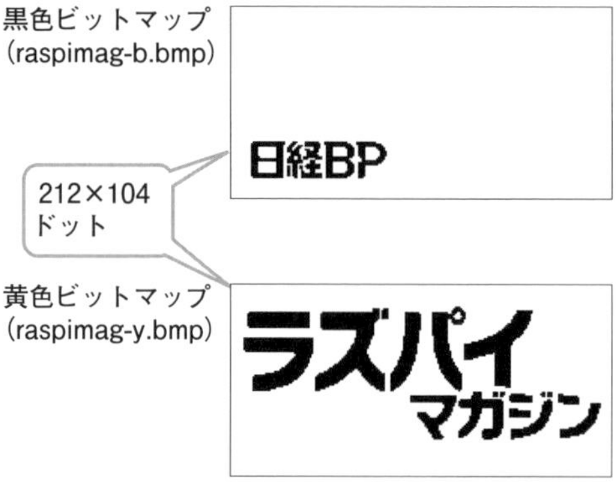

プログラムは**図15**です。Waveshare社のepd2in13bcモジュールを読み込むために、sys.pathにlibディレクトリーを追加します。そしてepd2in13bcモジュールのEPDメソッドで電子ペーパーを作成、initメソッドで初期化します。黒色のビットマップと黄色のビットマップをImageに読み込んで、displayメソッドに渡すと、画像がディスプレイに表示されます。

図15　電子ペーパーの表示プログラム「epd.py」

```
import os
import sys
from PIL import Image    ← PillowのImageクラスを使用

↓ Waveshare社のPythonモジュールのディレクトリー
LIBDIR = "/home/pi/e-Paper/RaspberryPi_JetsonNano/python/lib"

if os.path.exists(LIBDIR):
    sys.path.append(LIBDIR)
↓ Waveshare社のepd2in13bcモジュールを使用
from waveshare_epd import epd2in13bc

epd = epd2in13bc.EPD()  ← 電子ペーパーを作成
epd.init()              ← 電子ペーパーを初期化

↓ 黒色画像を読み込み
black_image = Image.open(os.path.join(os.path.dirname(__file__), "raspim⏎
ag-b.bmp"))
↓ 黄色画像を読み込み
yellow_image = Image.open(os.path.join(os.path.dirname(__file__), "raspi⏎
mag-y.bmp"))
↓ 画像を電子ペーパーに表示
epd.display(epd.getbuffer(black_image), epd.getbuffer(yellow_image))
```

実行した様子が**図16**です。白色がちょっとグレーっぽい気もしますが、色はくっきりしていて視認性は良いです。displayメソッドで表示を更新するのに、結構時間がかかりました。まず、表示範囲すべてがチカチカと数回点滅して白色と黒色が表示されます。このとき、黄色部分も黒色に表示されています。次に黄色部分がチカチカと数回点滅します。黄色の点滅が終わると、表示完了でした。最初の点滅から表示完了まで、25秒ほどかかりました。

図16　電子ペーパーにロゴを表示したところ
「epd.py」を実行した。

表示後、ラズパイをシャットダウンして電源を外しても表示は消えませんでした。さらに、ラズパイから電子ペーパーを取り外しても表示は残ったままでした（**図17**）。面白いですね。

図17　電子ペーパーをラズパイから外しても表示されたまま

電子ペーパーの表示を顕微鏡で拡大してみると、ハチの巣状の仕切りがありました（**図18**）。さらによく見ると、仕切りの中に粒々が集まっているが確認できました。子供のおもちゃの「お絵描きボード」にそっくりです。

図18　電子ペーパーの拡大図

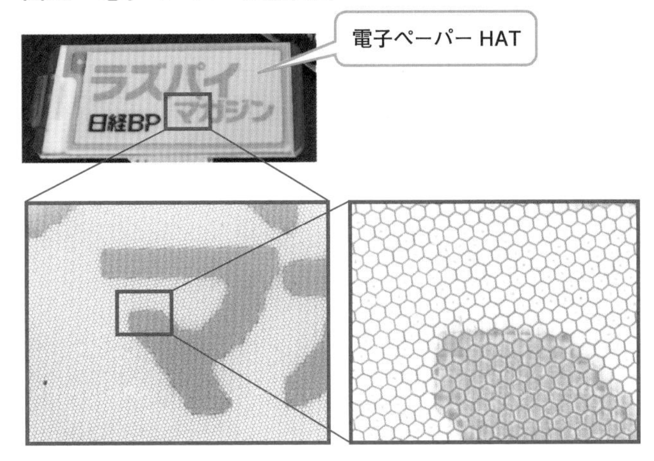

まとめ

有機ELグラフィックスディスプレイはI^2CやSPIで接続でき、手軽に扱えました。さらに、しっかりと発光、発色して見やすかったです。Pythonパッケージは複数あって迷いますが、luma.oledは複数のディスプレイで使えて便利でした。

有機ELグラフィックスディスプレイ（RGB）は、赤、緑、青それぞれの発光素子になっていて、なるほどと思いました。なぜか、信号線の意味と印刷の名称に違いがありました。こういうこともあるので、配線するときは気を付けないといけないですね。

電子ペーパーは表示した内容を維持できて、今までにないディスプレイで面白いと思いました。

Raspberry Piの IO詳解編

11章

デジタル入力

ラズパイ（Raspberry Pi）が備える汎用入出力端子の使い方を基礎からしっかり身に付けます。最初はGPIOのデジタル入力を紹介します。スイッチのON/OFFなどを調べられます。これを応用して、ドアを開けると音が鳴る装置を作ってみましょう。

ラズパイは、LEDやモーター、センサーといった電子部品を、40ピンの汎用入出力端子に接続して制御できます。この汎用入出力端子の使い方を基本から詳しく紹介します。

ラズパイの汎用入出力端子は、大きく4種類の機能があります。デジタル入出力のGPIO、ICを制御するための通信方式であるI^2CとSPI、汎用的なシリアル通信方式のUARTです（**図1、表1**）。それぞれハードウエアの説明よりも、プログラムからどう制御するかというソフトウエアをしっかり解説していきます。

図1　40ピンの汎用入出力端子の機能

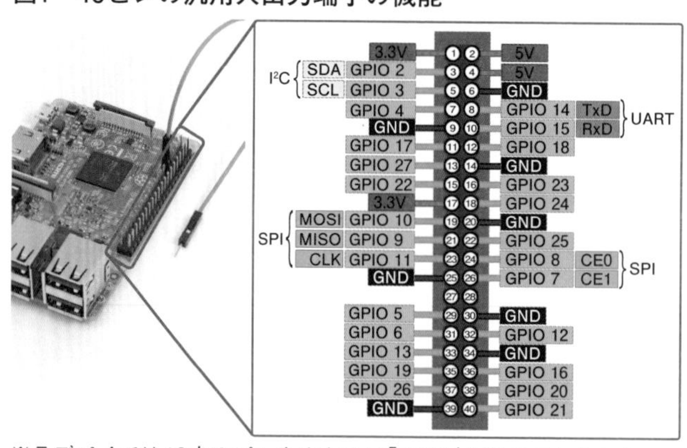

※ラズパイでは40本のピンをまとめて「GPIO」と呼ぶこともある。

表1　汎用入出力端子の機能

端子の機能	説明
GPIO	端子の電圧がON/OFFのどちらなのかを判定（デジタル入力）する、または端子をON/OFFの電圧に操作する（デジタル出力）。ONは3.3Vで、OFFは0V。主に、スイッチ入力やLED表示で使う
I^2C	ICと通信するときに使用する。複数のICを接続できる。最も一般的
SPI	ICと通信するときに使用する。複数のICを接続できる。高速に通信するときに利用される
UART	ICやCPUと通信するときに使用する

本章ではGPIOのデジタル入力を紹介します。基礎だけでは面白くないので、具体的な応用にも取り組みます。ここではドアを開けると音が鳴る装置を作ってみましょう。

GPIOは26本ある

GPIOはGeneral Purpose Input/Outputの頭文字を取った略語で、汎用的な入出力という意味です。汎用的って何だろうと思うかもしれませんが難しく考えず、ON/OFFを入力/出力できる端子だと考えてください。通常、端子ごとに入力または出力のどちらで使うのかをあらかじめ決めておき、ソフトウエアで設定します。

ラズパイの汎用入出力端子にGPIO端子は26個あります。2番から27番の番号が付いて、基本的にどれを使っても構いません（図1)。ただし、一部の端子は別の通信方式との兼用になっているため、できるだけ使わないようにした方がよいでしょう。I^2C用のGPIO2、3、SPI用のGPIO7、8、9、10、11、UART用のGPIO14、15です。これらをGPIOとして使っていると、別の通信方式を使いたくなったときに困ります。また、I^2C用のGPIO2、3は、後述のプルアップ抵抗が接続されていて無効にできないので要注意です。

11.1 スイッチには抵抗が欠かせない

入力に設定したGPIOに接続するのは大抵、スイッチ類か、ICなどのデジタル出力端子です。スイッチのON/OFFの状態や、センサーやICの出力結果を調べられます。

スイッチの配線方法は大きく2種類あります。一つはスイッチの両端をGPIO端子と3.3Vに接続する方法で、スイッチをONにすると3.3Vが入力されます（**図2**（1))。このときに欠かせないのが「プルダウン抵抗」で、両端をGPIO端子とGNDにつなぎます。プルダウン抵抗によって、スイッチがOFFのときにGPIO端子が安定して0V（GND）になります。スイッチONのときに流れる電流を抑えるため、通常1k～10kΩ程度の抵抗を使います。

図2　スイッチの接続方法
ラズパイ内部のプルアップ抵抗とプルダウン抵抗を使う方法が一般的(3、4)。

(1)スイッチONで3.3V。抵抗を外部に取り付け

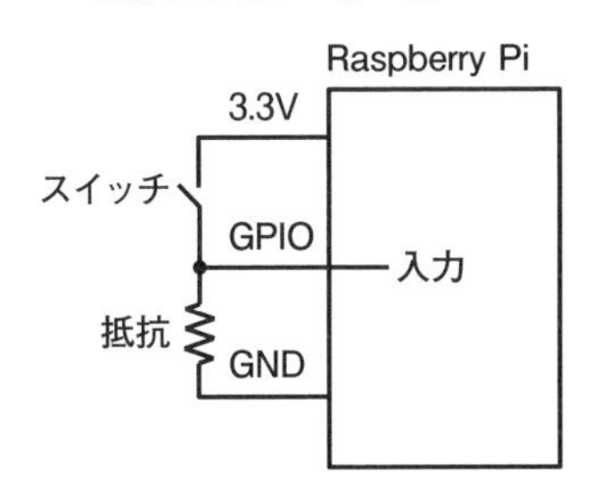

(3)スイッチONで3.3V。ラズパイ内蔵のプルダウン抵抗を使用

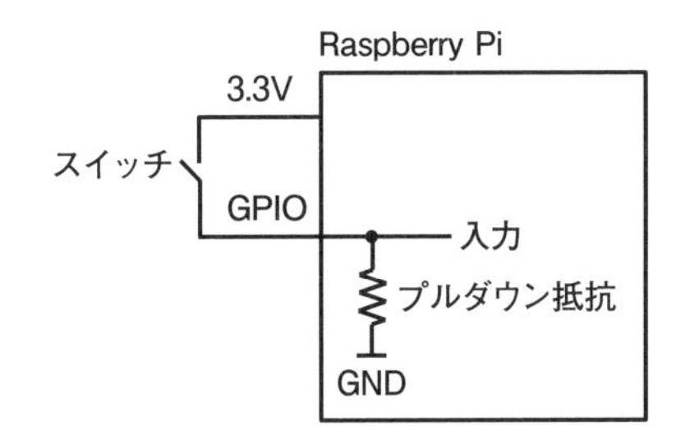

(2)スイッチONで0V。抵抗を外部に取り付け

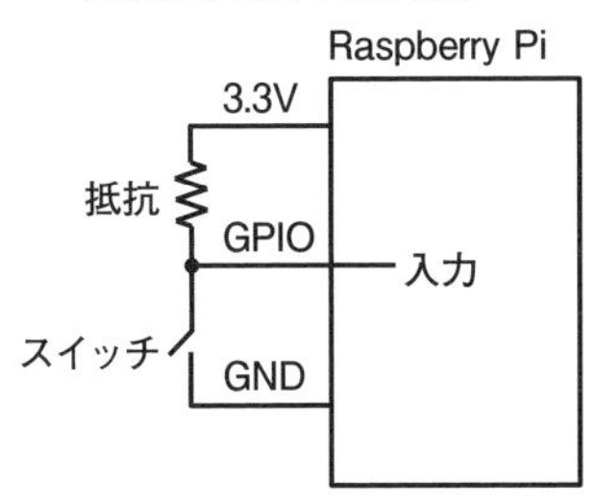

(4)スイッチONで0V。ラズパイ内蔵のプルアップ抵抗を使用

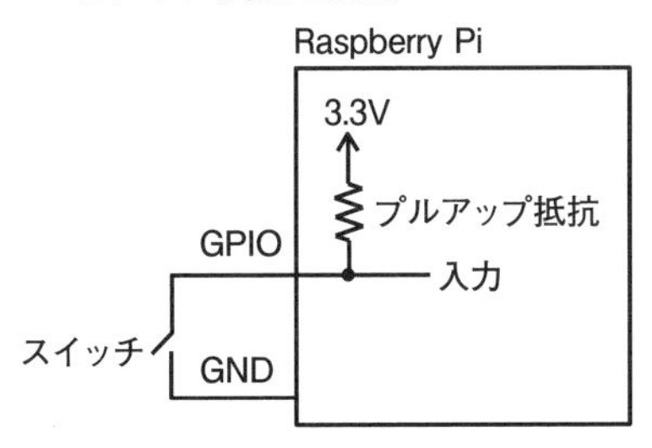

スイッチを配線するもう一つのやり方が両端をGPIO端子とGNDに接続する方法で、スイッチONで0Vが入力されます（図2（2））。この場合は、GPIO端子と3.3Vをつなぐ「プルアップ抵抗」を外付けし、スイッチOFFのとき安定して3.3Vになるようにします。

もっともラズパイの場合は、プルアップ抵抗/プルダウン抵抗が内蔵されているため、外付けを省略できます（図2（3、4））。内蔵抵抗の有効/無効をソフトウエアで設定でき有効にして使うのが一般的です。

センサーなどのデジタル出力をつなぐ場合は、出力電圧が3.3Vのものは、GPIO端子に直接接続します。出力電圧が5Vと高い場合、GPIO端子に直接接続するとラズパイが故障してしまいます。ラズパイのGPIO端子は最大3.3Vまでしか入力してはいけないからです。

そのため、二つの抵抗（10kΩと20kΩなど）を付けて、5Vを3.3Vに下げてGPIO端子に接続します（**図3**）。電圧を下げる計算式は**図4**の通りです。

図3　3.3V/5Vの出力をデジタル入力する配線方法
左の3.3V出力だと直接つなげるが、右の5V出力だと、5Vを二つの抵抗を使って、3.3Vに下げて入力する。

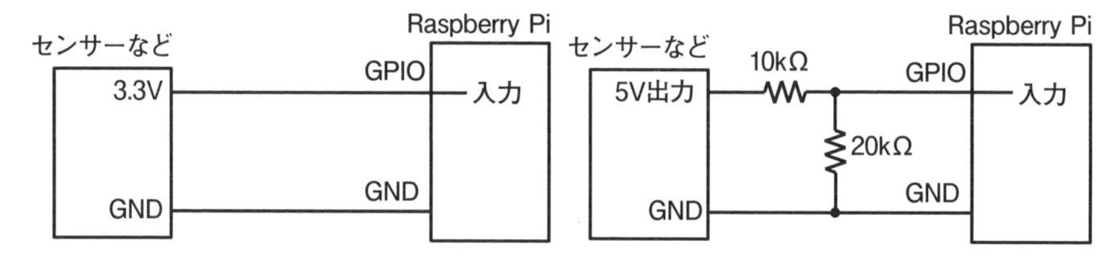

図4　GPIO端子の電圧の計算式

$$\text{GPIO端子の電圧}[V]=\text{デジタル出力の電圧}5[V]\times\frac{20[k\Omega]}{10[k\Omega]+20[k\Omega]}=3.3[V]$$

Raspberry Pi OSでのデジタル入力

それではまず、Raspberry Pi OS上でデジタル入力を読み取ってみましょう。図2（1）の回路を組んでスイッチ（秋月電子通商のP-03647など）の入力を読み取ります。GPIOは4番を使います（**図5**）。

図5　スイッチをつないだ回路

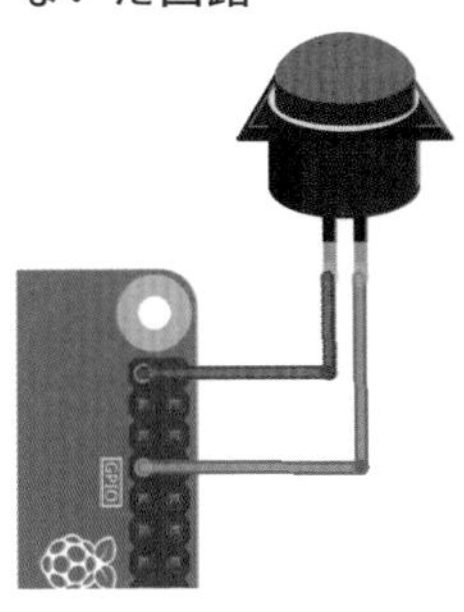

PythonでGPIOのデジタル入力を読み取るには、RPi.GPIOやWiringPi、pigpioといったモジュール（ライブラリ）を使います。本書の前半では主にpigpioを使いましたが、ここからはWiringPiを使います。コマンドを順に実行して動きを確認してみましょう（図6）。

図6　Raspberry Pi OSでのデジタル入力のコード例

import wiringpi as pi	… WiringPiを使う。別名はpi
pi.wiringPiSetupGpio()	… 初期化。正常の場合、0を返す
pi.pinMode(4, pi.INPUT) GPIO番号　入力	… GPIO4を入力に設定
pi.pullUpDnControl(4, pi.PUD_DOWN) GPIO番号　プルダウン	… GPIO4のプルダウン抵抗を有効に
pi.digitalRead(4) GPIO番号	… GPIO4からデジタル入力。1 or 0を返す

WiringPiは、ラズパイの汎用入出力端子の状態を調べたり制御したりするコマンドや、ソフトウエアから汎用入出力端子を扱うためのライブラリからなります。WiringPiはオリジナルの開発者による開発は停止していますが、WiringPiのPythonモジュールについては、有志が今も活発にメンテナンスしています。そのPythonモジュールを次のpip3コマンドでインストールします。

```
$ sudo pip3 install wiringpi ↵
```

Pythonを起動しましょう。root権限で動かすのでsudoコマンドを使います。

```
$ sudo python3 ⏎
```

Pythonプログラムから WiringPiを使えるようにするため、importを実行します。importはモジュールを読み込んで使えるようにするコマンドで、ここでは次のように「wiringpi」を読み込みます。また、この後「wiringpi」と入力する手間を減らすために、「pi」という短い別名を付けます。

```
>>> import wiringpi as pi ⏎
```

最初に初期化するため、wiringPiSetupGpio関数を実行します。正常ならば「0」と表示されます。

```
>>> pi.wiringPiSetupGpio() ⏎
0
```

次に入出力の方向を設定します。pinMode関数にスイッチをつないだGPIO番号と入出力方向（入力：INPUT、出力：OUTPUT）を指定して実行します。デジタル入力をしたいので入出力方向はINPUTです。

```
>>> pi.pinMode(4, pi.INPUT) ⏎
```

最後にプルアップ抵抗/プルダウン抵抗を設定します。pullUpDnControl関数にGPIO番号と、プルアップ抵抗（PUD_UPであり）/プルダウン抵抗（PUD_DOWNであり）を指定して実行します（抵抗なしはPUD_OFF）。

```
>>> pi.pullUpDnControl(4, pi.PUD_DOWN) ⏎
```

入力の読み込みは、digitalRead関数にGPIO番号を指定して実行すると戻り値で入力値が返ります。入力が0Vのときは「0」、3.3Vのときは「1」と表示されます。

```
>>> pi.digitalRead(4) ⏎
```

11.2 ドアを開けると音が鳴る装置を作ろう

それではデジタル入力を応用して、ドアを開けると音が出る装置を作ってみましょう。Raspberry Piに接続したHDMIディスプレイ、またはヘッドホンの端子から音を出します。

ドアの開け閉めを判断するセンサーは、100円ショップのダイソーに売っているLEDセンサーライトのセンサーを流用します（**図7**）。これは、戸棚などのドアを開けたときにLEDライトを点灯させるための商品で、磁石とリードスイッチ（磁力でON/OFFするスイッチ）、LEDライトが含まれています。ここでは、磁石とリードスイッチだけを使用します*1。

図7　LEDセンサーライトのセンサーを流用

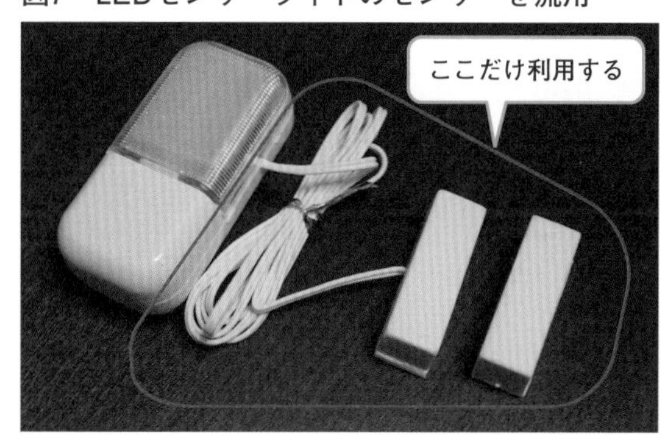

リードスイッチのケーブルを切断してラズパイの3.3V（1番ピン）とGPIO4（7番ピン）に接続してください（**図8**）。極性はないので、2本のケーブルはどちらに差しても構いません。

＊1　秋月電子通商のドアセンサースイッチ（P-13371）などでも代用できます。

図8　ラズパイにセンサーを接続

Raspberry Pi OSで動かす

Raspberry Pi OSでのコードを**図9**に示します。コードは大きく五つのブロックに分かれています。

図9　ドアが開くと音を鳴らすPythonプログラム（Raspberry Pi OSの場合）

(1)モジュールの読み込み
```
import wiringpi as pi        → wiringpiモジュールの読み込み。GPIOで使用
import pygame.mixer          → mixerモジュールの読み込み。MP3再生で使用
import time                  → timeモジュールの読み込み。処理の一時停止で使用
```

(2)定数の宣言
```
DOOR_SENSOR_GPIO = 4           → ドアセンサーを接続するGPIO番号
SOUND_FILE = "open.mp3";       → 再生するMP3ファイル名
```

(3)ドアセンサー関数の定義
```
def init_door_sensor():        → ドアセンサーの初期化関数
    pi.wiringPiSetupGpio()     → wiringpiを初期化

    ↓ドアセンサーのGPIOを入力に設定
    pi.pinMode(DOOR_SENSOR_GPIO, pi.INPUT)
    pi.pullUpDnControl(DOOR_SENSOR_GPIO, pi.PUD_DOWN)
       ↑ドアセンサーのGPIOのプルダウン抵抗を有効化
def read_door_sensor():                 → ドアセンサーの読み込み関数
    ↓ドアセンサーのGPIOを読み込み
    return pi.digitalRead(DOOR_SENSOR_GPIO)
```

(4)サウンド関数の定義
```
def init_sound():                       → サウンドの初期化関数
    pygame.mixer.init()                 → mixerを初期化
    ↓MP3ファイルを読み込み
    pygame.mixer.music.load(SOUND_FILE)

def play_sound():                       → サウンドの再生関数
    pygame.mixer.music.play()           → MP3ファイルを再生
```

次ページへ続く

図9の続き

(5)メイン処理

```
init_door_sensor()                      → ドアセンサーを初期化。(5-A)
init_sound()                            → サウンドを初期化。(5-A)

door_state = 1                          → ドアの状態をONに初期化。(5-C)

while True:                             → (以降を繰り返す)
    pre_door_state = door_state         → 直前のドアの状態を設定。(5-B)
    door_state = read_door_sensor()     → 現在のドアの状態を設定。(5-B)

    print(door_state)                   → 現在のドアの状態を画面に表示

    ▼ドアの状態がONからOFFに変化したとき(5-D)
    if pre_door_state == 1 and door_state == 0:
        print("Play sound !")           → "Play sound !"と画面に表示
        play_sound()                    → サウンドを再生。(5-E)

    time.sleep(0.1)                     → 0.1秒間、処理を一時停止
```

(1) モジュールの読み込みでは、以降で使用するwiringpi、pygame.mixer、timeモジュールを読み込んでいます。

(2) 定数の宣言では、コードが出来上がった後に変更するかもしれない数値や文字列に名前を付けて宣言しています。ここでは、ドアセンサーが接続されているGPIO番号のDOOR_SENSOR_GPIO、再生するMP3ファイル名のSOUND_FILEの二つを宣言しています。

(3) ドアセンサー関数の定義では、ドアセンサーに関わる処理を関数（複数のコードをひとまとめにして、新たな命令を作るようなもの）に定義してコードを読みやすくしています。ここでは、ドアセンサーを初期化するinit_door_sensor関数（wiringpiを初期化して、GPIOを入力に設定、プルダウン抵抗を有効化）とドアセンサーを読み込むread_door_sensor関数（GPIOから読み込み）の二つを定義しています。

(4) サウンド関数の定義では、音出しに関わる処理を関数に定義しています。ここでは、サウンドを初期化するinit_sound関数とサウンドを再生するplay_sound関数の二つを定義しています。

(5) メイン処理では、定義した関数を使って、ドアを開けたら音を出す、一番キモとなる手順を記述しています。少し複雑ですが、確認していきましょう。

まず、ドアセンサーとサウンドを初期化します（5-A）。

次に、while文で繰り返しを記述し、直前のドアの状態をpre_door_state、現在のドアの状態をdoor_stateに代入します（5-B）。直前のドアの状態（pre_door_state）は不要と感じるかもしれませんが、ドアが開いたことを判定するときに必要になります。ここではそのまま読み進んでください。

door_stateをpre_door_stateに代入していることから、初回の値が不定にならないよう、繰り返しの外側にdoor_stateに初期値1を代入しておきます（5-C）。

pre_door_stateとdoor_stateを見て、ドアが開いたかどうかを判定します（5-D）。「ドアが開く」=「直前にドアが閉まっていたが、今は開いている」と判定するのがポイントです。これを実現するために、pre_door_stateが必要になるのです。

最後に、ドアが開いたときに、サウンドを再生します（5-E）。

12章

デジタル出力

GPIOのデジタル出力を使って、LEDやDCモーターを制御してみましょう。「チャーリープレクシング」という特殊な回路で多数のLEDを制御する方法も紹介します。

前章ではGPIOのデジタル入力を解説しました。スイッチの接続方法や5Vを入力するための配線方法、これらの入力を判断するためのソフトウエアを紹介しました。

本章ではGPIOのデジタル出力を紹介します。シンプルにHigh（3.3V）/Low（0V）を出力する方法と、GPIOの入力モードを組み合わせた特殊な用法（チャーリープレクシング回路）を説明します。GPIOを使った擬似的なアナログ出力方式である「PWM」出力は次章で解説します。

12.1 デジタル出力でLEDを制御

GPIOのデジタル出力では、ソフトウエアからの指示でGPIO端子を3.3Vや0Vにできます。LEDの点灯/消灯やDC（直流）モーターのON/OFFの制御などに使います。

まずLEDの点灯/消灯を制御してみましょう。GPIO端子（ここではGPIO4）とGNDの間にLEDと抵抗を接続します。回路図は**図1**、配線図は**図2**です。LEDは二つの端子があり、一方が+側（アノード、足の長い方）、もう一方が−側（カソード）です。+側に一定以上の電圧（多くの赤色LEDは約2V）をかけると光りますが、電流量を抑えるために抵抗（100～1kΩ程度）を挟む必要があります。

図1　LEDを点灯/消灯させる回路図

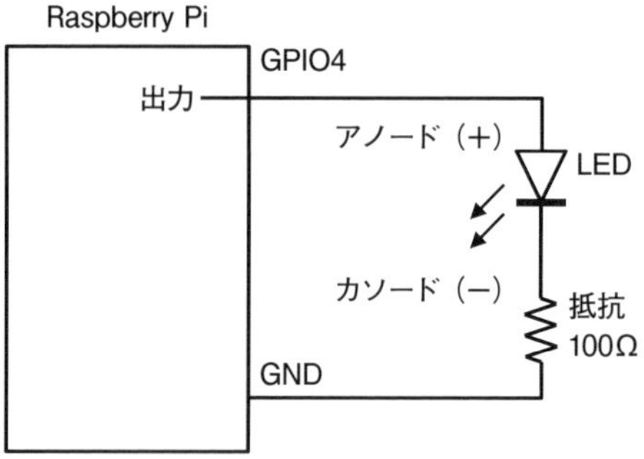

図2　LEDを点灯/消灯させる配線図

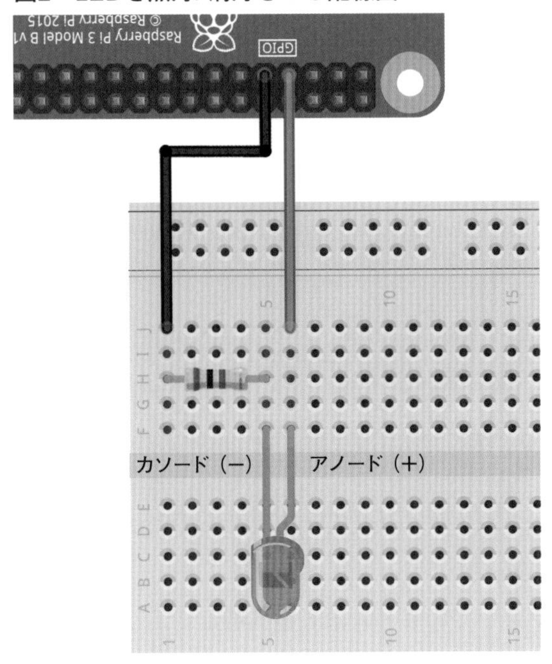

LEDは、ソフトウエアでGPIOをHighにすると端子が3.3Vになり、電流が流れて点灯します。3.3VとGPIOの端子の間にLEDを接続する方法もありますが、このときはLow指示でLEDが点灯します（**図3**）。

図3　LEDのカソード側にGPIOをつないで制御する回路図
GPIOをLowにすると点灯する。

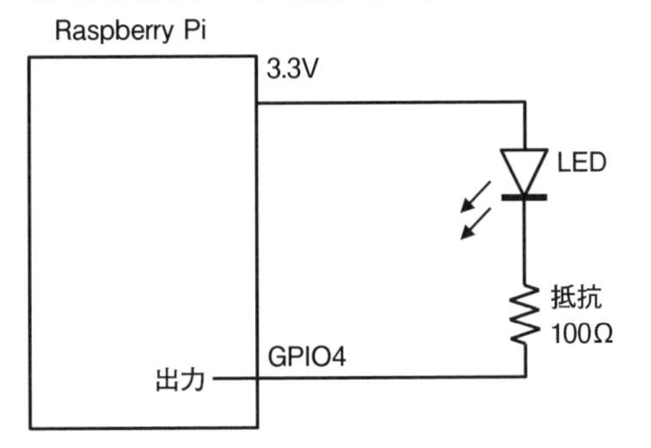

LED単品を接続するときはどちらでも問題ありませんが、フルカラーLEDや7セグメントLEDといった複数のLEDが内蔵されている部品では結線方法が限定されるので注意しましょう。フルカラーLEDなどでカソードコモンと書かれている部品は、内蔵する複

数LEDのカソード（−）側が結線されて一つの端子になっています。その端子をGNDに接続し、各LEDのアノード（+）側を別々のGPIO端子につなぎます。アノードコモンと書かれている部品は、アノード側をまとめた端子を3.3Vに接続し、各LEDのカソードをGPIO端子に接続します。

12.2 電流不足はトランジスタで補う

DCモーターは電源をつなげば回るシンプルなモーターです。LEDと同じように、ラズパイのGPIOに直接つないで制御できそうですが、うまくいきません。GPIOから、DCモーターを回せるような大電流を流せないためです。

定番のDCモーターである「FA-130RA」の場合、一定の負荷をかけたとき最大660mAの電流が流れます。一方、1本のGPIO端子に流せる電流は16mAで、全く足りません（全GPIOを足した上限は50mA）。

このように電流が不足しているときは、電気的なスイッチとして動く「トランジスタ」を使って接続します。回路図は**図4**、配線図は**図5**です。電子工作でよく使われるトランジスタには（小信号用）バイポーラートランジスタと電界効果トランジスタ（FET）の2種類があり、ここではより大きな電流を流せるFETを使っています。

図4　DCモーターを回す回路図

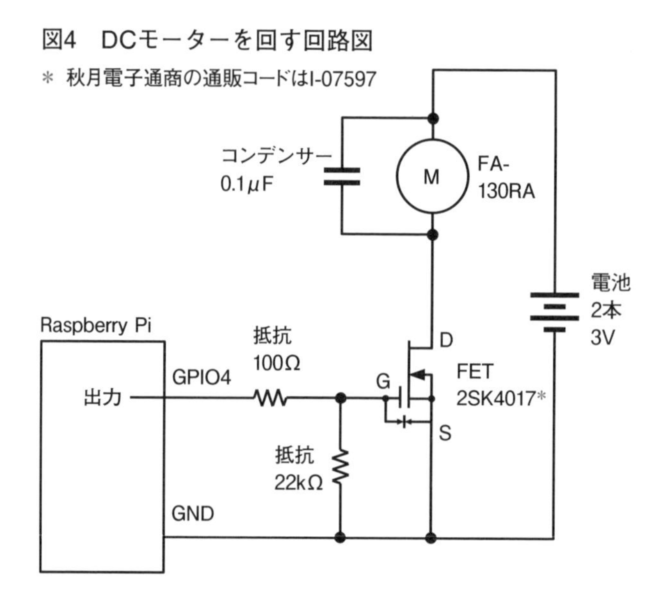

図5　DCモーターを回す配線図

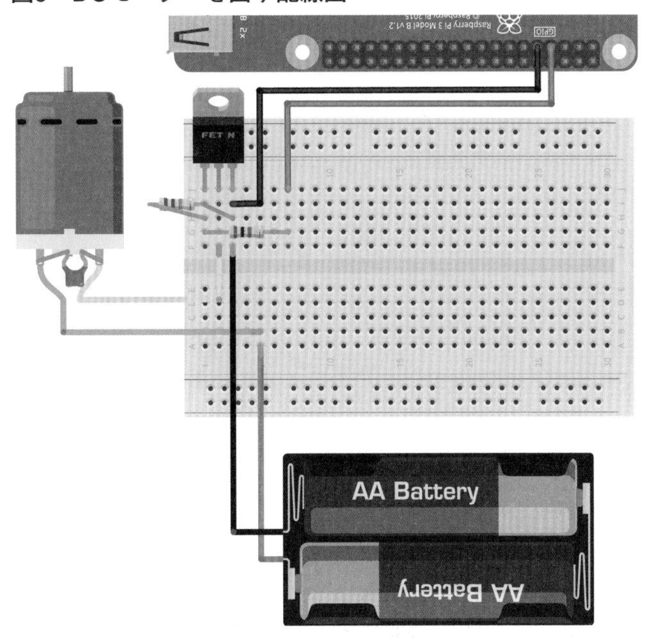

GPIO端子は、抵抗を通してFETの「ゲート」（G）に接続します。GPIO端子をHighにすると（スイッチを入れると）、「ドレイン」（D）から「ソース」（S）へ電流が流れる、つまりモーターが回ります。DCモーターは大電流を消費するため通常、専用の電源を用意します（ここでは乾電池を2個）。一方のバイポーラートランジスタは、LEDを明るく光らせたい場合などに使います（LEDなら20mAなど）。

12.3 少ない配線で多くのLEDを制御

GPIO出力の応用として、「チャーリープレクシング回路」を紹介しましょう。より少ないGPIO端子で、多くのLEDを制御する方法で、配線もシンプルにできます。**図6**は、三つのGPIO端子で6個のLEDを制御する回路です。配線図は**図7**です。同様に、四つのGPIO端子で12個のLEDを制御したりできます。

図6　チャーリープレクシング回路で6個のLEDを制御する回路図

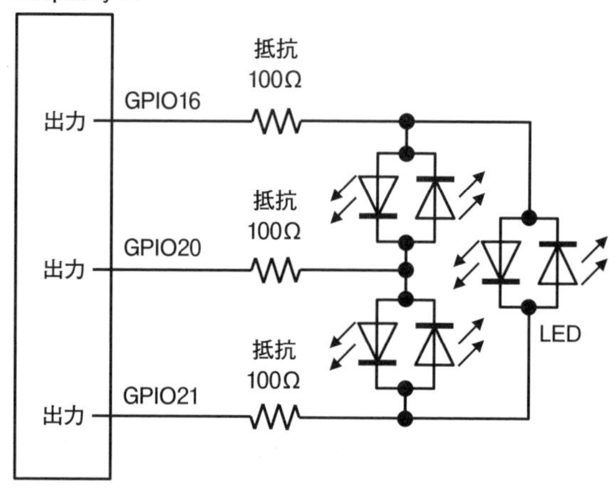

図7　チャーリープレクシング回路で6個のLEDを制御する配線図

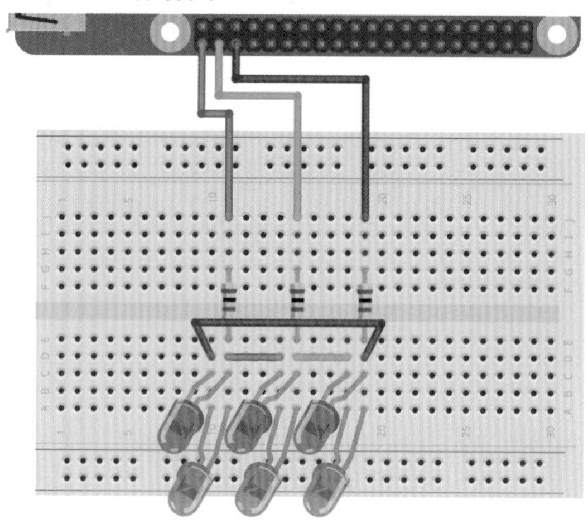

通常のデジタル出力では、High（3.3V）とLow（0V）という二つの状態しかありません。チャーリープレクシング回路はこれに加えて、GPIO端子をデジタル入力にした状態を使います。この状態では、GPIO端子は電流が流れない状態（ハイインピーダンス状態。Hi-Zと記す）になります。

具体的に見てみましょう。**図8**でGPIO16をHigh、GPIO20をLow、GPIO21をHi-Zにしたとします。Hi-ZのGPIO21につながる右側と下側の4個のLEDは点灯しません。残りの2個のLEDのうち、順方向に電圧がかかった左側のLEDだけが点灯します。このように、チャーリープレクシングはHigh/Low/Hi-Zの三つの状態と、LEDが順方向で点灯するという特性を利用して、任意のLEDを点灯させられます。

図8　チャーリープレクシング回路の仕組み

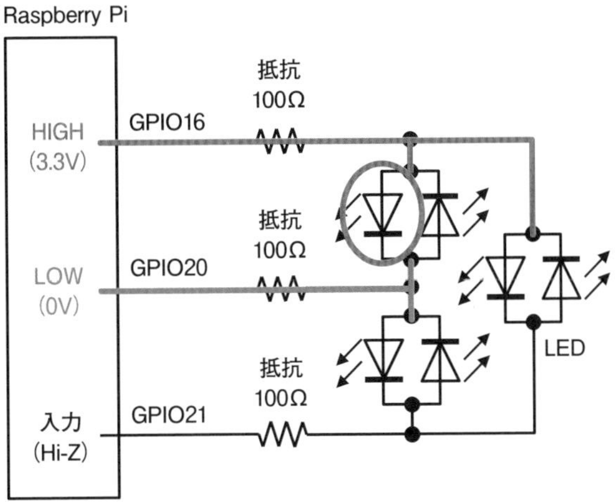

12.4 PythonでLEDを制御

それではRaspberry Pi OSのソフトウエアにとりかかりましょう。最初はHighとLowの制御です。ハードウエアはLEDの回路（図1）またはDCモーターの制御回路（図4）を用意してください。ソフトウエアはどちらでも同じです。

PythonでGPIOを制御するためのライブラリはWiringPiを使います。インストールがまだの場合は次を実行します。

```
$ sudo pip3 install wiringpi ↵
```

Pythonを起動して、WiringPiを使えるようにimportを実行します。

```
$ sudo python3 ↵
>>> import wiringpi as pi ↵
```

WiringPiを次のように初期化します。正常だと「0」になります。

```
>>> pi.wiringPiSetupGpio() ↵
0
```

次に入出力方向を設定します。pinMode関数にLEDやDCモーターをつないだGPIO番号と入出力方向（入力：INPUT、出力：OUTPUT）を指定して実行します。ここでは出力のOUTPUTを指定します。

```
>>> pi.pinMode(4, pi.OUTPUT) ↵
```

デジタル出力をします。3.3VにするときはHigh（pi.HIGH）、0V（GND）にするときはLow（pi.LOW）を指定して実行します。

```
>>> pi.digitalWrite(4, pi.HIGH) ↵
>>> pi.digitalWrite(4, pi.LOW) ↵
```

チャーリープレクシングの場合

今度はチャーリープレクシング回路（図8）を動かしてみましょう。Pythonを起動して、WiringPiを使えるようにimportを実行し、WiringPiを初期化します。

```
$ sudo python3 ↵
>>> import wiringpi as pi ↵
>>> pi.wiringPiSetupInGpio() ↵
0
```

3本のGPIO端子に電流が流れないようにGPIO入出力方向を入力（INPUT）に設定します。

```
>>> pi.pinMode(16, pi.INPUT) ↵
>>> pi.pinMode(20, pi.INPUT) ↵
>>> pi.pinMode(21, pi.INPUT) ↵
```

それでは、GPIO16をHigh、GPIO20をLowにして、左上LEDを点灯させてみましょう。pinMode関数でGPIO16とGPIO20の入出力方向を出力（OUTPUT）に設定し、dig italWrite関数でGPIO16をHigh、GPIO20をLowに設定します。

```
>>> pi.pinMode(16, pi.OUTPUT) ⏎
>>> pi.pinMode(20, pi.OUTPUT) ⏎
>>> pi.digitalWrite(16, pi.HIGH) ⏎
>>> pi.digitalWrite(20, pi.LOW) ⏎
```


無事、左上LEDが点灯したでしょうか。しかしよく見ると、右から二つ目のLEDもぼんやり光りました（**図9**）。これは、GPIO21を入力にして電流が流れない状態にしたつもりでしたが、デフォルトでプルダウン抵抗＊2が有効になっていたため、GPIO16からGPIO21に少し電流が流れたためでした（**図10**）。

図9　左下のLEDもぼんやり光ってしまう

＊2　前章で紹介したように、GPIOとGNDの間に挟む形で入れる抵抗のことです。GPIOに接続したスイッチがオフのとき、安定して0Vにするために使います。

図10　GPIO入力のプルダウン抵抗のために電流が流れる

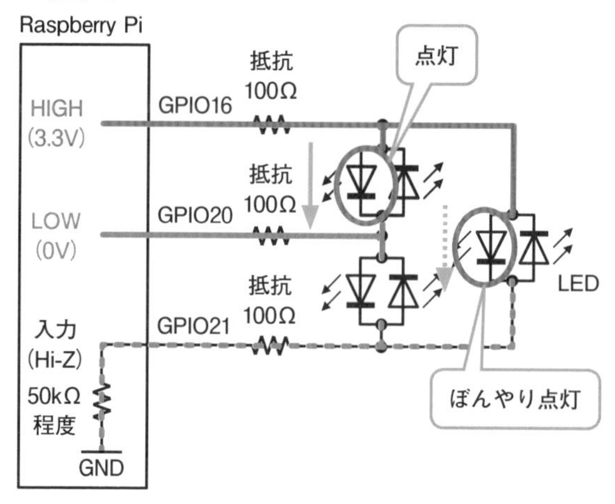

GPIO21に流れる電流を止めるために、pullUpDnControl関数でプルアップ抵抗/プルダウン抵抗を無効（PUD_OFF）にします。

```
>>> pi.pullUpDnControl(21, pi.PUD_OFF) ↵
```

結果、ぼんやりと光っていたLEDが消えました（**図11**）。

図11　左下のLEDが消えた

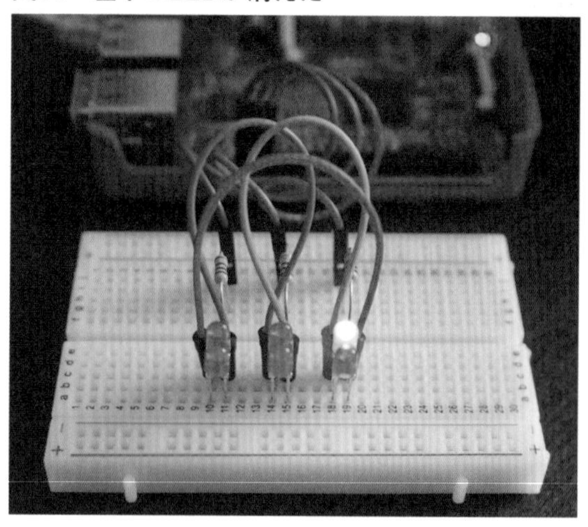

Pythonコードを実装

続いて、Pythonのプログラムでチャーリープレクシング回路のLEDを次々と点灯するコードを**図12**に示します。

図12 Raspberry Pi OS上のPythonでチャーリープレクシング

(1)モジュールの読み込み
```
import wiringpi as pi   → wiringpiモジュールの読み込み。GPIOで使用
import time             → timeモジュールの読み込み。処理の一時停止で使用
```

(2)定数の宣言
```
WIRE0 = 16              → LEDを接続するGPIO番号
WIRE1 = 20
WIRE2 = 21
```

(3) GPIO番号を取得する関数の定義
```
def get_wire(num):
    if num == 0:
        return (WIRE0, WIRE1)
    elif num == 1:
        return (WIRE1, WIRE0)
    (略)
```
LED番号に対応したGPIO番号を取得する関数
光らせたいLEDの番号(0から5の数値)から、HighとLowにすべき2個のGPIO番号が得られる。1要素目がHigh、2要素目がLowのGPIO番号のタプル型(各要素をカンマ区切りで書いて括弧で囲む)で返す。

(4) LED関数の定義
```
def init_led():                                → LEDを初期化する関数
    pi.wiringPiSetupGpio()                     → wiringpiを初期化
    ↓(wireにWIRE0、WIRE1、WIRE2を代入しながら以降を実行する)
    for wire in (WIRE0, WIRE1, WIRE2):
        pi.pinMode(wire, pi.OUTPUT)            → GPIOを出力に設定
        pi.digitalWrite(wire, pi.LOW)          → GPIOをLow出力に設定
        pi.pinMode(wire, pi.INPUT)             → GPIOを入力に設定
        ↓GPIOのプルアップ抵抗/プルダウン抵抗を無効化
        pi.pullUpDnControl(wire, pi.PUD_OFF)

def lighton_led(wire):                         → LEDを点灯する関数
    pi.pinMode(wire[0], pi.OUTPUT)             → High側GPIOを出力に設定
    pi.pinMode(wire[1], pi.OUTPUT)             → Low側GPIOを出力に設定
    ↓High側GPIOをHigh出力に設定(Low側GPIOはinit_led関数でLowに設定済み)
    pi.digitalWrite(wire[0], pi.HIGH)

def lightoff_led(wire):                        → LEDを消灯する関数
    ↓High側GPIOをLow出力に設定
    pi.digitalWrite(wire[0], pi.LOW)
    pi.pinMode(wire[0], pi.INPUT)              → High側GPIOを入力に設定
    pi.pinMode(wire[1], pi.INPUT)              → Low側GPIOを入力に設定
```

(5)メイン処理
```
init_led()                                     → LEDを初期化

while True:                                    → (以降を繰り返す)
```

次ページへ続く

図12の続き

```
                  for num in (0, 2, 4, 5, 3, 1):
                  などに変更して、LEDの点灯順序を変えることも可能
                  ↑
       ↓(numに0～5を代入しながら、以降を実行する)
(5)メイン  for num in range(6):
処理           ↓wireにHigh側GPIOとLow側GPIOを代入
           wire = get_wire(num)
           lighton_led(wire)              → LEDを点灯
           time.sleep(0.2)                → 0.2秒間、処理を一時停止
                 lightoff_led(wire)       → LEDを消灯
```

（1）で必要なモジュールを読み込み、（2）の定数の宣言では、コードが出来上がった後に変更するかもしれない、LEDを接続したGPIO番号をWIRE0、WIRE1、WIRE2という名前で宣言しています。

（3）ではGPIO番号を取得するget_wire関数、（4）ではLEDを制御する関数を定義しています。LEDを初期化するinit_led関数、LEDを点灯するlighton_led関数、LEDを消灯するlightoff_led関数があります。init_led関数では、wiringPiSetupGpio関数でWiring Piを初期化し、WIRE0、WIRE1、WIRE2それぞれにLowを出力してから入力に変更しプルアップ抵抗を無効にしています。ここでLowに出力するのは無駄に見えますが、後にLEDを点灯するときに一瞬LEDが点灯してしまうのを防ぐためです。

（5）のメイン処理では、init_led関数で初期化した後、for文でLED番号を0から5に変えながらlighton_led関数でLEDを点灯、sleep関数で0.2秒間待ち、lightoff_led関数でLEDを消灯します。for文の繰り返しだけだとLEDの0から5を点灯した後にプログラムが終了してしまうので、for文の外側にwhile文を加えて永久ループにしています。

13章

PWM出力

本章ではLEDの明るさを変えたり、サーボモーターを制御したりできるPWMについて解説します。方法は3種類あって、それぞれ精度が異なります。

前章では、GPIOのデジタル出力ということで、LEDの点灯/消灯やDCモーターのON/OFF、少ない配線で多くのLEDを制御する「チャーリープレクシング回路」について紹介しました。本章では、GPIOの電圧をHighとLowに周期的に切り替える「PWM」(パルス幅変調)出力を紹介します。

実際の解説に入る前に、「圧電スピーカー」を鳴らしてPWM出力がどう便利なのかを体験してみましょう。圧電スピーカーとは、圧電セラミックスと金属板を張り合わせた部品で、リード線が2本付いています。電圧を加えると圧電セラミックスが縮んで(もしくは伸びて)金属板が反ります。電圧のHigh/Lowを繰り返すことで、空気を振動させて音を出すことができます(**図1**)。

図1　圧電スピーカーの構造

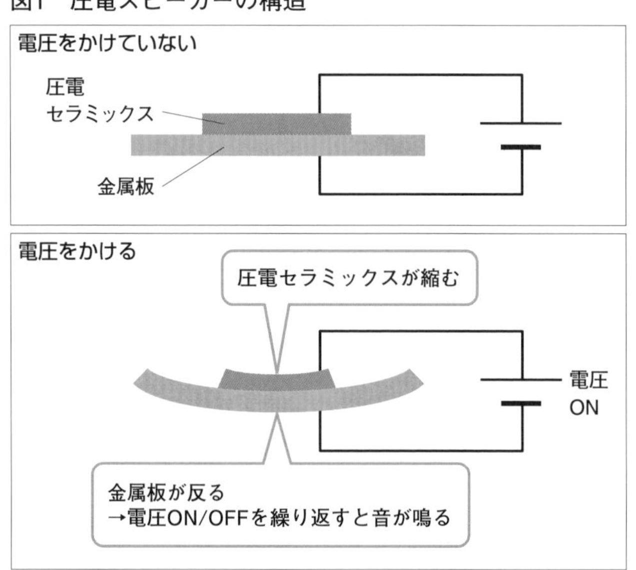

ここでは秋月電子通商の圧電スピーカー(通販コード:P-04228)を使います。外観が似ている圧電ブザーという部品もありますので、間違えないよう注意してください。ラズパイのGPIO18とGNDに圧電スピーカーを直接接続します(**図2**)。

図2　ラズパイと圧電スピーカーの回路図と配線図

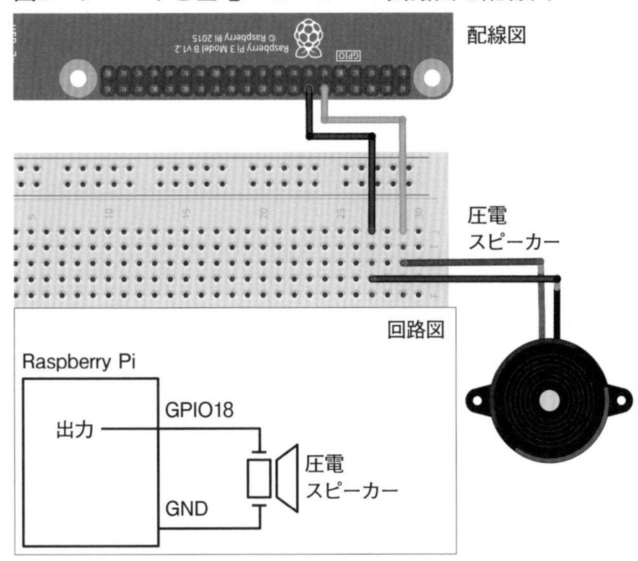

13.1 デジタル出力で音を出す

まずPythonを使い、GPIOのデジタル出力でHigh/Lowを繰り返して、PWM出力を出してみます。周波数1kHz（1000Hz）の音を出すには、1kHzの周期が1/1kHz=1ミリ秒なので、500マイクロ秒だけ電圧をHighにして、残りの500マイクロ秒は電圧をLowにします。

実際のプログラムを**図3**に示します。High/Lowを繰り返すために、while文を使います。while文の中で、電圧をHighにして500マイクロ秒待機、電圧をLowにして500マイクロ秒待機します。ここは繰り返し実行する部分なので、先頭にインデント（ここではスペース2個）を忘れずに入力してください。

図3　圧電スピーカーを鳴らすプログラム「buzzer.py」

```
import wiringpi as pi
pi.wiringPiSetupGpio()

pi.pinMode(18, pi.OUTPUT)
while True:
  pi.digitalWrite(18, pi.HIGH)
  pi.delayMicroseconds(500)
  pi.digitalWrite(18, pi.LOW)
  pi.delayMicroseconds(500)
```

Text Editorなどのエディタでプログラムを入力して保存します。次のように実行すると、High/Lowが繰り返されて圧電スピーカーから1kHzの音が聞こえます（止めるときは［Ctrl+C］を入力）。

```
$ sudo python3 buzzer.py ↵
```

ピーという機械音をよく聞いてみると、時折、引っかかりのような雑音が出ていると感じるはずです。ラズパイのRaspberry Pi OS上ではさまざまなプログラム（グラフィックス表示やネットワーク処理など）が同時に実行されています。Pythonプログラムの実行中に、ほかのプログラムが割り込むことから、このように聞こえてくるのです。継続的に精度良く、1kHzでHigh/Lowにはなりません。

13.2 PWM出力で音を出す

そこで、もっと精度が高いPWM出力を出してみましょう。結線はそのままでPythonのプログラムを変更します。

Python3を立ち上げて、GPIO18をPWM出力に設定してみましょう。デジタル出力のときはOUTPUTでしたが、PWM出力はPWM_OUTPUTと指定します。

```
$ sudo python3 ↵
>>> import wiringpi as pi ↵
>>> pi.wiringPiSetupGpio() ↵
0
>>> pi.pinMode(18, pi.PWM_OUTPUT) ↵
```

次に、PWM出力を細かく設定します。詳しくは後述するので、ここでは書いてある通り入力してください。この中のpwmSetClock()で指定している100がHigh/Lowの周期です。100だと1kHzで、200だと500Hzになります。

```
>>> pi.pwmSetMode(pi.PWM_MODE_MS) ↵
>>> pi.pwmSetRange(192) ↵
>>> pi.pwmSetClock(100) ↵
```

そして、次の通りPWM出力を設定すると圧電スピーカーから1kHzの音が聞こえます。さきほどのループ実行と比べて、安定した1kHzになっていることが分かると思います。

```
>>> pi.pwmWrite(18, 96) ⏎
```

音を止めたいときは、次の通りPWM出力を0にします。

```
>>> pi.pwmWrite(18, 0) ⏎
```

デジタル出力とPWM出力の違いを感じられたでしょうか。デジタル出力をループ実行したときと比べて、PWM出力は音（周期・周波数）を安定して出せます。また、プログラムが止まっていても音を出し続けることができるのが特徴です（**コラム**「簡単に音を鳴らせる『ソフトウエアTONE』」も参照）。

Column 簡単に音を鳴らせる「ソフトウエアTONE」

WiringPiライブラリには、音（トーン）を出力するソフトウエアTONEがあります。

ソフトウエアTONEでは、softToneWrite関数にピン番号、周波数を指定すると、その周波数の音が出力されるので、周期を計算する手間が減ります。タイミングのズレは「ソフトウエアPWM」と同じです。例えば、電話の待ち受け音（440Hz）を出すには次のように指定します。

```
pi.softToneCreate(18)
pi.softToneWrite(18, 440)
```

13.3 PWMとは

PWM（Pulse Width Modulation）をもう少し正確に説明すると、High/Lowを一定の間隔で繰り返してHighの時間を変化させることをいいます。パルス幅を変化させて、LEDの明るさを変えたり、サーボモーターを制御したりすることができます。

出力する信号は、High/Lowを繰り返す時間（周期）とHighとLowの比率（デューティー比）の二つで決まります。例えば、周期が1秒でデューティー比が10%の場合は**図4（1）**の出力になり、周期が1秒でデューティー比が50%の場合は図4（2）の出力になります。

図4　PWM信号の周期とデューティー比

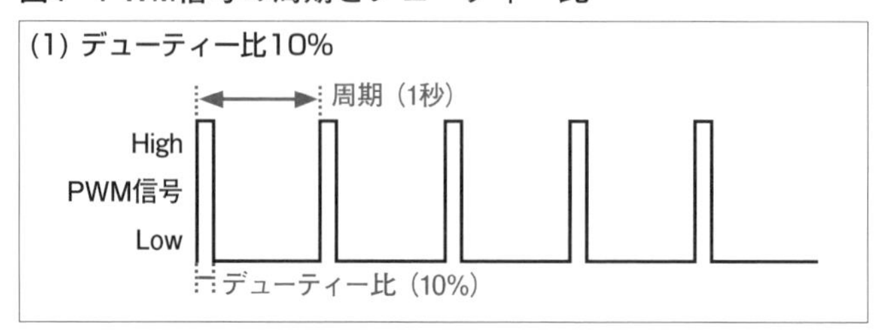

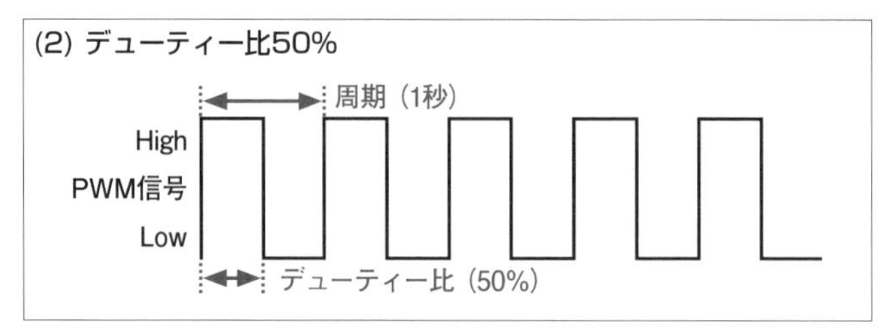

周期は周波数、デューティー比はHigh時間やLow時間で表すこともできます。つまり、出力する信号を決定するには、周期もしくは周波数と、デューティー比・High時間・Low時間のいずれか一つを明確にすればよいわけです（**図5**）。

図5　PWM信号を決定する項目
青文字の一つ、緑文字の一つで信号が決定する。

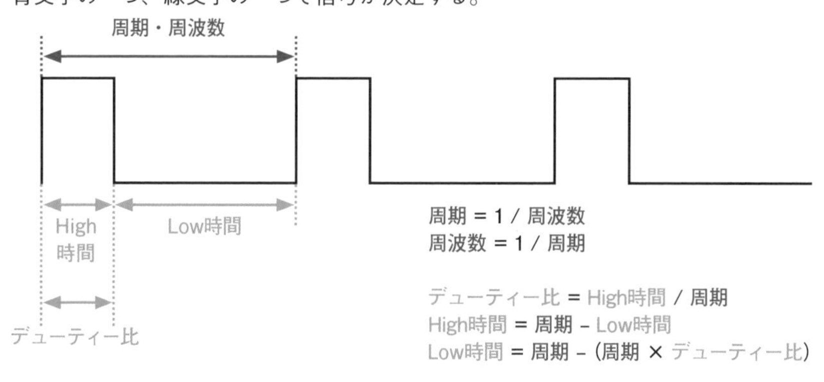

13.4 PWMの三つの出力方法

ラズパイでPWMの信号を出力する方法は、デジタル出力のループ実行、ソフトウエアPWM、ハードウエアPWMの三つあります（**表1**）。ループ実行では、みずからのプログラムでタイミング良くデジタル出力します。この方法はデジタル出力の使い方を知っていれば実現できるため一見簡単に感じますが、プログラムをたくさん書くことになります。また、圧電スピーカーで見たように、ほかの方法と比べて、信号のタイミングに大きなズレが発生します（**コラム**「PWMのタイミングのズレを検証」を参照）。

表1　PWMを実現する三つの方法
タイミングのズレについてはコラム「PWMのタイミングのズレを検証」を参照。

方法	使用する関数	タイミングのズレ	GPIO端子	プログラムの量
ループ実行	デジタル出力(digitalWrite())	多い	どれでも可	多い
ソフトウエアPWM	ソフトウエアPWM出力(softPwmWrite())	少ない	どれでも可	少ない
ハードウエアPWM	PWM出力(pwmWrite())	ほぼゼロ	GPIO12、13、18、19（同時に2本）	少ない

ハードウエアPWMは、「PWMペリフェラル」（PWMの信号を出力するための専用ハードウエアで、ラズパイに内蔵）を設定してハードウエアによってPWMの信号を出力するものです（**図6**）。ハードウエアでタイミングを制御するためタイミングのズレがほとんど発生しません。ただし、ラズパイが備えるハードウエアPWMは二つだけです。一方はGPIO12または18、もう一方はGPIO13または19にだけ出力できます。

図6　ハードウエアPWMのGPIO端子

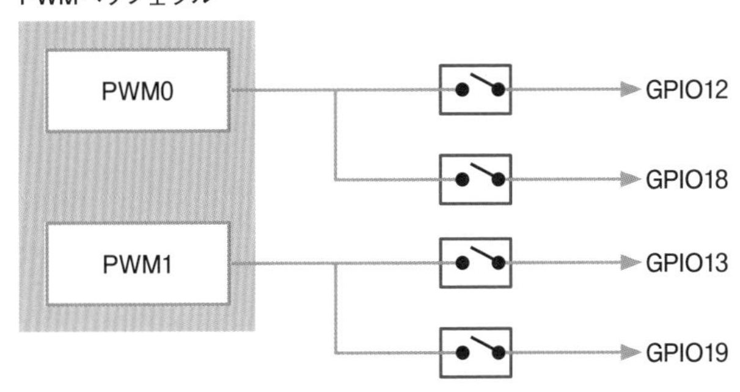

ソフトウエアPWMは、ループ実行とハードウエアPWMの中間に当たるものです。ハードウエアPWMよりもタイミングにズレが生じますが、どのGPIOにも出力できます。

ソフトウエアでPWMを出力するのですが、ライブラリの中でより精度を高める工夫が施されています。

Column PWMのタイミングのズレを検証

図Aは、周期1kHz、デューティー比50%のPWM信号をループ、ソフトウエアPWM、ハードウエアPWMで出力したときの、ON/OFF時間をロジックアナライザーで計測したものです 。

ループ＞ソフトウエアPWM＞ハードウエアPWMの順に、ズレの中央値が0.5ミリ秒に近く、かつ、バラツキが少ないことが確認できます。ループの場合は2ミリ秒より大きいときもありました（図B）。

一方、本書の前半で利用した「pigpio」のソフトウエアPWMは非常に精度が高く、ロジックアナライザーで調べるとハードウエアPWMと遜色ない結果でした。

図A　タイミングのズレ量の箱ひげ図
縦軸はON/OFF時間。単位はミリ秒。

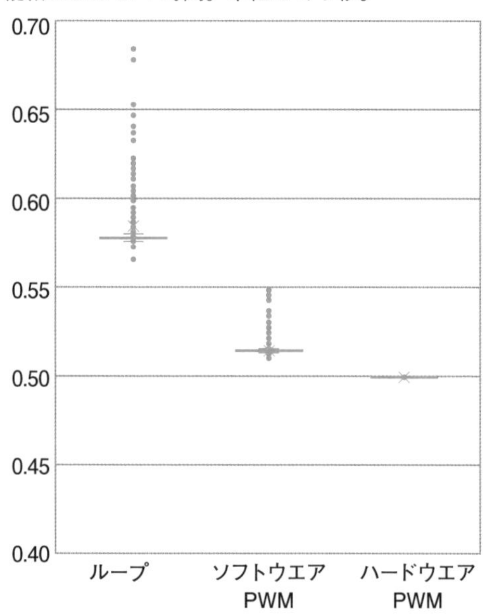

図B　タイミングのズレ量のヒストグラム（次ページへ続く）

ループ

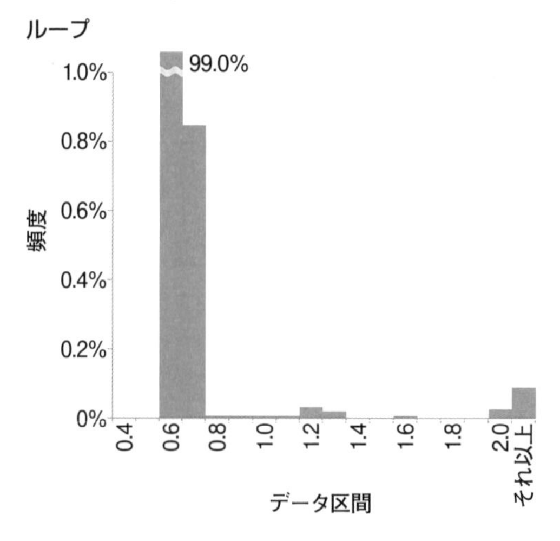

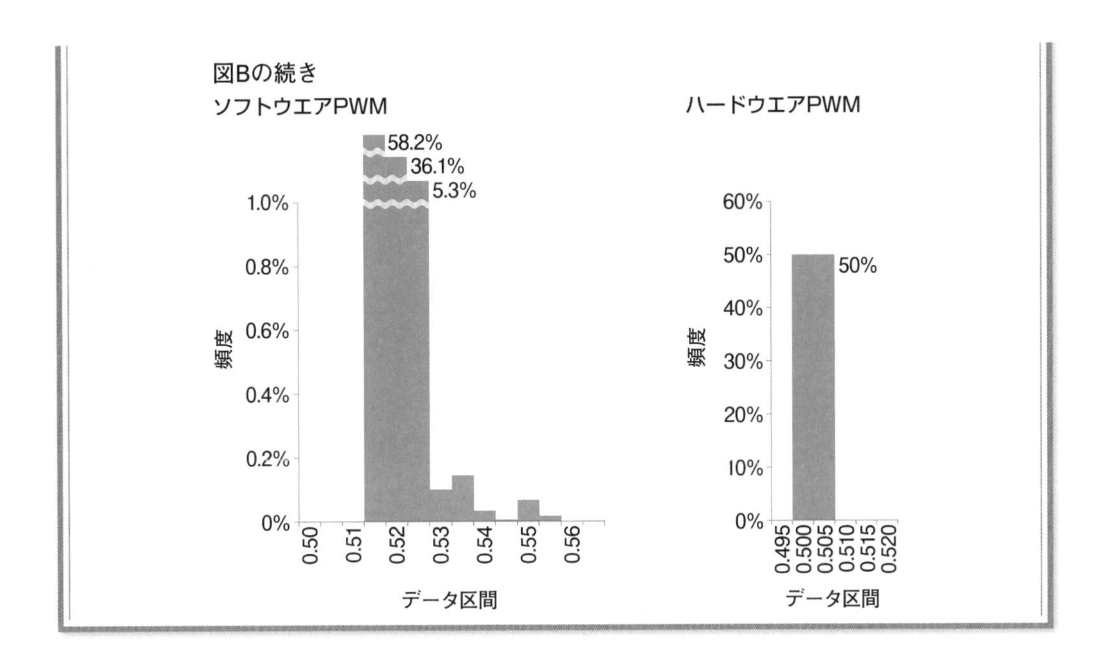

ソフトウエアPWMでLED点灯

LEDを使って、ソフトウエアPWMの使い方を詳しく見ていきましょう。ラズパイのGPIO18とGNDにLEDと抵抗を接続します（**図7**）。WiringPiというライブラリでソフトウエアPWMを出力します。

図7　ラズパイとLEDの配線図と回路図

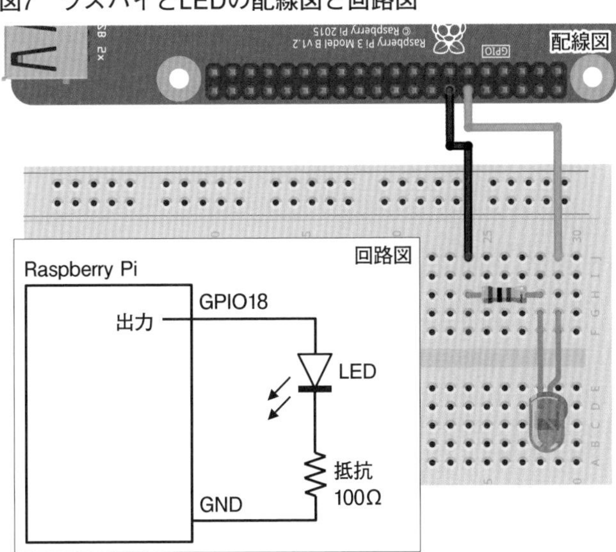

WiringPiを初期化から始めます。

```
$ sudo python3
>>> import wiringpi as pi
>>> pi.wiringPiSetupGpio()
```

次のsoftPwmCreate関数で、ソフトウエアPWMの初期化と同時に、周期とデューティー比を設定します。引数はピン番号、初期値、範囲の三つです。範囲はPWMの周期を0.0001で割った値で、初期値は範囲にデューティー比を掛けた値です。周期20ミリ秒でデューティー比3%にするときは、範囲は0.02/0.0001=200、初期値は200×0.03=6を指定します。

```
>>> pi.softPwmCreate(18, 6, 200)
```

ソフトウエアPWMを設定後、デューティー比を変更するにはsoftPwmWrite関数を呼びます。引数はピン番号、設定値です。設定値は（softPwmCreate関数の初期値と同じ）範囲にデューティー比を掛けた値です。

デューティー比を3%から10%に変更するときは200×0.1=20を指定します。以下のように実行してみてください。

```
>>> pi.softPwmWrite(18, 20)
```

softPwmWrite関数の引数をいろいろ変えて、LEDの明るさが変化することを確認してください。

ハードウエアPWMでLEDを点灯

次はハードウエアPWMを使ってみましょう。

ハードウエアPWMをpinMode関数とpwmSetMode関数で次のように初期化します。

```
$ sudo python3
>>> import wiringpi as pi
>>> pi.wiringPiSetupGpio()
```

pinMode関数の引数はピン番号、入出力モードで、第2引数にPWM_OUTPUTを指定してハードウエアPWMを有効にします。pwmSetMode関数でハードウエアPWMの2種類のモード（バランスモードとマークスペースモード）を選択します。周期とデューティー比を指定した使い方をするときはPWM_MODE_MSを指定します（バランスモードはデューティー比のみで動作させるモードで、アナログ出力を模擬するときに使います）。

```
>>> pi.pinMode(18, pi.PWM_OUTPUT) ↵
>>> pi.pwmSetMode(pi.PWM_MODE_MS) ↵
```


次に周期をpwmSetClock関数とpwmSetRange関数で設定します。少し分かりにくいのですが、周期を分周値と範囲の二つの値に分けて、分周値をpwmSetClock関数、範囲をpwmSetRange関数で設定しなければなりません。周期、分周値、範囲は、分周値×範囲＝周期×19200000という関係で、周期20ミリ秒で範囲を200のときは、分周値=0.02×19200000/200=1920を指定します。

```
>>> pi.pwmSetClock(1920) ↵
>>> pi.pwmSetRange(200) ↵
```

デューティー比をpwmWrite関数で設定します。引数はピン番号、設定値で、設定値は範囲にデューティー比を掛けた値です。デューティー比3%にするときは、設定値は200×0.03 = 6を指定します。

```
>>> pi.pwmWrite(18, 6) ↵
```

13.5 サーボモーターを動かす

応用例として、7章でも紹介したSG90というサーボモーター（秋月電子通商M-08761）を、改めてハードウエアPWMで制御してみましょう。一般的にサーボモーターの回転角度指示はPWM信号のデューティー比で指定します。SG90のデータシートを確認すると、周期が20ミリ秒でHigh時間を0.5～2.4ミリ秒にすると、回転角度が-90～90度に動くことが分かります（**図8**）。

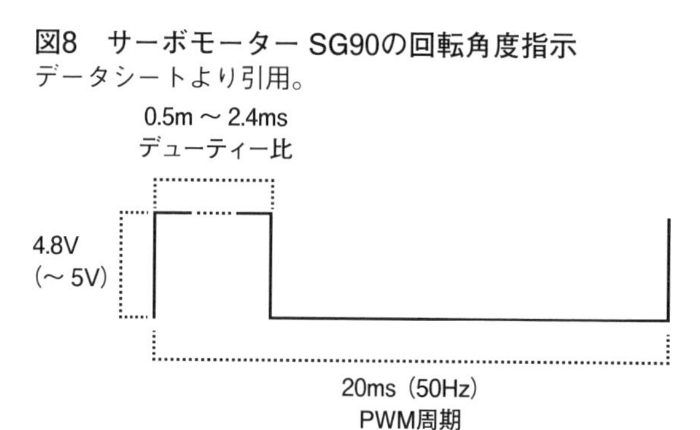

図8　サーボモーター SG90の回転角度指示
データシートより引用。

では、ハードウエアPWMの分周値、範囲、設定値はどのような値を使えばよいのでしょうか。一つずつ計算していきましょう。

分周値×範囲は周期×19200000なので、0.02 × 19200000 = 384000。設定値は、範囲×デューティー比で、デューティー比は20ミリ秒周期にHigh時間0.5～2.4ミリ秒なので、範囲×（0.5/20）～範囲×（2.4/20）。分周値もしくは範囲を決めないと解けないので、デューティー比の分解能が最大になるよう分周値を最小の2にします。すると範囲は384000/2=192000、設定値は192000 × 0.5/20 ～ 192000 × 2.4/20=4800 ～ 23040となります（**表2**）。

表2　サーボモーター制御のPWM信号の設定値

項目	値	補足説明
分周値	2	指定可能な最小値
範囲	192000	0.02 × 19200000 / 2
設定値（-90度）	4800	192000 × 0.5 / 20
設定値（90度）	23040	192000 × 2.4 / 20

配線図と回路図は**図9**、プログラムは**図10**の通りです。

図9　ラズパイとサーボモーターの配線図と回路図

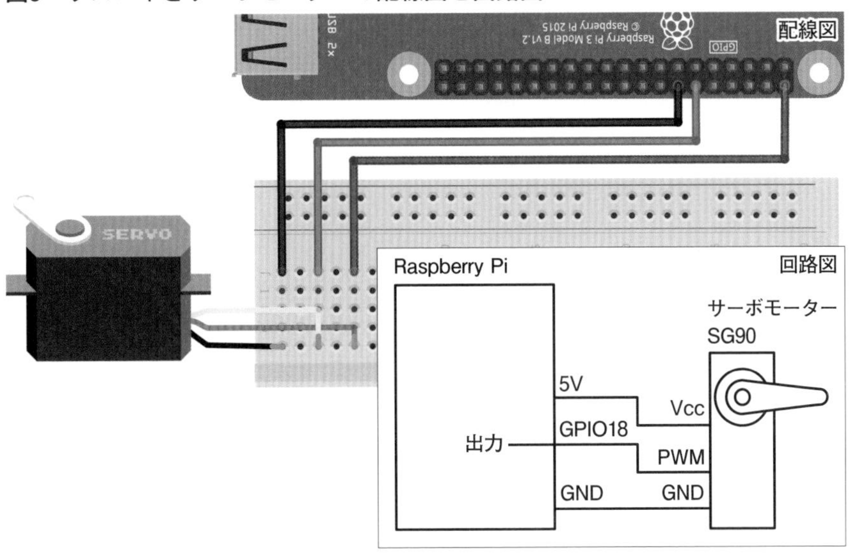

図10　サーボモーターを制御するプログラム(servo.py)

```
import wiringpi as pi
pi.wiringPiSetupGpio()
pi.pinMode(18, pi.PWM_OUTPUT)         ←ハードウエアPWMを有効化
pi.pwmSetMode(pi.PWM_MODE_MS)         ←マークスペースモードに設定
pi.pwmSetClock(2)                     ←分周値を2に設定
pi.pwmSetRange(192000)                ←範囲を192000に設定
while True:    ↓-90⇒90, 90⇒-90を繰り返す
  for i in list(range(-90, 90, 10)) + list(range(90, -90, -10)):
    ↓角度に応じたデューティー比に変更
    pi.pwmWrite(18, int(((i + 90) / 180 * (2.4 - 0.5) + 0.5) / 20 * 19200
0))
    pi.delay(200)                     ←0.2秒待機
```

一部を補足すると、for文のiはサーボモーターの回転角度を表していて、「list(range(-90, 90, 10)) + list(range(90, -90, -10))」の部分で-90, -80, -70 … 80と増えた後、90, 80, 70 … -80と減っていく数値の羅列を作り出しています。また、pwmWrite関数の引数は整数しか指定できないため、組み込み関数int()で実数を整数に変換しています。次のコマンドを実行するとプログラムが動きます。

```
$ sudo python3 servo.py ↵
```

14章

I^2C(SMBus編)

センサーなど、さまざまなパーツを制御するのに欠かせないI^2Cについて解説します。本章では「SMBus」という一般的な規格に準拠したパーツを制御してみます。

前章では、GPIOの「PWM」(パルス幅変調) 出力について説明しました。パルスのON/OFFの周期や「デューティー比」を変化させて、圧電スピーカーで音を出したりLEDの明るさを変えたりしてみました。併せて、サーボモーターの制御方法を解説しました。

本章と次章では、シリアル通信の「I^2C」の仕組みと使い方を紹介します。多くのセンサーがI^2Cを使っていることから、これを習得できるかどうかが、電子工作のステップアップのカギを握っています。新しい用語が多く出てきて少し困惑するかもしれませんが、繰り返し読んで理解を深めましょう。

本章では、ほとんどのデバイスで採用されている「SMBus」方式のI^2Cについて解説します。

14.1 接続は2本でプルアップ抵抗は不要

I^2Cという名称は「Inter-Integrated Circuit」の頭文字「IIC」を省略したものです。これは、デバイスとデバイスの間 (例えばマイコンとセンサーIC) でシリアル通信するためのインタフェースです。複数のデバイスをSDA (シリアルデータライン) とSCL (シリアルクロックライン) の2本の信号線で接続するバス型になります。ラズパイではSDAはGPIO2、SCLはGPIO3になっています。

2本の信号線ともプルアップ抵抗で電源に接続する必要があります。ただしラズパイでは両方とも基板上で1.8kΩを経由して3.3Vに接続されています。そのため、プルアップ抵抗の外付けは不要です。(**図1**)。

図1 I^2Cの配線

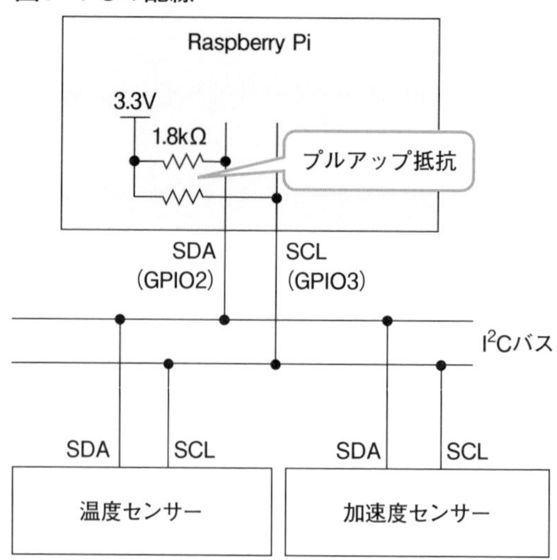

I^2Cでは、一方がマスター、もう一方がスレーブとして動作します。通常ラズパイがマスターになって、複数のセンサーなどがスレーブになります。通信時には、マスターのデバイスがスレーブのデバイスを指定します。転送方向はマスターからスレーブ（Write）もしくはスレーブからマスター（Read）のどちらかで、スレーブ同士で直接データを転送できません。

マスターがどのスレーブと通信するかを指定できるようにするため、デバイスには固有のアドレスが割り当てられます。例えば、温度センサーと加速度センサーの値を読み出したいときは、温度センサーからラズパイにデータ転送（1回目）した後、加速度センサーからラズパイにデータ転送（2回目）と、2回データを転送します（**図2**）。

図2　I^2Cのマスターとスレーブ

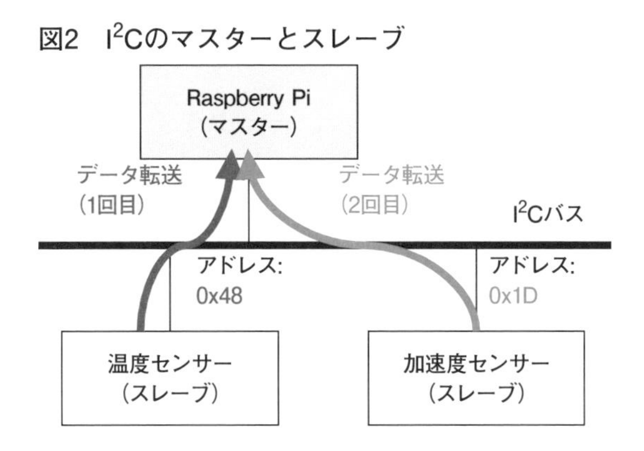

I^2C通信の手順

I^2Cのデータ転送の手順を見てみましょう。手順は、転送開始→スレーブアドレスと転送方向の指定→データ転送→転送終了の四つで構成されます（**図3**）。

図3　データ転送の手順

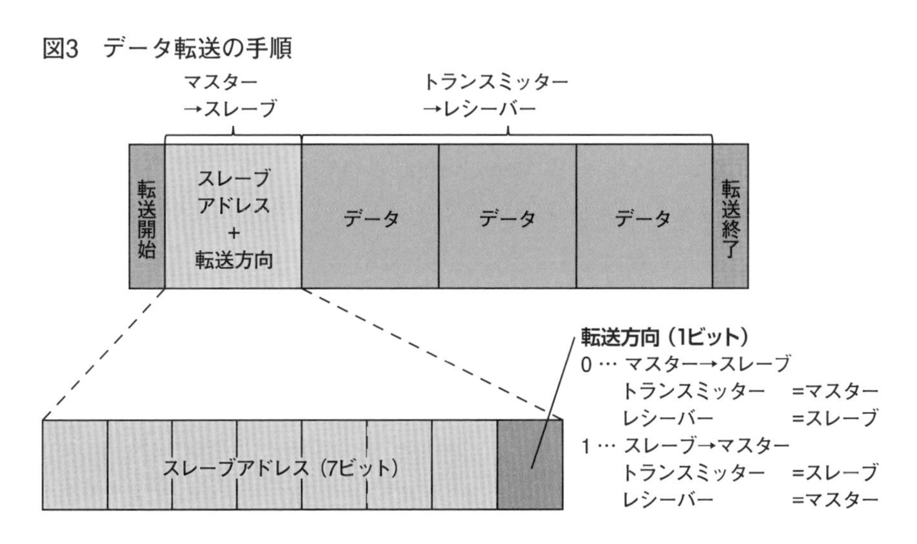

マスターがSCLをHighにしている状態で、SDAをHighからLowにすることで転送を開始します（波形は後で紹介）。これをスタートコンディションといいます。逆にSCLがHighのときにSDAをLowからHighにすると転送が終了します。これをストップコンディションといいます。このため、スタートコンディションとストップコンディション以外では、SCLがHighのときにSDAを変化させてはいけないルールになっています。

転送開始と転送終了の間は、トランスミッターからレシーバーへ1バイト単位で送信/受信をします。トランスミッターは送信側、レシーバーは受信側のデバイスです。転送開始直後はマスターがトランスミッターとなり、通信相手のスレーブアドレスを上位7ビット、転送方向を下位1ビットに設定した1バイトを送信します。以降は、転送終了まで転送方向に応じたデバイスがトランスミッター、レシーバーになり、1バイト単位で送信/受信をします。

1バイト単位の送信/受信では、I^{2}Cバス上はトランスミッターから送信する8ビット（データ自体）とレシーバーから送信する「アクノリッジシグナル」の9ビットがやり取りされます（**図4**）。マスターが出力するSCLに合わせて、トランスミッターが1バイト（8ビット）をSDAに出力します。その後、レシーバーがアクノリッジシグナルを出力します。アクノリッジシグナルは、1バイトが正常に受信でき、トランスミッターからの次の1バイトを受信できるときに1を出力します。

図4　データ(1バイト)の送信/受信

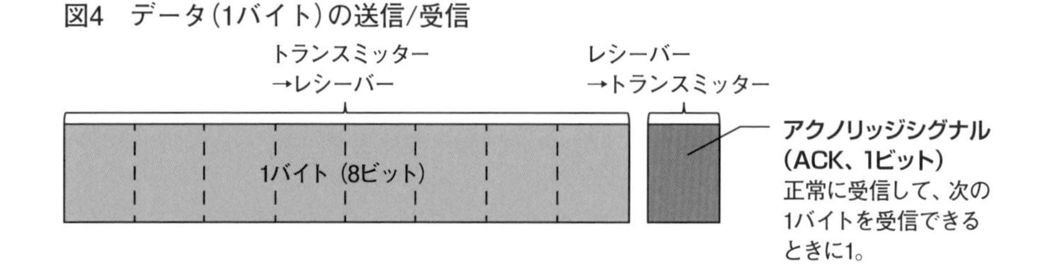

マスターが出力するSCLの速度は一般的に100k〜1Mビット／秒で、/boot/config.txtに**図5**の1行を追記することで変更できます。

図5　I^{2}CのSCLを400kビット/sに設定(/boot/config.txt)

```
dtparam=i2c_arm_baudrate=400000
```

I^2Cを理解するためのポイント

これまでの解説のポイントを列挙します。以下の意味が理解できていれば、ラズパイのI^2C通信の基本をマスターしたといえるでしょう。

- SDAはGPIO2、SCLはGPIO3
- プルアップ抵抗は不要
- マスターとスレーブの間でデータを転送
- データ転送は、転送開始→スレーブアドレスと転送方向指定→データ転送→転送終了からなる
- スレーブアドレスと転送方向は途中で変更不可
- データは1バイト単位
- データはトランスミッターが送信してレシーバーが受信
- レシーバーがアクノリッジシグナルで受信を拒否することが可能

理解が不十分でも心配することはありません。以降、ラズパイと加速度センサーを使って確認していきましょう。

14.2 加速度センサーの値を読み取ろう

I^2Cの理解を深めるため、加速度センサーの「ADXL345」を制御してみましょう。ADXL345は3.3Vで動作する3軸加速度センサーで、I^2Cと、16章で説明する「SPI」が利用できます。日本語のデータシートがあるのでI^2Cの学習に適しています。

ここではこのセンサーをブレッドボードに使えるようにした秋月電子通商のセンサーモジュール（通販コード：M-06724、価格700円）を使います。配線図と回路図は**図6**の通りです。

図6　ラズパイと3軸加速度センサーモジュールADXL345の接続図と回路図

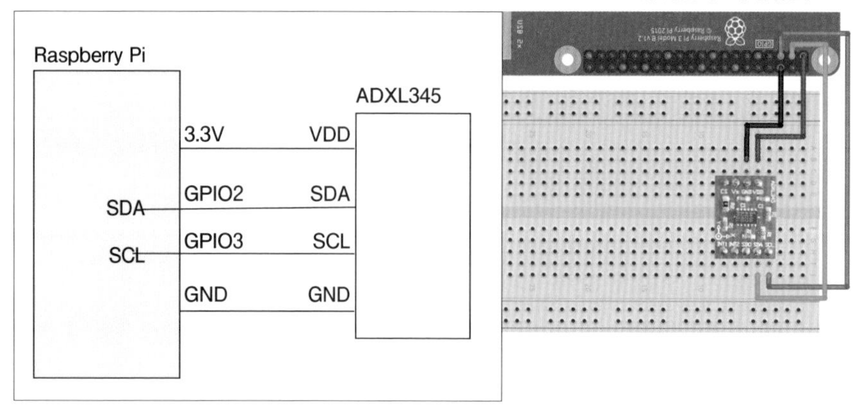

ADXL345のスレーブアドレスは「SDO/ALT ADDRESS」ピンで選択できます（**図7**）。High（3.3V）にすると0x1D、Low（GND）にすると0x53になります。今回使用しているモジュールはSDO/ALT ADDRESSピンが基板上でプルアップ抵抗を経由して3.3Vに接続されているので、未接続のときのスレーブアドレスは0x1Dとなります。

図7　3軸加速度センサーモジュールADXL345のピン配置図

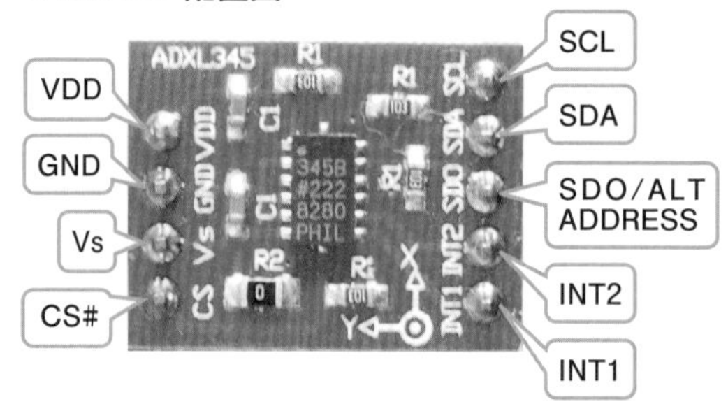

レジスタを読み書きする

ADXL345は「レジスタ」と呼ぶメモリーを備えています（**表1**）。ADXL345との情報のやり取りは、レジスタへの書き込み、またはレジスタの読み込みという2種類になります。レジスタにはアドレス（1バイトの番号）が付いていて、アドレスを指定して読み書きします。

表1　今回使用するレジスタアドレスの一覧

レジスタアドレス	名称	説明
0x00	DEVID	デバイスID
0x2D	POWER_CTL	省電力機能の制御
0x36	DATAZ0	Z軸データ（下位バイト）
0x37	DATAZ1	Z軸データ（上位バイト）

レジスタへの書き込みでは、マスター（ラズパイ）からスレーブ（ADXL345）へのデータ転送になります（**図8**）。まずスレーブアドレスと「Write」ビット（図3でマスターがトランスミッターになる方向）を送信し、続いて1バイトのレジスタアドレス、書き込む1バイトのデータを送ります。レジスタの読み込みでは、Writeでレジスタアドレスを1バイト送信した後、Readのデータ転送で受信します。データ転送の途中で転送方向を変更できないことから、レジスタの読み込みはデータを2回転送することになります。

図8　レジスタの書き込みと読み込み

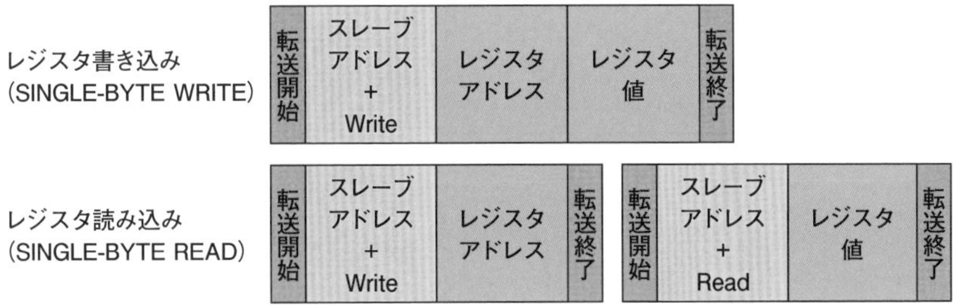

レジスタ書き込み (SINGLE-BYTE WRITE)	転送開始	スレーブアドレス + Write	レジスタアドレス	レジスタ値	転送終了				
レジスタ読み込み (SINGLE-BYTE READ)	転送開始	スレーブアドレス + Write	レジスタアドレス	転送終了	転送開始	スレーブアドレス + Read	レジスタ値	転送終了	

このようなレジスタの読み込み、書き込みの手順は「SMBus」という規格で定義されています。ここで利用しているWiringPiライブラリにはSMBus規格のレジスタ読み込み、書き込みができるwiringPiI2CReadReg8()、wiringPiI2CWriteReg8()という便利な関数が用意されているので簡単に通信できます。

ほとんどのI^2CデバイスはADXL345と同様にSMBusに準じてレジスタの読み込み、書き込みで操作します。ただし、SMBusに準拠していないI^2Cデバイスもあるので、データシートを十分確認しなければいけません（例えば、EEPROMの「24LC64」はSMBusと違って2バイトでアドレスを指定します）。

レジスタに書き込んでみよう

それでは実際に動かしてみましょう。デフォルトではI^2Cが無効になっているので、Raspberry Piの設定で有効にします（**図9**）。

図9　I^2Cを有効にする

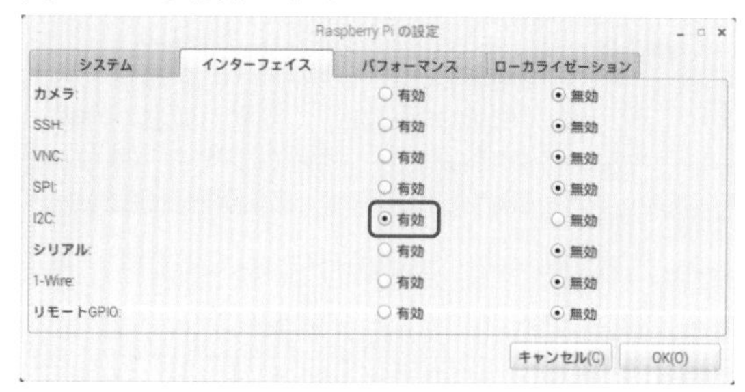

「i2cdetect」コマンドでI^2Cに接続されているデバイスのスレーブアドレスを確認できます。**図10**のように、ADXL345の0x1Dが接続されているか確認します。

図10　I^2Cアドレスを確認する

```
$ i2cdetect -y 1 ⏎
     0  1  2  3  4  5  6  7  8  9  a  b  c  d  e  f
00:          -- -- -- -- -- -- -- -- -- -- -- -- --
10: -- -- -- -- -- -- -- -- -- -- -- -- -- 1d -- --
20: -- -- -- -- -- -- -- -- -- -- -- -- -- -- -- --
（略）
```

Python3を立ち上げて、WiringPiライブラリを初期化、wiringPiI2CSetup()でADXL345との通信を準備します（**図11**）。その際、引数にスレーブアドレスを指定してください。以降、ADXL345と通信するときにwiringPiI2CSetup()の戻り値が必要になるため、変数fdで保持します。

図11　I^2Cデバイスのセットアップ

```
$ sudo python3 ⏎
>>> import wiringpi as pi ⏎ ―▶ wiringpiモジュールの読み込み
>>> pi.wiringPiSetupGpio() ⏎ ―▶ WiringPiを初期化
0
>>> fd = pi.wiringPiI2CSetup(0x1D) ⏎ ―▶ ADXL345(スレーブアドレス0x1D)を準備
```

レジスタの書き込みをやってみましょう。wiringPiI2CWriteReg8()にPOWER_CTLのレジスタアドレス（0x2D）と書き込む値（0x00）を指定します。

```
>>> pi.wiringPiI2CWriteReg8(fd, 0x2D, 0x00) ⏎
0
```

画面上は何も動いていないように見えますが、実際はI^2C通信が行われています。**図12**はI^2C通信をロジックアナライザーで見た画面です。転送を開始した後にスレーブアドレスと転送方向（Write）が指定されています（0x1Dを2倍にした値の0x3Aを送信）。続いてレジスタアドレスとレジスタ値を送信した後、転送終了していることが分かります。

図12　レジスタの書き込み信号

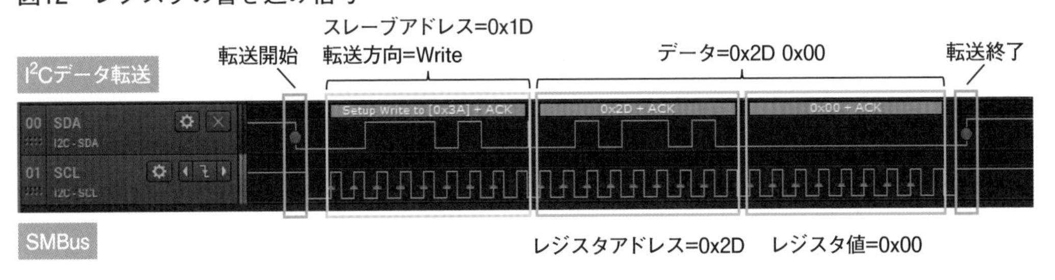

デバイスIDを読んでみる

次に、レジスタの読み込みをやってみましょう。wiringPiI2CReadReg8()にDEVIDのレジスタアドレス（0x00）を指定します。読み込んだレジスタ値が戻り値で返りますので、見やすいようhex()で16進数に変換します。

```
>>> hex(pi.wiringPiI2CReadReg8(fd, 0x00)) ↵
'0xe5'
```

レジスタの読み込みでは、データ転送が2回行われます。**図13**がロジックアナライザーの画面です。1回目はレジスタアドレスの送信、2回目はレジスタ値の受信です。送信のスレーブアドレスと転送方向は、0x1Dを2倍した値の0x3Aになりますが、受信のときはReadなので最下位ビットが1となり、0x3Bになっています。

図13　レジスタの読み込み信号

I2Cデータ転送
転送開始
スレーブアドレス=0x1D
転送方向=Write
データ=0x00
再転送開始
スレーブアドレス=0x1D
転送方向=Read
データ
=0xE5
転送終了
00 SDA
I2C - SDA
01 SCL
I2C - SCL
Setup Write to [0x3A] + ACK
0x00 + ACK
Setup Read to [0x3B] + ACK
0xE5 + NAK
SMBus
レジスタアドレス=0x00
レジスタ値=0xE5

ここまでで、I^2C通信のやり取りとSMBusに準じたレジスタ値の書き込みと読み込みができるようになりました。

- 通信するデバイスごとにwiringPiI2CSetup()を実行
- レジスタ値の書き込みはwiringPiI2CWriteReg8()
- レジスタ値の読み込みはwiringPiI2CReadReg8()

加速度のZ軸を読む

それでは、加速度センサーのZ軸加速度を連続して読み込んでみましょう。プログラムを**図14**に示します。Text Editorなどのエディタでプログラムを入力して保存します。

図14　Z軸加速度の連続読み込み(adxl345_z.py)

```
import wiringpi as pi                      ──► wiringpiモジュールの読み込み

pi.wiringPiSetupGpio()                     ──► WiringPiを初期化
fd = pi.wiringPiI2CSetup(0x1D)             ──► ADXL345(スレーブアドレス0x1D)を準備
▼POWER_CTLレジスタに計測開始(0x08)を書き込み
pi.wiringPiI2CWriteReg8(fd, 0x2D, 0x08)

while True:
  ▼Z軸加速度下位、DATAZ0レジスタ(0x36)を読み込み
  z_low = pi.wiringPiI2CReadReg8(fd, 0x36)
  ▼Z軸加速度上位、DATAZ1レジスタ(0x37)を読み込み
  z_high = pi.wiringPiI2CReadReg8(fd, 0x37)
  ▼2バイトを組み合わせて整数に変換
  z = int.from_bytes([z_low, z_high], "little", signed=True)
  print(z * 2.0 / 2 ** (10 - 1))           ──► 整数から加速度[G]に単位換算
  pi.delay(200)                            ──► 0.2秒、待ち
```

次のように実行すると、画面にZ軸の加速度が表示されます（止めるときは［Ctrl + C］を入力)。

```
$ sudo python3 adxl345_z.py ⏎
```

プログラムの中身は、WiringPiを初期化してADXL345（スレーブアドレス0x1D）を準備してから、POWER_CTLレジスタ（0x2D）のMeasureビット（D3ビット）を1に設定して、加速度の計測を開始します。そして、DATAZ0とDATAZ1のレジスタを読

み込んで、二つを組み合わせて整数にした後、測定レンジに換算して、Z軸の加速度を得る処理を繰り返しています。

2バイトを連続で読み込む

実は、先のプログラムには少し問題があります。Z軸の加速度は下位バイト（DATAZ0レジスタ）と上位バイト（DATAZ1レジスタ）の二つのレジスタに分けて格納されています。それぞれを順に読み込んでいる途中で加速度の値が変わると、正しい値が取れないことがあります。

例えば、Z軸の加速度が-2（0xFFFE）のときにDATAZ0レジスタを読み込むと0xFEです。ここでZ軸の加速度が3（0x0003）に更新されると、DATAZ1レジスタの読み込みが0x00になります。組み合わせると254（0x00FE）と、-2（0xFFFE）でも3（0x0003）でもない値になってしまいます。

ADXL345は、このような問題を回避するために複数レジスタを連続読み込みすれば途中で値が書き換わらないようになっています。図14のwhileの直後にある2行を、wiringPiI2CReadReg16()に変更することで、2バイトを連続読み込みできます（**図15**）。

図15　Z軸加速度の連続読み込み（改善版）（adxl345_z2.py）

```
import wiringpi as pi              ―→ wiringpiモジュールの読み込み
from ctypes import c_short         ―→ c_shortモジュールの読み込み

（3行を省略、図14と同じ）

while True:
  ▼Z軸加速度、DATAZ0レジスタ(0x36)から2バイトを読み込み
  z = pi.wiringPiI2CReadReg16(fd, 0x36)
  ▼32767より大きい場合はマイナス値に変換
  if (z > 32767):
    z -= 65536
  print(z * 2.0 / 2 ** (10 - 1))         ―→ 整数から加速度[G]に単位換算
  pi.delay(200)                          ―→ 0.2秒、待ち
```

これでも実は完全とはいえません。加速度センサーはX、Y、Zの3軸あるため、同一時点のそれぞれの値を読み込むには、6バイトを連続で読み込む必要があります。しかしながら、WiringPiライブラリにはそのような関数がありません。

次章ではほかのライブラリを使って、より自由度の高いプログラムの記述方法を解説します。

15章

I^2C(汎用編)

前章に続いてI^2Cについて解説します。「pigpio」という通信ライブラリを使うと、多様なパターンのI^2C通信に対応できます。3バイト以上の連続読み出しや、「SMBus規格」に準拠しない通信、「クロックストレッチ」などです。クセのあるI^2Cデバイスも扱えるようになりましょう。

前章に続き、本章でもシリアル通信「I^2C」の使い方を紹介します。前章は、I^2C通信の配線方法と通信の手順を紹介し、加速度センサー「ADXL345」を使ってSMBusという規格に従ったレジスタの書き込みと読み込みをやりました。本章では、本書の前半でも使ったライブラリ「pigpio」を使って、もっと自在にI^2C通信ができるようになりましょう。

前章の振り返り

前章の内容を簡単に振り返ります。I^2Cはデバイスとデバイスの間をシリアル通信するためのインタフェースです。利用する機能や状況によって、相互通信するデバイスをマスター/スレーブやトランスミッター/レシーバーと呼びます。

デバイス間はSDA（Serial DAta）、SCL（Serial CLock）という2本の信号線をバス型で結線します。2本とも「プルアップ抵抗」が必要ですが、Raspberry Pi（ラズパイ）では基板上に用意されているので外付けする必要がありません。

一つのデータ転送単位で、マスターからスレーブへの書き込み、もしくはスレーブからマスターへの読み込みをします。多くのI^2Cデバイスは「SMBus」規格に準じたレジスタアクセスに対応していて、レジスタアドレスを指定してレジスタ値を読み書きします。WiringPiライブラリはSMBusに準じた1バイトや2バイトのレジスタ読み書きは簡単にできますが、3バイト以上の連続読み込みはできませんでした。

3種類のセンサーを結線

本章では、前章で使用した加速度センサーADXL345に加え、温湿度センサー「SHT31」と温度センサー「ADT7410」を使います。都度、結線するのは手間がかかるので、I^2Cの端子に三つのセンサーをバス接続で配線しておきましょう（図1、2)。このようにバス接続で簡単に配線できるのがI^2Cの特徴ですね。

図1　ラズパイと三つのセンサーの接続図
配線は、赤が3.3V、黒がGND、緑がSDA、青がSCL。

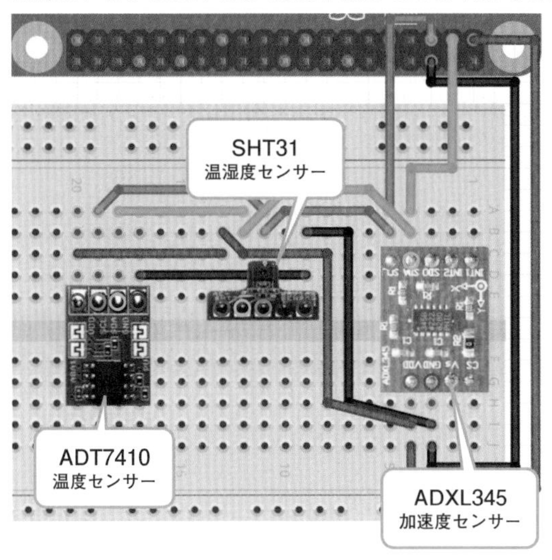

図2　ラズパイと三つのセンサーの接続写真

一つ目のADXL345は、-16～16Gの加速度を測れる3軸加速度センサーです。2.0～3.6Vで動作し、I^{2}CのほかにSPIでもマイコンと接続できます。ホビーでよく使われていて、ネットの情報も豊富、日本語のデータシートがあるのでI^{2}Cの学習に適しています。

二つ目はI^{2}Cの「クロックストレッチ」（後記）などを確認するために用いる、温湿度センサーSHT31です。温度-40～125℃、湿度0～100%を測れ、2.4～5.5Vで動作します。三つ目は「リピートスタートコンディション」（後記）を確認するために用いる温度センサーADT7410です。温度-55～150℃を測定でき、2.7～5.5Vで動作します。

各センサーはI^{2}Cアドレス（スレーブアドレス）が違うので、同一のI^{2}C配線に結線できます。**表1**に、各センサーのI^2Cアドレスやデータシートを示します。

表1　センサーの価格とスレーブアドレス、データシート
今回選択したI^2Cアドレスを赤色で示した。通販コードは秋月電子通商のもの。

品名	通販コード	価格	I^2Cアドレス	データシート
加速度センサー ADXL345	M-06724	700円	0x1D、0x53	https://bit.ly/2Agx0iE
温湿度センサー SHT31	K-12125	950円	0x44、0x45	https://bit.ly/3I5q72r
温度センサー ADT7410	M-06675	500円	0x48、0x49、0x4A、0x4B	https://bit.ly/2feYSGk

15.1 何でもできるpigpioライブラリ

本書の後半では、PythonからGPIOを制御するのにWiringPiライブラリを使ってきました。WiringPiのI^2C関数には、レジスタを1バイト単位で読み書きするwiringPiI2CReadReg8()/wiringPiI2CWriteReg8()と、2バイト単位のwiringPiI2CReadReg16()/wiringPiI2CWriteReg16()、レジスタを指定せずに1バイトを単純に送受信するwiringPiI2CRead()/wiringPiI2CWrite()の、3種類の操作があります（http://wiringpi.com/reference/i2c-library/参照）。

しかし、どの関数を使っても加速度センサーADXL345のX、Y、Z軸の6バイトを一括に読み込むことはできません（**図3**）。この6バイトを分割して読み込んだ場合、読み込んでいる途中でセンサーの測定値が変化してしまい、測定値の整合性が損なわれる恐れがあります。

図3　加速度センサーADXL345のX、Y、Z軸の一括読み込みとWiringPiによる読み込みの比較

X、Y、Z一括読み込み
6バイトレジスタ読み込み

WiringPiでできること
1バイト読み込みwiringPiI2CRead()

1バイトレジスタ読み込みwiringPiI2CReadReg8()

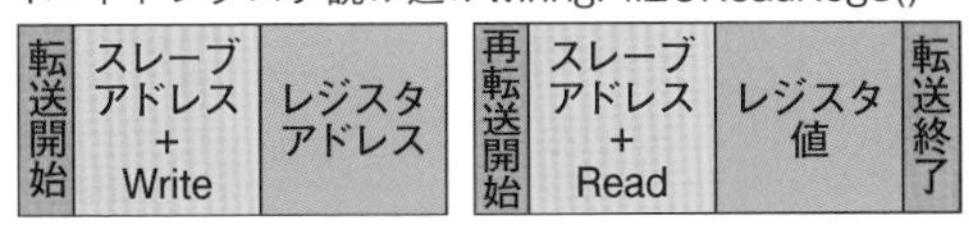

2バイトレジスタ読み込みwiringPiI2CReadReg16()

そこでここではpigpioライブラリを使うことにします（https://abyz.me.uk/rpi/pigpio/）。pigpioはWiringPiと同様に、ラズパイのGPIO端子を制御するソフトウエアで、デジタル入出力やPWM出力、I²C通信、SPI通信、UART通信といった機能を網羅しています。WiringPiと同様に、Raspberry Pi OSに標準で入っていて、ラズパイのどのモデルでも使えます。

pigpioはpigpioモジュールとpigpioデーモンの二つで構成されています。Pythonコードからpigpioモジュールを呼び出すと、pigpioモジュールがpigpioデーモンに通信して、pigpioデーモンがGPIO端子を操作します。Pythonコード＋pigpioモジュールと、pigpioデーモンを別々のラズパイで動かして、リモートで制御することも可能です。

早速、使ってみましょう。まずpigpioデーモンを起動します。

```
$ sudo pigpiod ↵
```

pigpio.pi関数でPythonのpigpioモジュールからpigpioデーモンに接続してみましょう。

```
$ python3 ↵
```

```
>>> import pigpio ⏎
>>> pi = pigpio.pi() ⏎
```

pigpio.pi関数で「Can't connect to …」というエラーメッセージが表示されたら、pigpioデーモンが起動されていないので、先ほどのコマンドを実行してください。

加速度センサーを読み書き

まずpigpioの1バイトの読み書きをやってみましょう。書くにはi2c_write_byte_data関数、読むにはi2c_read_byte_data関数を使います。ちなみに2バイトの読み書きにはi2c_write_word_data関数とi2c_read_word_data関数を使います。

前章のWiringPiと同じように、加速度センサーADXL345に対して、1バイトの読み書きをやってみます。レジスタ「0x2D」(省電力機能の制御)に0x00を書き込み、レジスタ「0x00」(デバイスID)を読み込んでみましょう。

最初にi2c_open関数でデバイスと通信するためのハンドルを取得します。引数はI^2Cバス番号(ラズパイでは通常1)とI^2Cアドレスなので、「1,0x1D」と指定します。

```
>>> h = pi.i2c_open(1, 0x1D) ⏎
```

1バイトのレジスタ書き込み時の引数は、ハンドルとレジスタアドレス、レジスタ値なので「h,0x2D,0x00」です。

```
>>> pi.i2c_write_byte_data(h, 0x2D, 0x00) ⏎
0
```

ロジックアナライザーで波形を確認すると、1回のデータ転送で2バイトのデータ(レジスタアドレスと書き込む値)を送信していることが分かります(図4)。

図4 1バイトのレジスタ書き込み

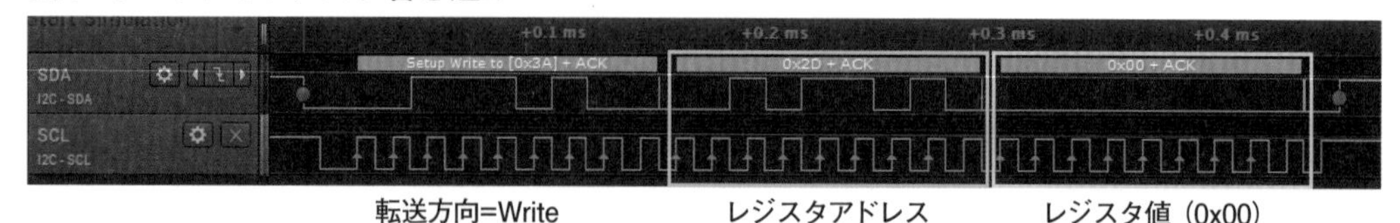

1バイトのレジスタ読み込み時の引数はハンドルとレジスタアドレスなので「h,0x00」です。

```
>>> pi.i2c_read_byte_data(h, 0x00) ⏎
229 ← 0xE5が読み出された
```

波形を確認すると、1バイトのデータ（レジスタアドレス）を送信した後に1バイトのデータを受信していて、2回データ転送しています（**図5**）。

図5　1バイトのレジスタ読み込み

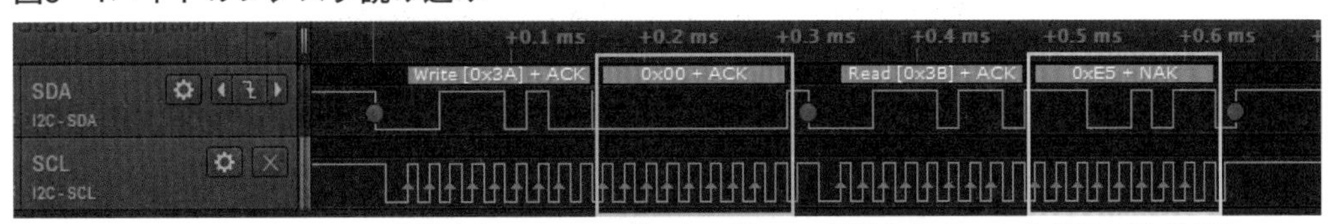

6バイトを一括で読み込もう

いよいよ、WiringPiでできなかった加速度センサーADXL345のX、Y、Z軸の一括読み込み（6バイト）をやってみましょう。i2c_read_i2c_block_dataという関数を使います。同様に書き込みのためのi2c_write_i2c_block_data関数もあります。

X、Y、Zの値はレジスタ0x32～0x37の連続した6バイトに格納されています。これを一括読み込みしなければならないのは、1（または2）バイトずつ分けて読み出すと途中で測定値が更新されて整合性が取れなくなる恐れがあるためです。実際にADXL345のデータシートを読むと、一括読み込みが推奨されています（図3のX、Y、Z一括読み込み）。

6バイトの連続読み込みは、**図6**のようにi2c_read_i2c_block_data関数で実現できます。波形を確認すると、1バイトのデータ（レジスタアドレス）を送信した後に、6バイトのデータを受信しています（**図7**）。なおI^2Cの読み込みでは通常、マスター（ラズパイ）から「転送終了」を通知するまで、スレーブ（センサーなど）はデータを送り続けます。ADXL345は指定されたレジスタアドレスから順にデータを送ります＊1。

＊1　特定のレジスタの範囲を繰り返し送信する場合もあるなど、連続送信するデータはI^2Cデバイスによって異なります。

図6　6バイトを一括で読み込む

```
>>> pi.i2c_write_byte_data(h, 0x2D, 0x08) ⏎ → レジスタ書き込みで計測を開始
>>> pi.i2c_read_i2c_block_data(h, 0x32, 6) ⏎ → X、Y、Zの連続読み込み
(6, bytearray(b'\x10\x00\x05\x00\xf7\x00')) ← 読み出されたデータ
```

図7　6バイトのレジスタ読み込み

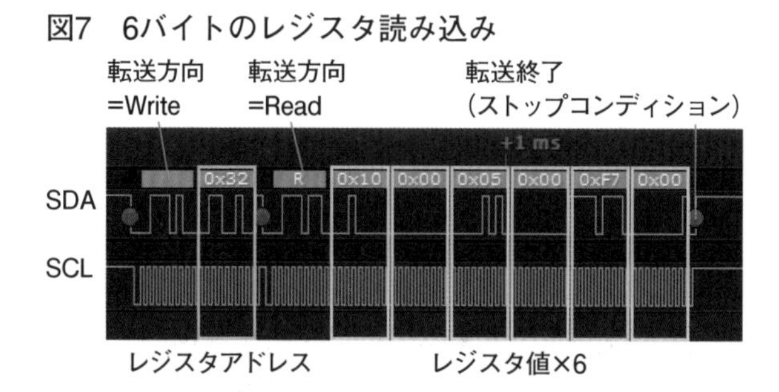

加速度センサーADXL345からX、Y、Zを読み込んで表示する完全なコードを**図8**に示します。pigpioの関数呼び出した後に、読み込んだ結果を単位換算してから画面に表示しています。

図8　加速度センサーのX、Y、Zを表示するプログラム「adxl345-xyz.py」

```
import pigpio                    → pigpioモジュールの読み込み
import time                      → timeモジュールの読み込み(sleep()を使うために必要)

pi = pigpio.pi()                 → pigpioデーモンに接続
h = pi.i2c_open(1, 0x1D)         → ADXL345 (0x1D)との通信を準備
↓ POWER_CTLレジスタに計測開始を書き込み
pi.i2c_write_byte_data(h, 0x2D, 0x08)

while True:
  ↓ DATAX0 ～ DATAZ1レジスタの連続読み込み
  val = pi.i2c_read_i2c_block_data(h, 0x32, 6)
  x_l = val[1][0]                → 読み込んだ値を変数に代入
  x_h = val[1][1]
  y_l = val[1][2]
  y_h = val[1][3]
  z_l = val[1][4]
  z_h = val[1][5]                ↓ 2バイトを結合
  x = int.from_bytes([x_l, x_h], 'little', signed=True)
  y = int.from_bytes([y_l, y_h], 'little', signed=True)
  z = int.from_bytes([z_l, z_h], 'little', signed=True)    ↓ 単位換算して表示
  print('{:.2f}, {:.2f}, {:.2f}'.format(x * 2.0 / 2 ** (10 - 1), y * 2.0↵
/ 2 ** (10 - 1), z * 2.0 / 2 ** (10 - 1)))
  time.sleep(1)                  → 1秒、待ち
```

レジスタを使わない読み書き

ごくマレではありますが、SMBus規格に基づくレジスタ読み書きとは違い、レジスタを指定しないセンサーもあります。温湿度センサー「SHT31」がその一例です。pigpioなら、こうしたセンサーも扱えます。

温湿度センサーSHT31のデータシート10ページにある、単発測定コマンド（「クロックストレッチ」無効）を要約すると、

1. コマンド（MSB部）＋コマンド（LSB部）の2バイトを送信
2. 温度測定値（MSB部）＋温度測定値（LSB部）＋CRCと、湿度測定値（MSB部）＋湿度測定部（LSB部）＋CRCの6バイトを受信

になります。レジスタアドレスの指定などは一切なく、2バイトの送信と6バイトの受信が必要です。

pigpioで、このようなSMBusに準じていない低レベルなI^2C通信のために用意されている関数が、i2c_read_device/i2c_write_deviceです。

単発測定コマンドの0x24、0x16（クロックストレッチ無効、繰り返し精度＝低）の2バイト送信はi2c_write_device関数でできます。引数はハンドルとデータで、複数バイトをリストにしてデータに渡します。

```
>>> h = pi.i2c_open(1, 0x45)
>>> pi.i2c_write_device(h, [0x24, 0x16])
0
```

波形を確認すると、今までと違ってレジスタアドレスの送信がなく、指定した2バイトを送信している様子が分かります（図9）。

図9　レジスタを指定しない2バイトの書き込み

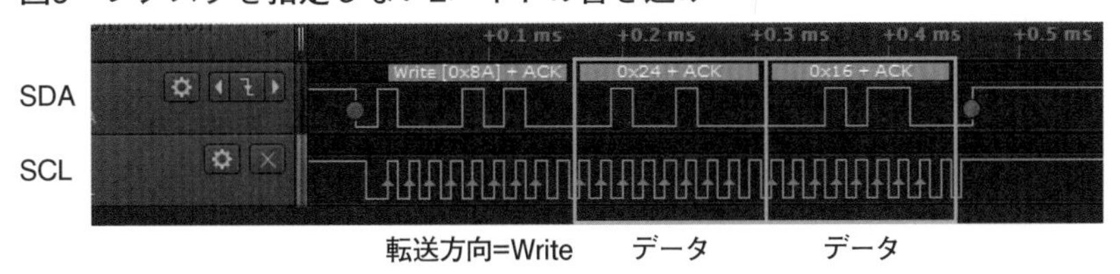

Chapter 15

次は6バイトの読み込みです。i2c_read_device関数にハンドルと受信したいバイト数を指定します。

```
>>> pi.i2c_read_device(h, 6) ⏎
(6, bytearray(b']\xbe\x86oL\r'))
```

読み出し時もレジスタアドレスの送信がなく、6バイトを受信する1回のデータ転送だけが行われています（**図10**）。

図10　6バイトの読み込み

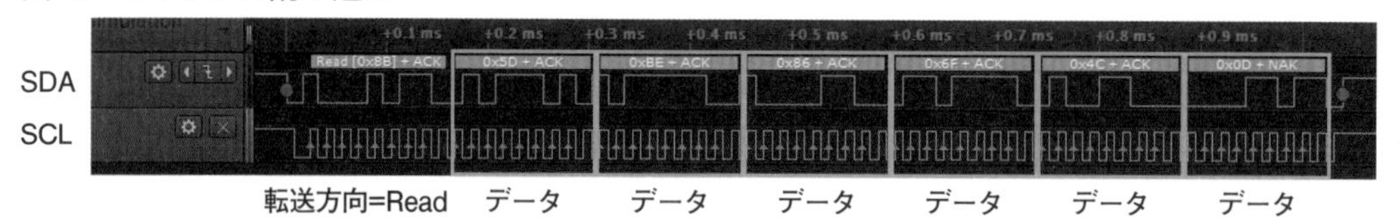

15.2 待たせるクロックストレッチ

SHT31のコマンドで、「クロックストレッチ」という機能が登場しました。続いて、この機能を使ってみましょう。

クロックストレッチとは、I²Cのデータ転送をスレーブが一時停止させる機能です。通常はマスターが制御しているクロックのSCLラインをスレーブがLowにすることで、I²C通信が一時停止します。主に、スレーブの処理速度が追い付かずにマスターの送信を待たせたいときや、スレーブの処理完了を遅延なく伝えたいときに用いられます。

SHT31では、クロックストレッチを有効にすると、測定結果を遅延なく取得できます。マスター（ラズパイ）がコマンドを送信した後、読み込みコマンドを発行すると、スレーブ（SHT31）がSCLをLowにしてマスターを待たせます（**図11**）。測定結果が用意できたらスレーブがSCLをHighにして通信を再開し、マスターがすぐに測定結果を取得できる仕組みです。

図11　クロックストレッチの仕組み

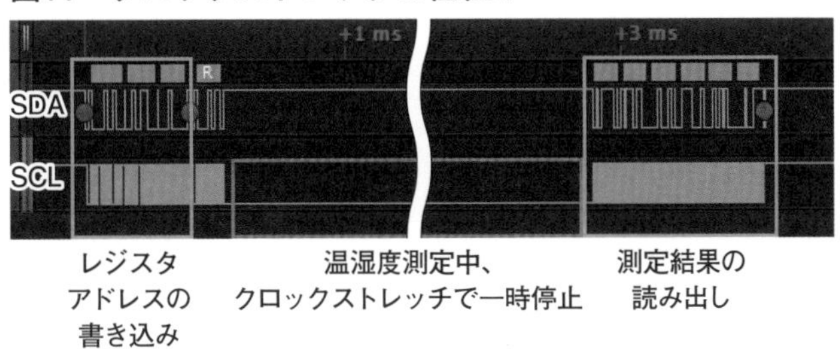

ところがRaspberry Pi OSの旧版では、I²C通信のクロックストレッチ機能のどこかにバグがありました＊2。次のようにSHT31に対してクロックストレッチを有効にしたコマンドを送信して、読み出しを実行すると一時停止したまま復帰しませんでした（**図12**）。

```
pi.i2c_write_device(h, [0x2c, 0x10]) ; pi.i2c_read_device(h, 6)
```

図12　温湿度センサーSHT31でクロックストレッチを有効にするとi2c_read_deviceでは読み出せない（sht31-read.py）

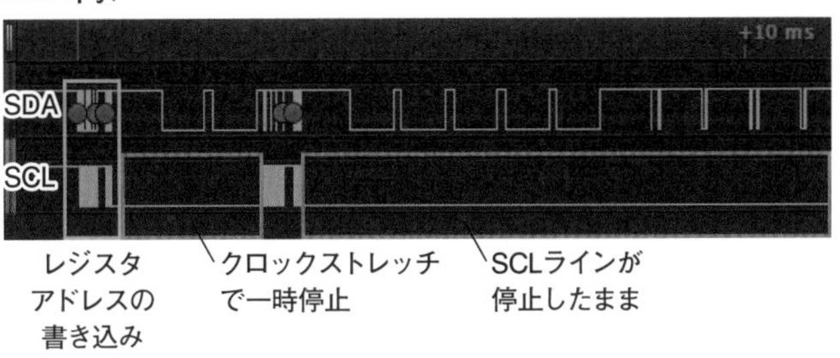

一方pigpioには、I²C通信をソフトウエアで実行する機能があり、これだと旧版でもクロックストレッチが正常に動作しました（図11はこのときの波形です）。bb_i2c_zip関数の指定方法が少し難しいのですが、次の通りです（完全なコードは**図13**）。

```
>>> pi.bb_i2c_open(2, 3, 100000) ↵
0
>>> pi.bb_i2c_zip(2, [4, 0x45, 2, (略) , 0]) ↵
(6, bytearray(b']\x01\x17u(\xf2'))
```

＊2　https://ja.scribd.com/document/131905944/2835-I2C-interface-pdfなどを参考にしました。このバグはRaspberry Pi OSの2021-10-31版では修正されています。

図13　温湿度センサー SHT31の温湿度を表示するコード（sht31-read2.py）

```
import pigpio                    ──► pigpioモジュールの読み込み
import time                      ──► timeモジュールの読み込み

pi = pigpio.pi()                 ──► pigpioデーモンに接続
pi.bb_i2c_open(2, 3, 100000)     ──► SHT31（0x45）との通信を準備

while True:  ▼0x2c, 0x10を送信して、6バイト受信
  result = pi.bb_i2c_zip(2, [4, 0x45, 2, 7, 2, 0x2c, 0x10, 2, 6, 6, 3, 0↩
])

  if result[0] == 6:  ▼温度を単位換算
    temp = -45 + 175 * int.from_bytes(result[1][0:2], 'big') / 65535
    ▼湿度を単位換算
    humi = 100 * int.from_bytes(result[1][3:5], 'big') / 65535
    print('temp = {:.1f}, humi = {:.1f}'.format(temp, humi))
                                                    ▲表示
  time.sleep(1)                  ──► 1秒、待ち
```

15.3 転送開始の方法は2種類ある

最後に、SMBus規格に準じたデータの読み出しについて、改めて詳しく見てみましょう。

SMBus規格では、まずレジスタアドレスを書き込んでから、続いてデータの読み込みを実行すると、レジスタデータが読み出せました。ここまできちんと説明していませんでしたが、ラズパイでは通常、レジスタアドレスの書き込み処理を終了させないまま、読み出し処理を開始します。このようにして、SMBus規格に基づくレジスタ読み込みを続きの通信として実行します。

図3で、レジスタ書き込みの最後に「転送終了」がなく、続いて「再転送開始」となっているのは、そのためです。I^2Cでは、転送開始を「スタートコンディション」、転送終了を「ストップコンディション」、再転送開始を「リピートスタートコンディション」と呼びます。

図14にADT7410からレジスタを読み出したときの2通りの波形を示します。図14上では、レジスタアドレスの書き込みの後、マスターはストップコンディションを送らずに、リピートスタートコンディションを送っています。読み出しが終わってからストップコンディションを送って通信を終了します。

図14　レジスタ読み出しでリピートスタートコンディションを使った場合と使わなかった場合の比較

●読み出しをリピートスタートコンディションで開始

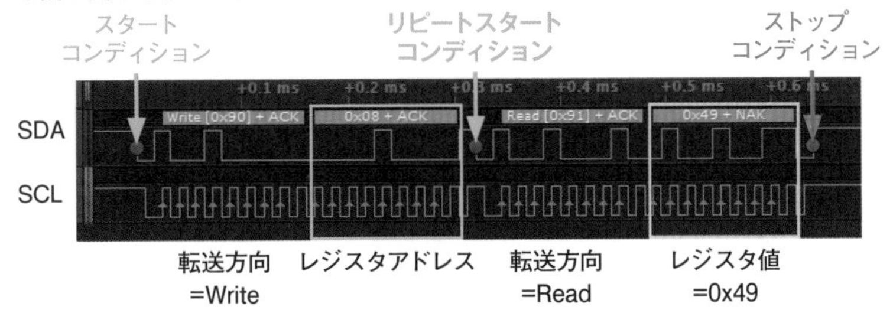

●読み出しをスタートコンディションで開始

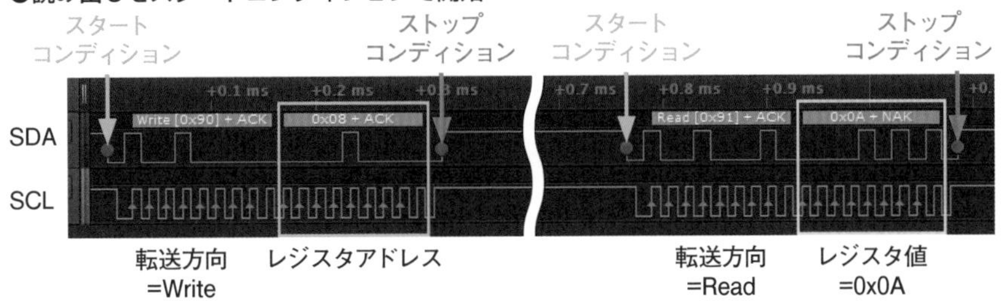

SMBus規格では、レジスタアドレスの書き込みをストップコンディションで終了させてから、スタートコンディションを送ってデータの読み出しを開始しても構いません。図14下がそれです。

リピートスタートが必須の場合

図14をよく見ると、おかしなことが起こっています。読み出されたレジスタ値が上と下で違っています。

多くのI²Cデバイスはレジスタ読み出しで、リピートスタートコンディションを使っても使わなくても同じ結果になります。ところが結果が違うデバイスもあります。温度センサーADT7410がその例で、図14はADT7410のレジスタアドレス0x08（TCRIT）を読み出した場合を示しています。

ADT7410ではレジスタの読み出しにリピートスタートコンディションを使う必要があり、図14上で正しいレジスタ値が読み出されています。上では通常の1バイト読み出しに使う、i2c_read_byte_data()を使いました（**図15**）。リピートスタートコンディションを使わない場合（図14下）は、常にレジスタアドレス0x00の値が読み出されてしまいます。図14下では、レジスタ書き込みとデータ読み出しを別々に実行するため、i2c_write_dev iceとi2c_read_deviceを利用しました（**図16**）。

図15　リピートスタートコンディションを使って温度センサーADT7410からレジスタ読み込み
レジスタアドレス0x08の値を正しく読める。

```
>>> h = pi.i2c_open(1, 0x48) ⏎ ←ADT7410（0x48)との通信を準備
>>> pi.i2c_read_byte_data(h, 0x08) ⏎
73 ← 16進数では0x49
```

図16　リピートスタートコンディションを使わず温度センサーADT7410からレジスタ読み込み
レジスタアドレス0x00の値が誤って読み出される。

```
>>> pi.i2c_write_device(h, [0x08]); pi.i2c_read_device(h, 1) ⏎
0
(1, bytearray(b'\n')) ← b'\n'は0x0Aのこと
```

実はRaspberry Pi OSは古いバージョンでは、I^2Cのレジスタ読み出しで、リピートスタートコンディションを使わない図14下の方式がデフォルトでした。このためADT7410などを利用するには、OSの設定を変更して、リピートスタートコンディションを使えるようにする必要がありました。筆者の調べでは、2017年7月頃（2017-07-05-Raspberry Pi OS-jessie）からデフォルト設定が変わったようです＊3。

関数のまとめ

シリアル通信「I^2C」の使い方はいかがでしたでしょうか。多くの用語と関数が出てきたので少し戸惑ってしまうかと思います。Raspberry Pi OSのまとめとして、今回紹介した関数を**表2**にまとめておきます。

＊3　現在は、/etc/modprobe.d/i2c.confという設定ファイルの「options i2c_bcm2708 combined」というオプションは指定しても無視され、常にリピートスタートコンディションが利用されます。リピートスタートコンディションを使わないレジスタ読み込みをするには、レジスタ書き込みとデータ読み出しを独立して実行する必要があります。

表2　I^2C通信で使用する関数一覧

ライブラリ名		WiringPi	pigpio
初期化	通信全体	wiringPiSetupGpio()	pigpio.pi()
	I^2C	wiringPiI2CSetup()	i2c_open()
データ送信	複数バイト	-	i2c_write_device()
データ受信	複数バイト	-	i2c_read_device()
レジスタ書き込み	1バイト	wiringPiI2CWriteReg8()	i2c_write_byte_data()
	2バイト	wiringPiI2CWriteReg16()	i2c_write_word_data()
	複数バイト	-	i2c_write_i2c_block_data()
レジスタ読み込み（リピートスタートコンディションで動作）	1バイト	wiringPiI2CReadReg8()	i2c_read_byte_data()
	2バイト	wiringPiI2CReadReg16()	i2c_read_word_data()
	複数バイト	-	i2c_read_i2c_block_data()

16章

SPI

I^2Cと並んでよく使われる「SPI」通信について解説します。I^2Cよりも高速な通信が可能なのが特徴です。4本の信号線で接続し、同時に複数のデバイスとの接続が可能です。データの送信と受信に別々の信号線を使い、送受信が同時にできます。

本章では、SPI通信について解説します。

16.1 SPIは高速、複数接続も可能

SPIはSerial Peripheral Interfaceの頭文字で、CS、SCLK、MOSI、MISOという4本の信号を使った同期式通信です（**図1**）。I^2Cに比べ、高速にデータを転送できます。

図1　SPIマスターとSPIスレーブの信号

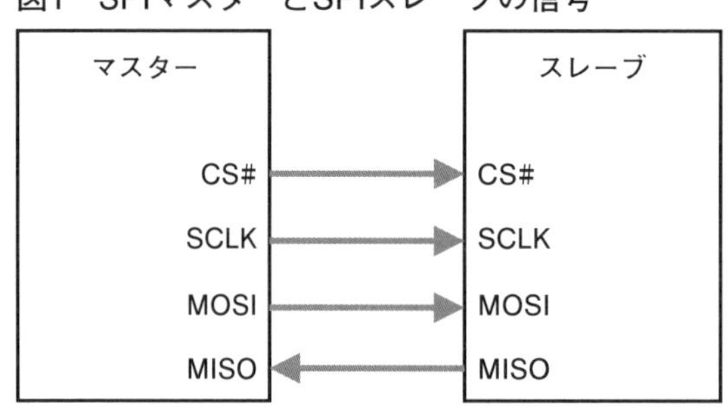

SPIで通信するデバイスは、SPIマスターまたはSPIスレーブのどちらかの役割を担います。通信のタイミングはSPIマスターが制御しており、SPIスレーブはSPIマスターの指示に従ってデータを受け取ったり送ったりします。

SPIマスターから出力する信号はCSとSCLK、MOSI、入力する信号はMISOであり、入出力方向が途中で変化することはありません。データ転送にはMOSI（Master Out Slave In）とMISO（Master In Slave Out）を使い、双方向にやり取りします。通常、CS（Chip Select）で通信相手のデバイスを選択し、SCLK（Serial CLocK）でデータ転送の同期を取ります。

SPIスレーブによってはCSの配線が不要なものがあります。SPIマスターがデータを受信しない場合はMISOの結線を省略できます。SPIマスターが送信をしない場合はMOSIを省略できます。

なお、SPIは公式な規格がないため、信号の名称が統一されていません。マイコンやデバイスによってCSがCEと書かれていたり、MOSIがSDOやDOと書かれていたりします。

16.2 SPI通信の手順

SPI通信を開始するとき、まずSPIマスターはCSをLowにしてSPIスレーブに通信開始を伝えます（**図2**）。そしてSCLKをデータ転送するビット数に応じてHigh/Lowに切り替えます。SCLKの立ち下がり（High→Low）は駆動エッジと言い、このタイミングで、送信したいデータ（ビット）に合わせてSPIマスターはMOSIを、SPIスレーブはMISOをHighもしくはLowに設定します。SCLKの立ち上がり（Low→High）はサンプリングエッジと言い、このタイミングでSPIマスターはMISO、SPIスレーブはMOSIを参照します。

図2　SPIの信号タイミング
MOSI/MISOの最初の出力は、CSがLowになった後、設定されるようだ。

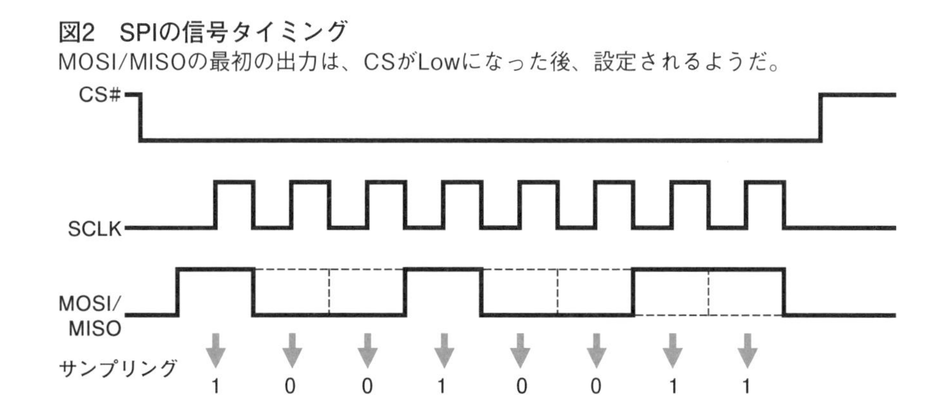

一つのSPIマスターに複数のSPIスレーブをつなぐことが可能で、並列接続とデイジーチェーン接続という二つの結線方法があります（**図3**）。一般的なのが並列接続で、SPIマスターのSCLK、MOSI、MISOをすべてのSPIスレーブに並列に接続して、SPIスレーブのCSを個々にSPIマスターに接続します。SPIマスターは通信するSPIスレーブのCSだけをLowにすることで特定のSPIスレーブとだけ通信できるようになっています。

図3　SPIの並列接続とデイジーチェーン接続

(1) 並列接続

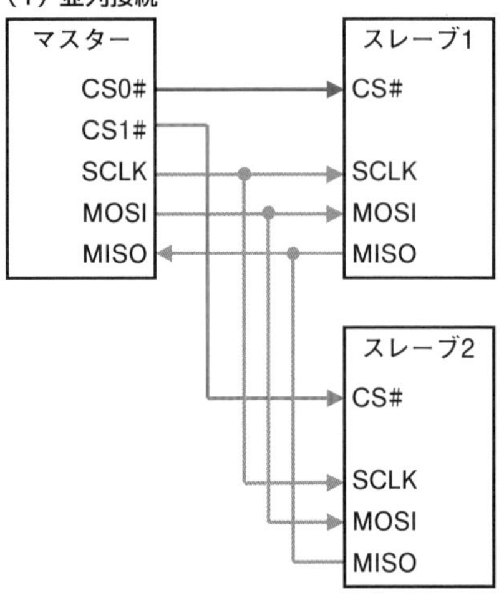

(2) デイジーチェーン接続

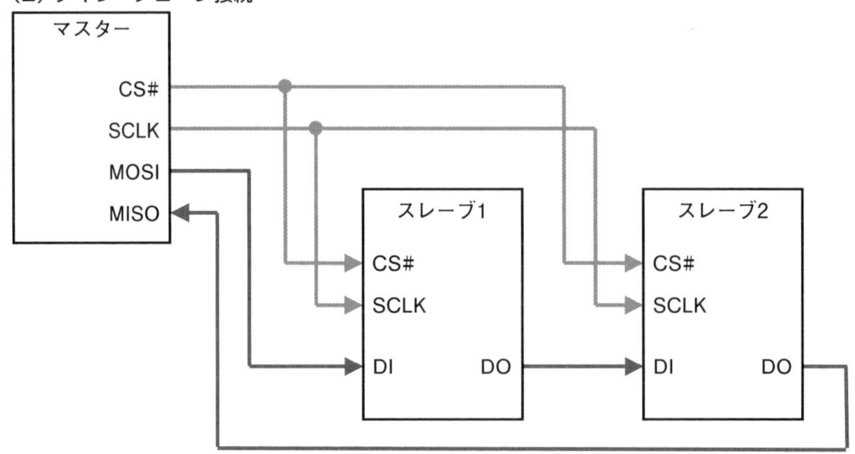

一方、デイジーチェーン接続は、SPIマスターのCS、SCLKをすべてのSPIスレーブに並列に接続して、SPIスレーブのDOを次のSPIスレーブのDIに数珠つなぎで接続します。一部のデバイスがこの方式に対応していて、通信するSPIスレーブの指定方法は、デバイスによって違います。

並列接続の場合はSPIスレーブの数が増えるとそれに応じてCSの数が増えるので大量のSPIスレーブを接続するのは困難です。デイジーチェーン接続では容易に増やせるという特徴があります。

クロック周波数などを合わせる

I^2Cと同様、SPIマスターとSPIスレーブ間で互いに合わせなければいけない項目がいくつかあります。一つ目はSCLKの周波数の上限です。SPIスレーブはSPIマスターが出力するSCLKに合わせてMISOを設定したりMOSIを参照したりしています。このため、SPIマスターがSCLKをあまりにも高速にHigh、Lowを切り替えるとSPIスレーブが追い付かず誤動作してしまいます。SCLKはSPIスレーブで規定された上限周波数以下にしなければいけません。

二つ目はデータのビット数です。転送されるデータのビット数はSPIマスターが出力するSCLKのHigh/Lowの数で決まりますが、一般的にはSPIスレーブで規定されたビット数に合わせます（時々、あえてビット数を合わせないこともあります）。

さらに、MSB/LSB（最上位ビット先行 or 最下位ビット先行）、CS論理（Lowでアクティブ or Highでアクティブ）、CPOL（クロック極性）、CPHA（クロック位相）の4項目あります。この4項目で問題になることはほとんどありません。しかし、うまく通信できないときにはSPIマスターとSPIスレーブで一致しているかどうかを確認するようにしましょう。

ラズパイはSPIが2チャンネル

それでは、ラズパイにあるSPIの接続ピンを確認しましょう。ラズパイの入出力端子には、2チャンネルのSPIが備わっています。

一つ目（SPI0）は23ピンがSCLK 、19ピンがMOSI、21ピンがMISO、で、24ピンと26ピンがCS0とCS1です（**図4**）。CSが2本あるので、二つのSPIスレーブを並列に接続できます。二つ目（SPI1）は40ピンがSCLK、38ピンがMOSI、35ピンがMISOで、12ピンと11ピン、36ピンとCSが3本あります。SPI1を使うときは/boot/config.txtに「dtoverlay=spi1-3cs」を追記して再起動が必要です。

図4　汎用入出力端子のSPIピンの位置

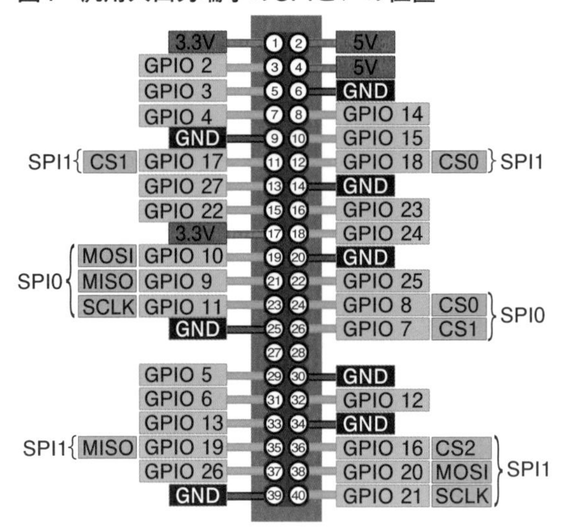

PythonからSPIを制御するライブラリはいくつか存在しますが、前章と同じpigpioライブラリ（https://abyz.me.uk/rpi/pigpio/python.html）を使うことにしました。このライブラリは最新のRaspberry Pi OSに含まれているので追加でインストールする必要はありません。このライブラリを使うときはpigpioデーモンが動いている必要があるので忘れずに起動してください。

```
$ sudo pigpiod ⏎
```

16.3 SPI通信を試してみよう

ここからは、実際にラズパイへSPIデバイスを接続して通信してみましょう。本章では、それぞれSPI送信のみ、SPI受信のみ、SPI送受信ができる3種類のデバイスを用意しました（**表1**）。

表1　本章で利用するデバイス

品名	販売店	価格	データシート
DAコンバーター MCP4822	マルツエレック（2381-00）	519円（税抜）	https://bit.ly/2Ju3UNN
K熱電対デジタルコンバーター MAX31855K	秋月電子通商（M-08218）	1620円（税込）	https://bit.ly/2JtBLq3
ADコンバーター MCP3002	秋月電子通商（I-02584）	200円（税込）	https://bit.ly/2qdzJCf

送信のみのDAコンバーター

一つ目のDAコンバーター「MCP4822」は、デジタル値で指定した電圧を出力する「デジタル-アナログコンバーター」です。3.3V単電源で動作して、12ビットの分解能で電圧を指示できます。出力は2チャンネルあり、それぞれ異なる電圧を指定できます。

MCP4822はSPIに対応したデバイスですが、出力すべき電圧を受信するだけで、データの送信機能はありません。このため、MISO端子を持っていません。ラズパイとMCP4822の配線例を**図5**に示します。MCP4822が出力する電圧を確認できるよう、電圧出力（オレンジ線）とGND（黒線）をテスターなどに接続しましょう。

図5　ラズパイとDAコンバーター MCP4822の配線図

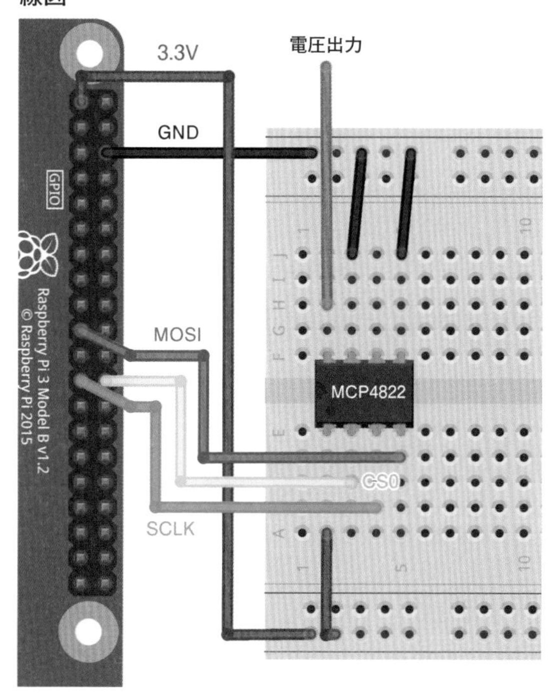

MCP4822へは2バイトのSPI送信で出力電圧を指示します。上位4ビットで出力チャンネル（AまたはB）や出力ゲインなどを指定して、下位12ビットで「DA値」を指定します。ここでは上位4ビットは、出力チャンネルA、出力ゲイン2倍、出力オンを指示する0x1（0b0001）を指定しましょう。DA値の部分は「出力電圧 / 4.096 * 4096」（出力ゲイン=2倍のとき）の結果を使います。例えば、3Vを出力するときは0x1bb8、0Vを出力するときは0x1000を送信します。

Pythonを起動して、

```
$ python3 ⏎
```

pigpioをインポート、初期化します。

```
>>> import pigpio ⏎
>>> pi = pigpio.pi() ⏎
```

次に、spi_open関数でSPIを初期化します。引数に、SPIのチャンネル（SPI0もしくはSPI1）、SCLK周波数、フラグを指定します。フラグは前述のCPOLやCPHAなどの指定で、通常は0としてください。この関数を実行すると以降に必要なハンドル値が返ってくるので、変数に覚えておきます。

```
>>> h = pi.spi_open(0, 20000000, 0) ⏎
```

spi_write関数で0x1bb8を送信して3Vを出力します。引数に、ハンドル値と送信するデータを指定します。

```
>>> pi.spi_write(h, [0x1b, 0xb8]) ⏎
2
```

このときの通信の様子をロジアナで確認したのが**図6**です。参考のため、0Vから3Vに変化させるコードを**図7**に示します。そのときの出力は**図8**のようになりました。

図6　SPI送信の様子
0x1b, 0xb8を送信している。

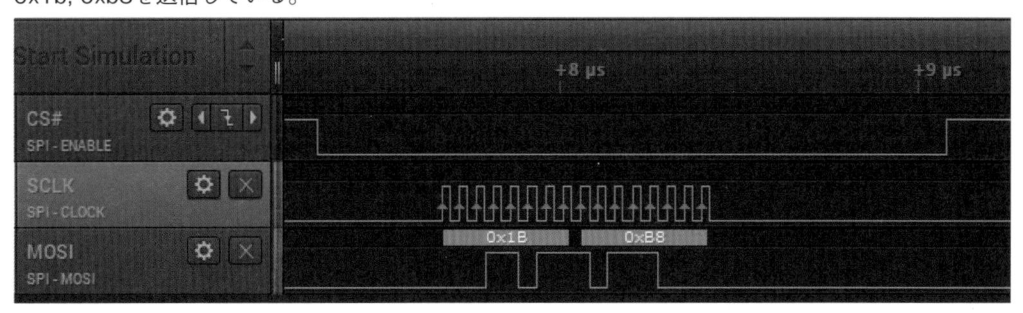

図7　DAコンバーター MCP4822で出力を0～3Vに変化するコード「dac2.py」

```
import pigpio          → pigpioモジュールの読み込み
import time            → timeモジュールの読み込み(sleep()を使うために必要)

pi = pigpio.pi()                    → pigpioデーモンに接続
h = pi.spi_open(0, 20000000, 0)     → SPI0を初期化

while True:                         → 永久ループ
  for i in range(100):              → iを0から99まで1ずつカウントアップ
    ↓ iの0～100を0～3Vに相当するDA値に換算
    val = int(i / 100 * 3 / 4.096 * 4096)
    val_bytes = val.to_bytes(2, 'big')       → DA値を二つのbyteに変換
    ↓ 上位4ビットを加えて、2バイトをSPI送信
    pi.spi_write(h, [(0b0001 << 4) | val_bytes[0], val_bytes[1]])
    time.sleep(0.001)                        → 1ミリ秒、待ち
```

図8　図7のプログラムの出力結果

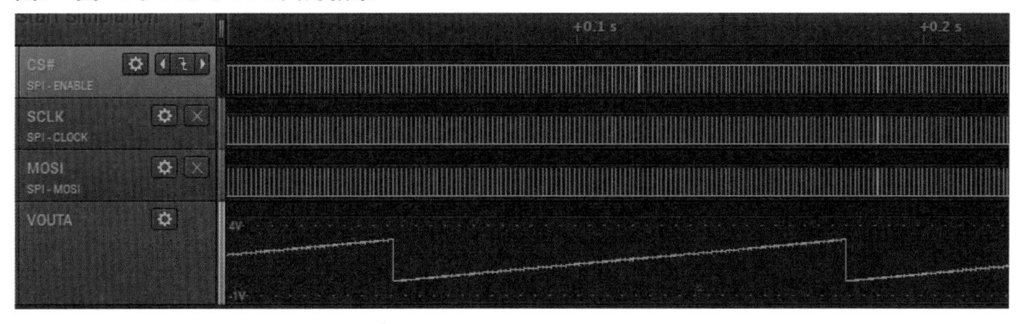

受信のみのコンバーター

K熱電対デジタルコンバーター「MAX31855K」はK型熱電対と組み合わせて、-200～1350℃という広範囲な温度を測定できるパーツです。熱電対による温度測定は接合点に発

生する熱起電力から温度差を得る仕組みのため、基準接点の温度に配慮しなければいけません。MAX31855Kは内部で冷接点補償の検出と補正をするので、容易にK熱電対で温度を測れます。

MAX31855KのSPI通信では温度をラズパイに送信するだけなので、MOSIのピンはありません。ラズパイとMAX31855Kの配線例を**図9**に示します。K型熱電対には極性があるので、コネクタのプラスマイナスを確認して接続してください。

図9　ラズパイとK熱電対デジタルコンバーターMAX31855Kの配線図

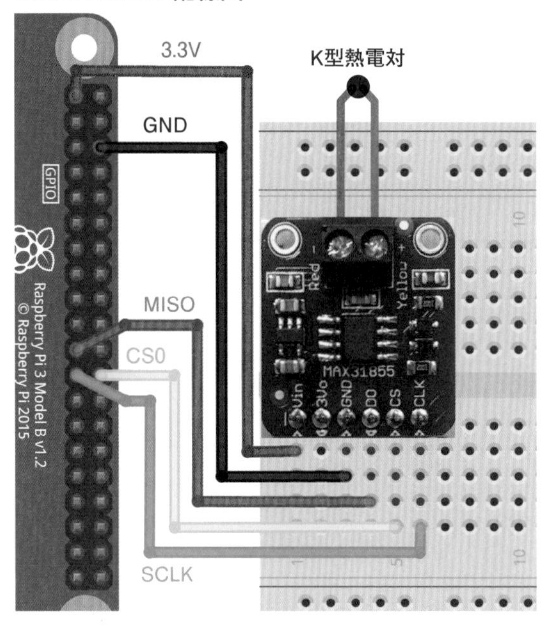

MAX31855KはSPIで4バイトを送信します。主に、先の2バイトがK熱電対の温度で、後の2バイトが基準接点の温度です。先の2バイトの最下位ビットはフォールト有無（配線断など）、後の2バイトの下位4ビットはフォールトの原因を示しています。先の2バイトに含まれるK熱電対の温度は冷接点補償の値なので、プログラムで補正する必要はありません。

それでは、プログラムで温度を取ってみましょう。

spi_open関数でSPIを初期化します。SCLK周波数は5MHzにします。

```
>>> h = pi.spi_open(0, 5000000, 0) ⏎
```

spi_read関数で4バイト受信します。

```
>>> pi.spi_read(h, 4) ⏎
(4, bytearray(b'\x01`\x14\xc0'))
```

受信した結果「(b'\x01`\x14\xc0')」が表示されますが、これでは何℃なのか分かりません。プログラムでK熱電対の温度の部分だけを抽出しましょう。

受信したデータの先頭2バイトを2ビットシフトして4で割ります。22℃だと分かります。

```
>>> val = pi.spi_read(h, 4) ⏎
>>> (int.from_bytes(val[1][0:2], 'big', signed = True) >> 2) / 4 ⏎
22.0
```

よく考えてみると、4バイトを受信しているにもかかわらず、先頭の2バイトしか使っていません。SPIは受信のバイト数（ビット数）をSPIマスターで変更することができる（そもそも、SPIマスターが1ビットずつ転送を指示している）ので、2バイトだけ通信して温度を得ることも可能です。

```
>>> val =  pi.spi_read(h, 2) ⏎
>>> (int.from_bytes(val[1], 'big', signed = True) >> 2) / 4 ⏎
21.0
```

参考のため、4バイトと2バイトで温度測定するコードを**図10、11**に掲載します。そのときの波形は**図12、13**の通りです。

図10　MAX31855KでK熱電対と基準接点の温度を表示するコード「thermo1.py」

```
import pigpio     → pigpioモジュールの読み込み
import time       → timeモジュールの読み込み(sleep()を使うために必要)

pi = pigpio.pi()                    → pigpioデーモンに接続
h = pi.spi_open(0, 5000000, 0)      → SPI0を初期化

while True:                         → 永久ループ
  val =  pi.spi_read(h, 4)          → 4バイトSPI受信
```

次ページへ続く

Chapter 16

図10の続き

```
  ▼ 受信した4バイトからK熱電対温度を抽出
  temp = (int.from_bytes(val[1][0:2], 'big', signed = True) >> 2) / 4
  ▼ 受信した4バイトから基準接点温度を抽出
  int_temp = (int.from_bytes(val[1][2:4], 'big', signed = True) >> 4) / 16
  ▼ 温度を表示
  print('temp = {0:.1f}, int_temp = {1:.1f}'.format(temp, int_temp))
  time.sleep(1)                    ──► 1秒、待ち
```

図11　MAX31855KでK熱電対の温度だけを表示するコード「thermo2.py」

```
import pigpio     ──► pigpioモジュールの読み込み
import time       ──► timeモジュールの読み込み(sleep()を使うために必要)

pi = pigpio.pi()                 ──► pigpioデーモンに接続
h = pi.spi_open(0, 5000000, 0)   ──► SPI0を初期化

while True:                      ──► 永久ループ
  val =  pi.spi_read(h, 2)       ──► 2バイトSPI受信
 ▼ 受信した2バイトからK熱電対温度を抽出
  temp = (int.from_bytes(val[1], 'big', signed = True) >> 2) / 4
  print('temp = {0:.1f}'.format(temp))      ──► 温度を表示
  time.sleep(1)                  ──► 1秒、待ち
```

図12　4バイト受信時のSPIの波形

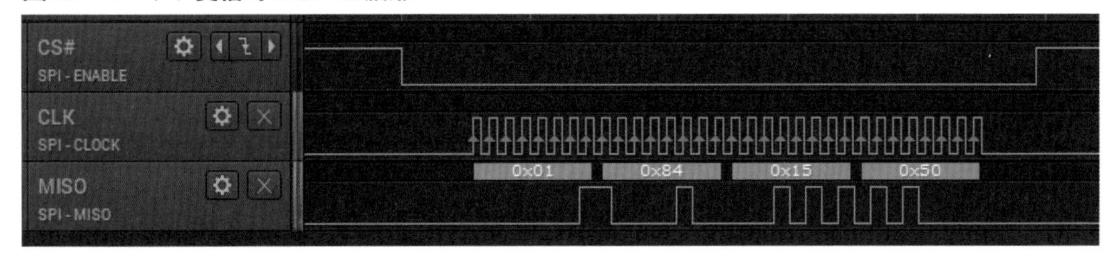

図13　2バイト受信時のSPIの波形

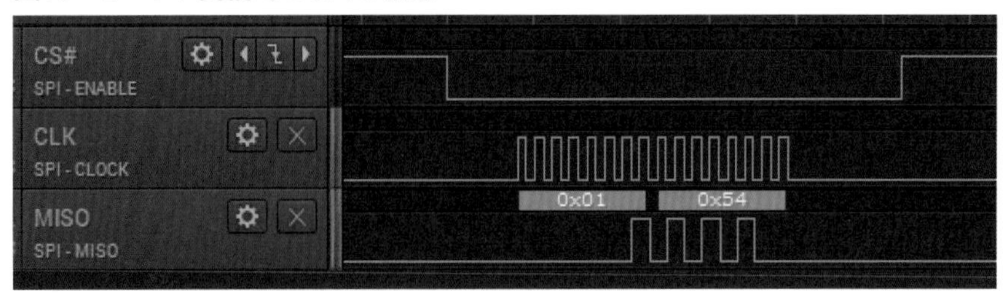

ADコンバーターでSPI送受信

ADコンバーター「MCP3002」は、電圧をデジタル値に変換できるアナログ-デジタル（AD）コンバーターです。3.3V単電源で動作し、10ビットの分解能で電圧を測れます。電圧の入力チャンネルは2本あります。

測定するだけなのでSPI受信だけで十分だと思うかもしれませんが、実際には入力するチャンネルなどを指示しなければいけないため、SPIの送信も発生します。ラズパイとMCP3002の配線例を**図14**に示します。入力する電圧を変更できるよう可変抵抗を加えました。

図14　ラズパイとADコンバーター「MCP3002」の配線図

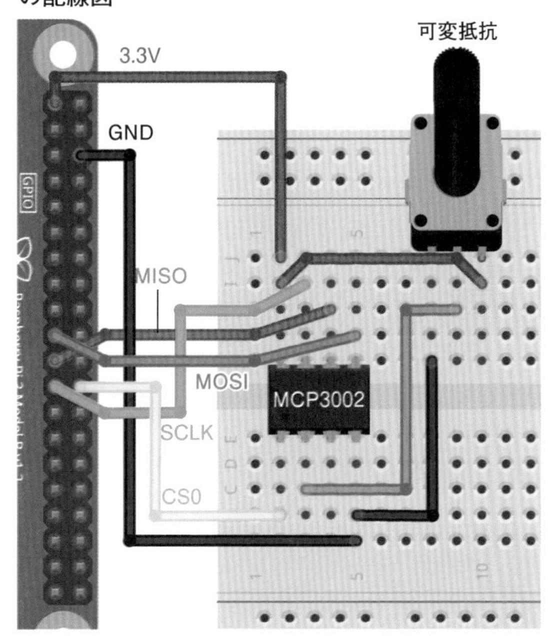

MCP3002の通信フォーマットはいままでのデバイスと比べて複雑なので、データシート（https://bit.ly/2qdzJCf）を確認しておきましょう。15ページのFIGURE 6-1（**図15**）を参照してください。

図15　MCP3002のSPI通信
データシートより引用。

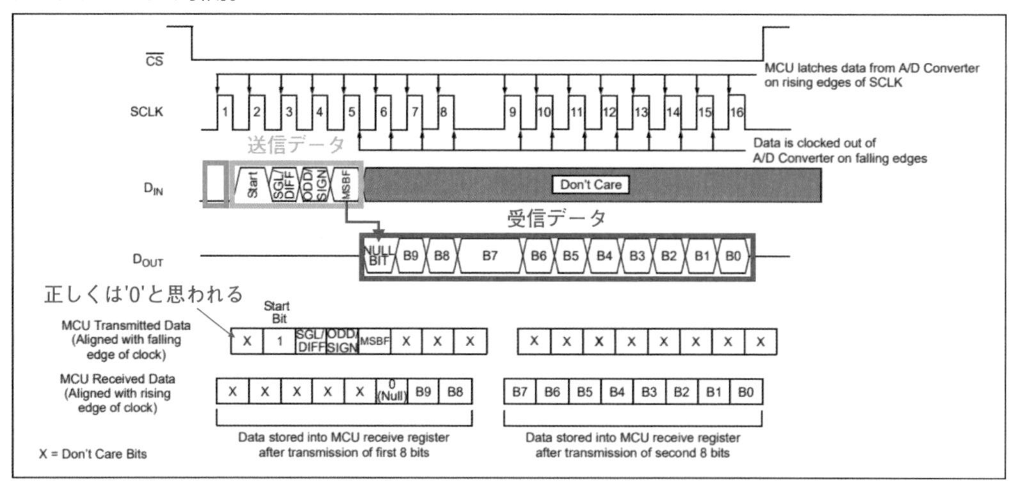

FIGURE 6-1: *SPI Communication with the MCP3002 using 8-bit segments (Mode 0,0: SCLK idles low).*

ラズパイから送信するデータはStart、SGL/DIFF、ODD/SIGN、MSBFの4ビット（緑枠）、受信するデータはNULL BIT、B9～B0の11ビット（赤枠）です。MCP3002は、ラズパイから4ビット受け取った後、AD変換をして11ビット送信することになります。送信と受信のデータの合計は4+11=15ビットと、8ビット（1バイト）の整数倍になっておらず扱いにくいので、Startの前に1ビット「0」（青枠）を追加して16ビットに延長しています。

SPIは送信、受信と分けて通信するわけでなく、1ビット単位で同時に送受信をしています。そのため、ラズパイは図の下にある通り16ビットの送信と受信をしてから、受信データの下位10ビット（B9..B0）を電圧値として切り取ります。

プログラムはSPI送信、SPI受信の場合とほぼ同じです。SPI送信したときの受信データを取得できる、spi_xfer関数を使います。この関数で2バイトを送信すると、送信したときに受信した2バイトが返ってきます。電圧を測定するコードとそのときの波形を**図16、17**に示します。

```
>>> pi.spi_xfer(h, [0b01101000, 0]) ⏎
(2, bytearray(b'\x01\xfc'))
```

図16　ADコンバーター MCP3002で電圧を表示するコード「adc1.py」

```
import pigpio     ―► pigpioモジュールの読み込み
import time       ―► timeモジュールの読み込み(sleep()を使うために必要)

pi = pigpio.pi()                  ―► pigpioデーモンに接続
h = pi.spi_open(0, 1000000, 0)    ―► SPI0を初期化

while True:                       ―► 永久ループ
  val = pi.spi_xfer(h, [0b01101000, 0])    ―► 2バイトSPI送受信
  ▼受信した2バイトから電圧を抽出
  volt = int.from_bytes([val[1][0] & 0x03, val[1][1]], 'big') * 3.3 / 1023
  print('{0:.1f}'.format(volt))            ―► 電圧を表示
  time.sleep(1)                   ―► 1秒、待ち
```

図17　図16を実行したときの波形

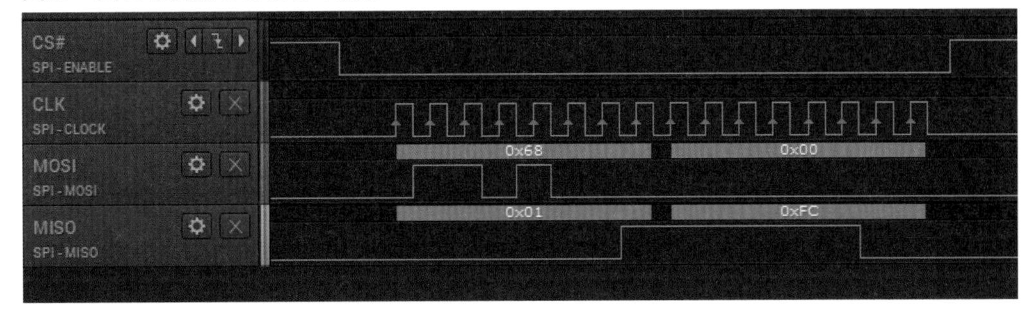

17章

UART

GPSモジュールなどで利用されるシリアル通信「UART」について解説します。1バイトずつやり取りするシンプルな通信方式です。一固まりのデータ（フレーム）を表す方式が3種類あります。各方式に対応したデバイスと実際に通信をしてみましょう。ラズパイ独特の初期設定に注意が必要です。

本章では、GPSセンサーなどでおなじみのUART通信を解説します。UARTで接続するセンサーはあまり多くありませんが、昔からある標準的なインタフェースなので時々必要に迫られます。しっかりと理解しましょう。

17.1 UARTの接続は1対1

UARTは「Universal Asynchronous Receiver Transmitter」の略で、非同期方式による通信を示します。UARTの信号線は送信用のTXDと受信用のRXDで、ラズパイとデバイスを1対1に接続します。TXDとRXDのそれぞれが独立しているのでラズパイからデバイスだけといった一方向だけの通信のときは、通信しない方向の配線を省略することもできます。I^2Cのように、転送開始/終了やアドレスといった概念はなく、1バイト単位でデータを送信/受信します。普通は同じUARTに複数のデバイスを接続することはできません。

ラズパイの汎用入出力端子にあるUARTは、TXD（出力）がGPIO14でRXD（入力）がGPIO15です。一般的なデバイスはTXDが送信、RXDが受信なので、デバイスのTXDをラズパイのRXD、ラズパイのTXDをデバイスのRXDに接続します。まれにTXDが受信、RXDが送信になっているデバイスがあるので注意が必要です。ピンの名称だけで判断せずデータシートに記載されている信号の入出力方向を確認するようにしましょう（**図1**）。

図1　ラズパイとデバイスのUART接続

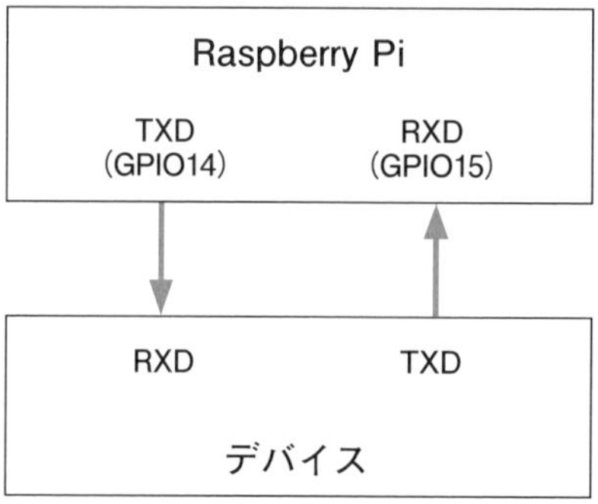

Raspberry Pi
TXD (GPIO14)
RXD (GPIO15)
RXD
TXD
デバイス

転送は1バイト単位

UARTでは受信側と送信側でいくつかのパラメーターを合わせておいて、送信側は決められたタイミングで信号をON/OFF、受信側は適切なタイミングに信号を読み取ることでデータを転送します。大抵、これらのパラメーターはデバイスで指定されているので、ラズパイ側でパラメーターを変更します。主なパラメーターはボーレート、スタートビット長、データビット長、パリティービット、ストップビットの5種類で、**表1**の通りです。

表1 UARTの五つのパラメーター

名前	説明
ボーレート	1秒間に含めるビット数。逆数にすると1ビットの時間間隔になる。例えば、ボーレートが9600の場合は、1ビットの時間間隔は1/9600=0.104ミリ秒
スタートビット長	先頭に付加するビット0の数。大抵は1ビット
データビット長	データのビット数。通常は8ビットだが、たまに7ビットのデバイスがある
パリティービット	データが正しく受け取れたか確認するためのチェック用のビット。パリティー無し、奇数パリティー、偶数パリティーの3種類がある。最近のデバイスはパリティー無しのものが多い
ストップビット	最後に付加するビット1の数。大抵は1ビット

もう一歩踏み込んで理解するために、ボーレート＝9600、スタートビット長＝1、データビット長＝8、パリティービット＝奇数、ストップビット＝1で、0x3A（1バイト）を転送したときの、送信側と受信側の動きを見てみましょう。

送信側の振る舞い

最初にスタートビットを出力します（**図2**）。出力を0にして、スタートビット長の時間、待機します。具体的な待ち時間は、1/9600（ボーレート）×1（スタートビット長）＝0.104ミリ秒です（以降、1ビットの待ち時間を1ビット幅と表記します）。

図2 UART信号の送信側と受信側の振る舞い

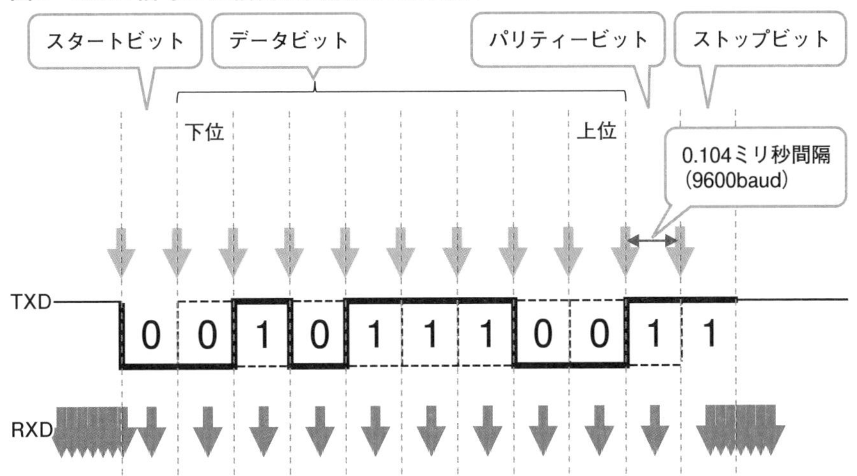

次に、1バイトのデータを下位ビットからデータビット長の数だけ、出力と待機を繰り返します。データビットすべてを出力するのに1/9600（ボーレート）×8（データビット長）＝0.833ミリ秒がかかります。

そしてパリティービットを1ビット出力し、待機します。奇数パリティーなので、データビットに含まれる1の数が奇数のときは0、偶数のときは1を出力します。

最後にストップビットを出力します。出力を1にして待機します。送信に要する時間は、1/9600（ボーレート）＝0.104ミリ秒と1（スタートビット長）＋8（データビット長）＋1（パリティービット）＋1（ストップビット）＝11をかけた、1.144ミリ秒です。

受信側の振る舞い

受信側は送信側よりも少し複雑です（図2下）。まず、スタートビットの出力が来るのを待ちます。このときはボーレートよりも十分速い（短い）間隔で入力して、1から0になった瞬間を捉えます。

スタートビットが来たと判断したら、1ビット幅の半分だけ待機して、そこから入力と待機を11回（スタートビット長＋データビット長＋パリティービット＋ストップビット）繰り返します。スタートビットの開始から1ビット幅の半分ずらすことで、信号が安定しているタイミングに入力しています。

17.2 フレームの区分け方で3種類

UARTの転送は1バイト単位ですが、一般的にはフレームやパケット、ブロックと呼ばれる複数バイトのデータを一固まりの意味にして扱うことがほとんどです。ここでは、UARTのデバイスでよく用いられている区分けの方法を紹介します。

最も多いのは、区切り文字（デリミター）による可変長フレームです（**図3**）。例えばデリミターを0x0Aと決めておき、送信側は複数バイトを連続して送信した後にデリミターを送信します。受信側は受信したデータをためつつ、デリミターを受信したかどうか判定して、それまでに受信したデータを1フレームとして扱います。

図3　フレームの3種類の区分け方

可変長（区切り文字）：

'H'	'I'	0x0A	'W'	'O'	'R'	'L'	'D'	0x0A

可変長（データ長）：

2	'H'	'I'	5	'W'	'O'	'R'	'L'	'D'

固定長：

'H'	'I'	0x00	0x00	0x00	'W'	'O'	'R'	'L'	'D'

フレーム内のデータにデリミターと同じものが含まれていると、そこで区切りと判定してしまいます。このため、フレーム内のデータが0x0Aのときは「0x5C,0x0A」に、0x5Cのときは「0x5C,0x5C」に変換するといった、エスケープコードといわれる手法が広く使われています。もう少し高度なものでは、SLIP（Serial Line Internet Protocol）やCOBS（Consistent Overhead Byte Stuffing）といったものもあります。

次に見かけるのは、データ長を都度指定する可変長フレームです。送信側はデータの長さを送信した後に複数バイトを送信します。受信側は最初に受信したデータの数だけ、後続のデータを受信して1フレームとして扱います。

この方式は、受信側で最初のバイト（データの長さ）の受信タイミングがずれてしまうとフレーム区分けがずれたまま復帰しないので、フレームの送信間隔と受信のタイムアウト時間を適切に決めて復帰できるようにしておく必要があります。

あまり見かけませんが、デバイスによっては固定長フレームのものがあります。これは単純で、「フレーム長は5」のようにデータの長さが固定です。データ長による可変長フレームと同様に、タイムアウトなどで復帰できるようにしておく必要があります。

ラズパイのUARTの特徴

さあ、いよいよプログラムに取りかかるところですが、Raspberry Pi OSのデフォルト設定のままではプログラムからUARTを使えません。二つの設定の変更が必要なので順に変更していきましょう。

一つ目はRaspberry Pi OSのシリアルコンソールの設定です。プログラムから利用するUARTは「/dev/serial0」ですが、デフォルトではOSのシリアルコンソールがつながっています＊1。このままではプログラムから利用できないので、シリアルコンソールが接続

＊1　GPIO14、15に「USBシリアル変換ケーブル」などでパソコンをつなぐことで、コンソール（端末）接続ができます。

しないよう /boot/cmdline.txtを**図4**のように編集して再起動します。

図4　/boot/cmdline.txtの変更
「sudo nano /boot/cmdline.txt」のように管理者権限で編集する。

削除

```
console=serial0,115200 console=tty1 root=PARTUUID=10f93555-02 rootfstype↵
=ext4 fsck.repair=yes rootwait quiet splash plymouth.ignore-serial-conso↵
les
```

二つ目はUARTの有効化です。実はラズパイには高機能なPL011 UARTと、機能が限られたMini UARTの二つのUARTが載っています。どちらもラズパイが搭載する米Broadcom社製SoC「BCM2711」が備えるものです。デフォルトはPL011 UARTだけが有効で、Bluetoothモジュールに接続されているので、プログラムで利用できるUARTがありません（**図5**）。

図5　PL011 UARTとMini UARTの切り替え

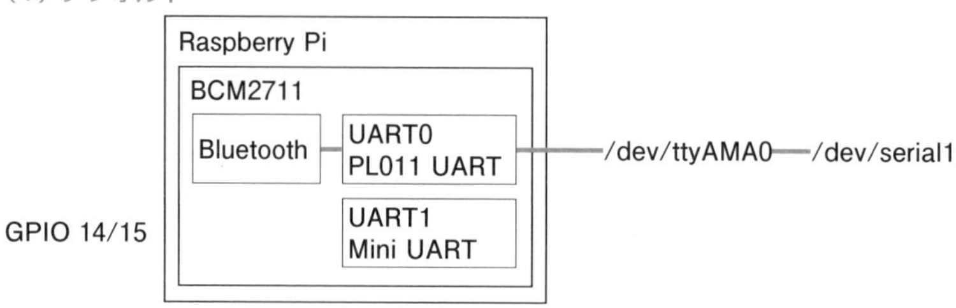

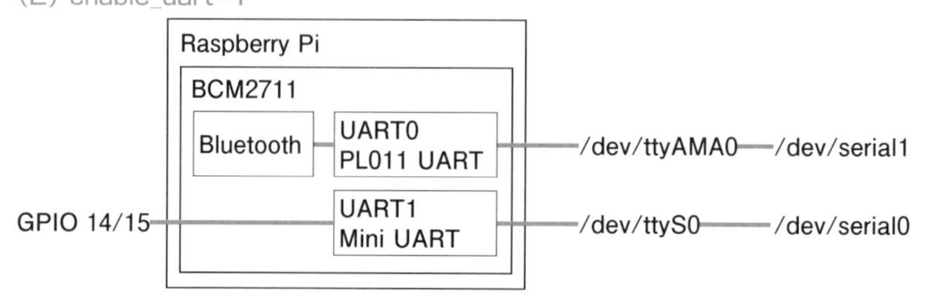

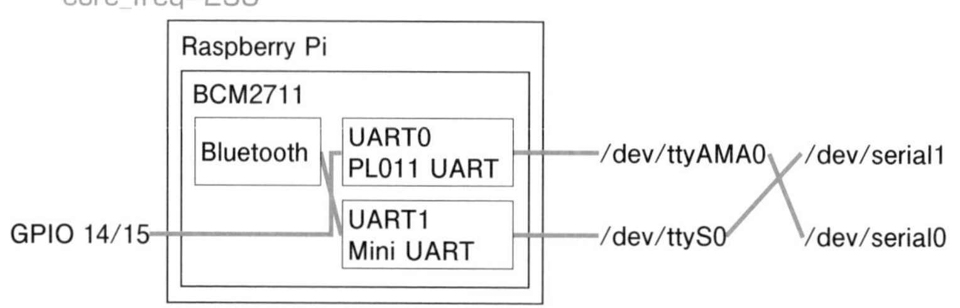

/boot/config.txtにenable_uart=1を追記すると、Mini UARTがGPIO14/15に接続されて/dev/serial0にマッピングされ、プログラムからUARTを使用できるようになります。一方、enable_uart=1の代わりにdtoverlay=miniuart-btとcore_freq=250を追記すると、PL011 UARTがGPIO14/15に接続されて、プログラムから高機能なUART通信が可能になります。その際、BluetoothモジュールはMini UARTで接続されます。

通常は、最後に示した設定（図5（3））にして、PL011 UARTをプログラムから使うように設定してください。PL011 UARTは英ARM社が開発した高機能なUARTです。一方のMini UARTはブレーク信号やフレーミングエラーを検知できないといった制限があるのに加え、パリティービットはなしにしか設定できません＊2。

/boot/cmdline.txtと/boot/config.txtを編集してUARTの準備が整ったので、ここからはデバイスを使ってさまざまなフレームの通信をやっていきましょう。**表2**のデバイスを使って、3方式の通信をします。

表2　利用する部品

フレーム	品名	通販コード	価格	パラメーター
固定長	超音波センサーURM37	M-12450	1650円	9600,8,N,1
可変長（区切り文字）	GPSモジュールGYSFDMAXB	K-09991	2100円	9600,8,N,1
可変長（データ長）	電子ペーパー 4.3inch e-Paper UART Module	千石電商	7590円	115200,8,N,1

※各製品のデータシートは上から順に、https://wiki.dfrobot.com/URM37_V5.0_Ultrasonic_Sensor_SKU_SEN0001_、https://www.yuden.co.jp/wireless_module/document/datareport2/jp/TY_GPS_GYSFDMAXB_DataReport_V1.0J_20161201.pdf、https://www.waveshare.com/wiki/4.3inch_e-Paper_UART_Module

17.3 固定長フレームの通信

最初に、仕組みがシンプルな固定長の通信デバイスを取り上げます。ここでは超音波の応答時間で距離を測るセンサー「URM37」を選定しました。測距センサーというと距離に応じたアナログ電圧を出力するタイプやパルスで出力するタイプ、I^2C通信で出力するタイプが多いですが、これはUARTで距離を読み出せる珍しいセンサーです。

電源は5Vが必要ですが、UART通信は3.3Vなので、URM37のTXD、RXDをラズパイに直結しても大丈夫です。URM37のTXD（ピン9）をラズパイのRXD（GPIO15）、RXD

＊2　PL011 UARTとMini UARTの詳しい情報は「BCM 2835 ARM Peripherals」(https://www.raspberrypi.org/app/uploads/2012/02/BCM2835-ARM-Peripherals.pdf)を参照してください。

（ピン8）をラズパイのTXD（GPIO14）に接続します（**図6**）。

図6　超音波センサーURM37とラズパイの接続図

通信フォーマットは、データシートのProtocol欄にあるCommand Formatに書かれています。4バイト固定長のコマンドが4種類ありますが、ここでは距離を読み取るコマンド（Enable 16bit distance reading）を使います。ラズパイから0x22、0x00、0x00、0x22の4バイトを送信すると、0x22、HIGH、LOW、SUMの4バイトが返ってきます。HIGHとLOWの2バイトが距離で、SUMは通信エラーを検知するためのチェックサムです。

pySerialで通信

PythonからのUART通信には、pySerialライブラリ（https://pyserial.readthedocs.io/en/latest/index.html）を使います。Raspberry Pi OSに標準で入っているのですぐに使い始められて手軽です。一つずつコマンドを入力しながら動きを確認してみましょう。

Python3を起動してpySerialをインポートします。

```
$ python3 ⏎
>>> import serial ⏎
```

引数にパラメーターを指定して初期化します。ここではポート名を「'/dev/serial0'」、ボーレートを9600、受信タイムアウトを0.5秒と設定します。パリティーやストップビットも指定できますが、デフォルトのままでよいので指定しません。

```
>>> ser = serial.Serial('/dev/serial0', 9600, timeout = 0.5) ⏎
```

0x22、0x00、0x00、0x22をwrite関数で送信します。引数の型がbytes型なので少し指定が複雑です。ここではバイトリテラルとバイトエスケープシーケンスという記述を組み合わせて「b'\x22\x00\x00\x22'」と書いて4バイトのbytes型を示しています。

```
>>> ser.write(b'\x22\x00\x00\x22') ⏎
4
```

4バイトをread関数で受信します。引数に受信したいバイト数を指定します。

```
>>> ser.read(4) ⏎
b'"\x00\x05\''
```

受信したデータがコンソールに表示されますが、16進数で表示されず見にくいので、binascii.b2a_hex関数を使って16進数の文字列で表示させましょう。

```
>>> import binascii ⏎
>>> ser.write(b'\x22\x00\x00\x22') ⏎
4
>>> binascii.b2a_hex(ser.read(4)) ⏎
b'22002143'
```

「22002143」と表示されたので、0x22、0x00、0x21、0x43を受信したことになります。HIGHが0x00、LOWが0x21なので、測った距離は$0 \times 256 + 33 = 33$cmと分かります。

参考に0.5秒ごとに距離を測定するプログラムを**図7**に示します。次のように実行します。

```
$ python3 urm37.py ⏎
b'22007ea0'  -> 126 [cm]
b'22007d9f'  -> 125 [cm]
```

図7　超音波センサーURM37で距離を測定するプログラム「urm37.py」

```
import serial                → serialモジュールの読み込み
ser = serial.Serial('/dev/serial0', 9600, timeout = 0.5)
  ↑ UARTを初期化
import binascii              → binasciiモジュールの読み込み
import time                  → timeモジュールの読み込み

while True:
  ser.write(b'\x22\x00\x00\x22')     → 距離を読み取るコマンドを送信
  data = ser.read(4)               → コマンドの結果を受信
  print(binascii.b2a_hex(data), ' -> ', end = '')
  ↑ 16進数文字列に変換して表示
  distance = int.from_bytes(data[1:3], byteorder = 'big')
  ↑ 距離を算出(二つのbyteをintに変換)
  print(distance, '[cm]')          → 距離を表示
  time.sleep(0.5)                  → 0.5秒、待ち
```

17.4 可変長(区切り文字) の通信

可変長（区切り文字）の通信デバイスとして、GPSモジュール「GYSFDMAXB」を選定しました。複数の衛星の電波を受信して現在位置を計算し、UART通信で出力します。電源は5V必要ですが、UART通信は3.3Vなので、GYSFDMAXBのTXD、RXDをラズパイに直結しても大丈夫です。GYSFDMAXBのTXDをラズパイのRXD（GPIO15)、RXDをラズパイのTXD（GPIO14）に接続します（**図8**)。

図8　GPSモジュールGYSFDMAXBとラズパイの接続図

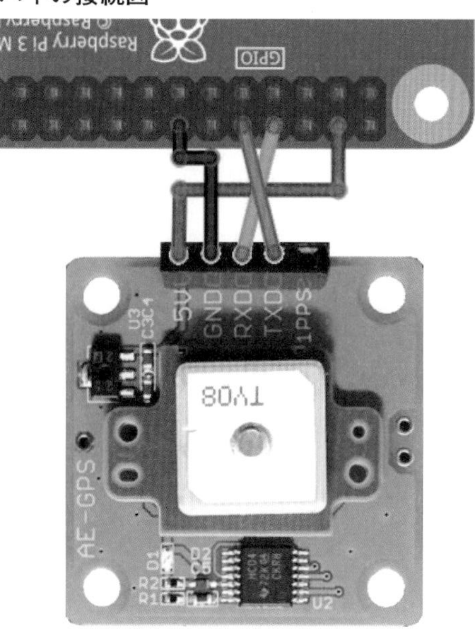

通信フォーマットは、NMEA0183フォーマットというもので、「$」「TalkerID」（2文字）「SentenceID」（3文字）の6文字に続いて、カンマで区切ったいくつかのデータ（とチェックサム）、最後に0x0D+0x0Aと規定されています（**図9**）。最後の0x0D+0x0A以外は表示できるASCII文字と決まっていて0x0Aが含まれることはないので、0x0Aが来るまでを受信して一固まりにすることで、以降のプログラムで扱いやすくなります。

図9　NMEA0183フォーマットと受信の考え方

●NMEA0183

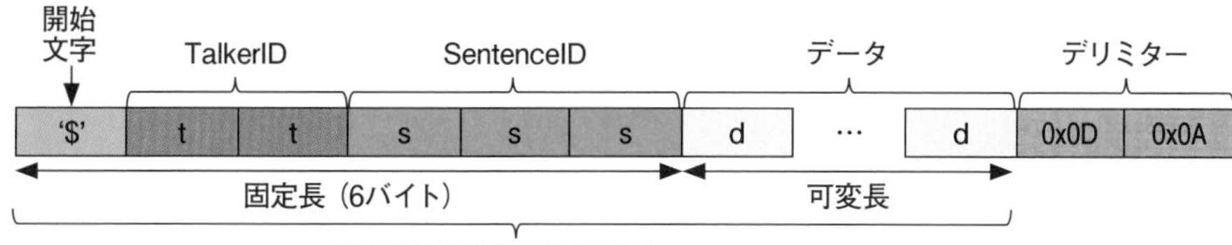

●受信の考え方

0x0Aまで受信

							…			0x0A

受信したデータを分割

'$'	t	t	s	s	s	d	…	d	0x0D	0x0A

それでは、pySerialで通信してみましょう。Python3を起動してpySerialを初期化します。

```
$ python3 ⏎
>>> import serial ⏎
>>> ser = serial.Serial('/dev/serial0', 9600) ⏎
```

readline()関数を使うと0x0Aまでのデータを一固まりにして取得できます。受信バッファーに起動時の不要なデータがたまっているので、何度か実行してみてください。

```
>>> ser.readline() ⏎
b'$GPRMC,010652.800,V,,,,,0.00,0.00,060180,,,N*4A\r\n'
```

変数に代入しておき、TalkerIDやSentenceIDに分割してみます。

```
>>> line = ser.readline() ⏎
>>> line ⏎
b'$GPVTG,0.00,T,,M,0.00,N,0.00,K,N*32\r\n'
>>> line[1:3] ⏎
b'GP'
>>> line[3:6] ⏎
b'VTG'
>>> line[6:-2] ⏎
b',0.00,T,,M,0.00,N,0.00,K,N*32'
```

この文字列から現在位置を取り出すのは少し手間がかかります。GitHubで公開されている「micropyGPS」というプログラムを利用すると簡単に位置を表示できます。micropyGPSを使ったプログラムを**図10**に示します。次のようにmicropyGPSを取得してから実行します。

```
$ wget https://raw.githubusercontent.com/inmcm/micropyGPS/master/micropyG
PS.py ⏎
$ python3 gps.py ⏎
```

図10　micropyGPSの取得と位置を表示するプログラム「gps.py」

```
import serial                              → serialモジュールの読み込み
ser = serial.Serial('/dev/serial0', 9600, timeout = 0.5)
    ↑ UARTを初期化
from micropyGPS import MicropyGPS → micropyGPSモジュールの読み込み
gps = MicropyGPS()                   → micropyGPSを初期化

import re                                  → reモジュールの読み込み
gpzda = re.compile('^\$GPZDA,')      → 「GPZDA」を検知する正規表現を用意

while True:
  line = ser.readline()              → 0x0Aまでのデータを受信
  if len(line) == 0:                 → 受信データがない場合は以降をスキップ
    continue

  linestr = ''
  try:
    linestr = line.decode('ascii') → bytesを文字列に変換
  except UnicodeDecodeError:          → 変換できない場合は以降をスキップ
    continue

  for c in linestr:
    gps.update(c)                      → 受信データをmicropyGPSに入力

  if gpzda.match(linestr):            → 「GPZDA」を受信したとき
    print(gps.latitude, ' ', gps.longitude, ' ', gps.satellites_used)
    ↑ 緯度、経度、衛星番号を表示
```


17.5 可変長(データ長)の通信

可変長（データ長）を簡単に試すことができるデバイスがなかなか見つかりませんでした。手元に中国・深圳のMakerFaireで購入したUARTで操作できる電子ペーパー「4.3inch e-Paper UART Module」があったのでこれを使って説明したいと思います。

電子ペーパーは2色（や3色）しか表示できませんが、電源を切っても表示し続けられるので、電子棚札や物流のバーコード表示に使われています。この電子ペーパーは電源が3.3Vでも動作しますが、白にしたときにぼんやりと黒が残ったりしますので5Vを使った方がよいです。UART通信は3.3Vなので、電子ペーパーのDOUT、DINをラズパイに直結しても大丈夫です。電子ペーパーのDOUT（ピン4）をラズパイのRXD（GPIO15）、DIN（ピン3）をラズパイのTXD（GPIO14）に接続します（**図11**）。

図11　電子ペーパー「4.3inch e-Paper UART Module」とラズパイの接続図

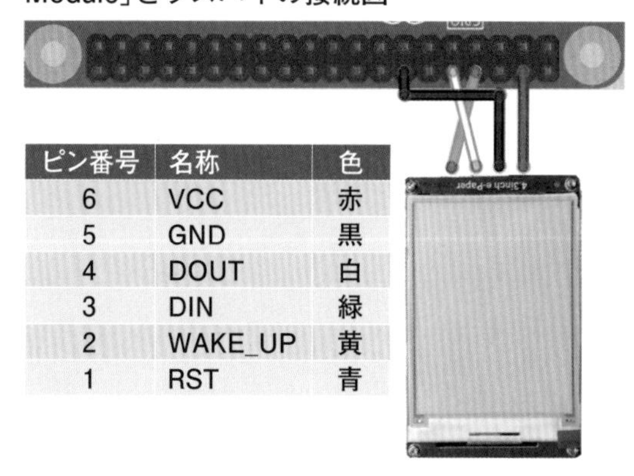

ピン番号	名称	色
6	VCC	赤
5	GND	黒
4	DOUT	白
3	DIN	緑
2	WAKE_UP	黄
1	RST	青

通信フォーマットは、データシートのCommand frame formatに書かれています。Frame header、Frame length、Command Type、Data、Frame end、Parityという構成になっていて、Frame lengthで一つのフレームの長さを判断します（**図12**）。Dataに応じてParityを計算する必要があります。

図12　電子ペーパーの通信フォーマット

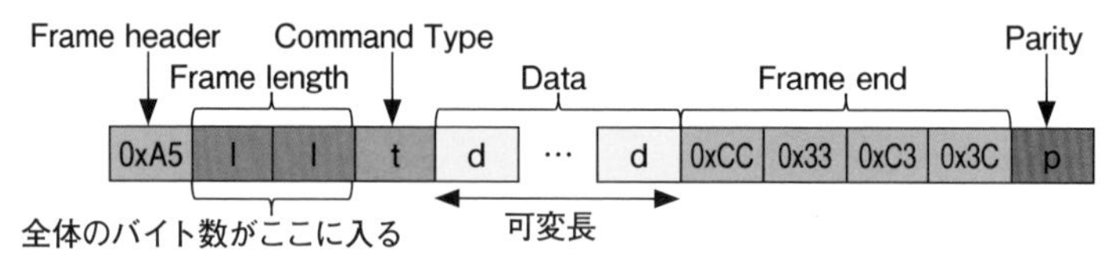

電子ペーパーに丸を表示するプログラムを**図13**、実行結果を**図14**に示します。

図13　電子ペーパーに丸を表示するプログラム「epaper.py」

```
import serial    → serialモジュールの読み込み
import struct    → structモジュールの読み込み
 ↓ CommandFrame関数を定義
def CommandFrame(command, parameter = bytes()):
  data = struct.pack('>BHB', 0xA5, 1 + 2 + 1 + len(parameter) + 4 + 1, co⏎
mmand) + parameter + b'\xCC\x33\xC3\x3C'
 ↑ フレームのbytesを作成
  parity = 0
  for d in data:
    parity ^= d                    → パリティーを算出
  data += parity.to_bytes(1, 'little')  → フレームにパリティーを追加
```

次ページへ続く

図13の続き

```
  return data

def ClearScreen():                      → ClearScreen関数を定義
  ser.write(CommandFrame(0x2E))         → 画面消去コマンドを送信
  ser.read(2)                           → 完了通知を受信

def Refresh():                          → Refresh関数を定義
  ser.write(CommandFrame(0x0A))         → 画面更新コマンドを送信
  ser.read(2)                           → 完了通知を受信

def DrawCircle(x0, y0, r):              → DrawCircle関数を定義
  ser.write(CommandFrame(0x27, struct.pack('>HHH', x0, y0, r)))
  ↑ 円描画コマンドを送信
  ser.read(2)                           → 完了通知を受信

 ↓ UARTを初期化
ser = serial.Serial('/dev/serial0', 115200, timeout = 10)

ClearScreen()                           → 画面を消去
Refresh()                               → 画面を更新
DrawCircle(255, 255, 128)               → 円を描画
Refresh()                               → 画面を更新
```

図14　電子ペーパーでの実行結果

付録 Raspberry Pi OSのインストールと初期設定

公式OS「Raspberry Pi OS」をmicroSDカードに書き込んで、初期設定をする手順を解説します。

まず、ラズパイ専用のインストーラー「Raspberry Pi Imager」を作業用PCにインストールします。作業用PCでWebブラウザーを起動して「https://www.raspberrypi.org/software/」にアクセスし、作業用PCのOSに合ったリンク（「Download for Windows」など）をクリックしてインストーラーを入手します。インストーラーを起動して、インストールしてください。

作業用PCにmicroSDカードをセットしてから、「Raspberry Pi Imager」を起動します（図A）。

図A　Raspberry Pi Imagerの起動画面

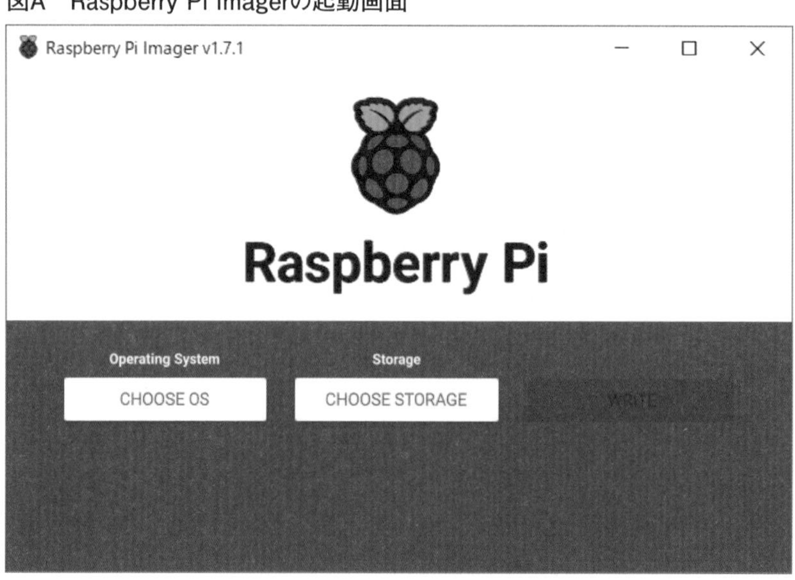

起動画面で「CHOOSE OS」をクリックし、表示されるリストのトップにある「Raspberry Pi OS (32-bit)」をクリックします。「CHOOSE STORAGE」をクリックして、表示されるリストから作業用PCにセットしたmicroSDカードをクリックします。「WRITE」→「YES」をクリックすると、Raspberry Pi OSのイメージファイルのダウンロードとmicroSDカードへの書き込みが始まります。終了したら「CONTINUE」をクリックして、Ra spberry Pi Imagerを終了します。これでmicroSDカードへのRaspberry Pi OSの書き込みが完了します。

ラズパイにmicroSDカードを差し込み、ディスプレイ、マウス、キーボードを差しておきます。インターネットへの接続に、有線LANを使う場合はイーサネットケーブルも接続します。ラズパイの電源ポートにUSB電源ケーブルを差して起動してください。

しばらく待つと、初期設定ウィザードが起動します（**図B**）。

図B　初期設定ウィザードの初期画面

「Next」をクリックします。次の、国と言語を設定する画面で「Country」で「Japan」を選択し、「Next」をクリックします。次の画面でパスワード（2カ所に入力）を設定し、その次の画面の「The taskbar does not fit onto the screen」は、ディスプレイの画面に外枠（黒色の余白）があったときにチェックします。続く画面で、必要に応じて無線LAN（WiFi）への接続を設定します。次の「Update Software」の画面で「Next」をクリックすると、インターネットを利用したOSの更新が始まります（長い時間がかかります）。その後の「Setup Complete」の画面で「Done」をクリックした後、画面左上のラズパイマークをクリックして「Shutdown」-「Reboot」を選択して、ラズパイを再起動します。

再起動したら、画面左上の**図C**のアイコンをクリックして、端末エミュレーターを起動します。

図C　端末エミュレーター「LXTerminal」の起動アイコン（赤枠）

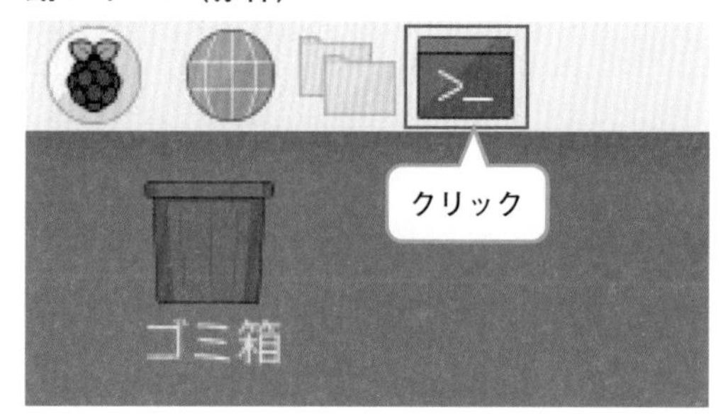

［半角/全角］キーを押すと、日本語を入力できるはずです。できない場合は、日本語環境のインストールに失敗しています。端末エミュレーターで次のコマンドを実行して初期設定ウィザードを再度起動し、先ほどと同じ手順を実行します。再起動すると日本語環境が利用できるようになっています。

```
$ sudo piwiz ⏎
```

索 引

本書で利用した動作環境

本書の電子回路とPythonコードは、2022年1月上旬時点で最新だったRaspberry Pi OS（2021-10-30版）をRaspberry Pi 4で動かして動作を検証しています。Raspberry Pi自体や、Raspberry Pi OSの将来版では一部うまく動作しない場合があります。

電子パーツの販売元や価格は2022年1月上旬に調査したものです。価格は変わることがあり、電子パーツ自体の販売が終了することもあります。

本書で利用するPythonコードの入手方法

本書のサポートサイト「https://github.com/matsujirushi/raspi_parts_kouryaku」（短縮URL：https://bit.ly/3ozOIou）において公開しています。

訂正・補足情報について

本書のサポートサイト「https://github.com/matsujirushi/raspi_parts_kouryaku」（短縮URL：https://bit.ly/3ozOIou）に掲載しています。

初出情報

本書は、下記のラズパイマガジンの記事を加筆・修正したものです。

パーツ分解・実験編	ラズパイマガジン 2019年12月号～2022年春号 講座「実験してわかる電子パーツの動かし方」
Raspberry PiのIO詳解編	ラズパイマガジン 2017年6月号～2018年6月号 講座「基礎からじっくり学ぶラズパイ電子工作」

ラズパイ自由自在
電子工作パーツ制御完全攻略

2022年3月22日　第1版第1刷発行

著　　者　松岡 貴志
発 行 者　中野 淳
編　　集　安東 一真
発　　行　日経BP
発　　売　日経BPマーケティング
　　　　　〒105-8308　東京都港区虎ノ門4-3-12
装　　丁　小口翔平＋後藤司（tobufune）
制　　作　JMCインターナショナル
印刷・製本　図書印刷

ISBN　978-4-296-11191-6